化学实验教学能力训练

主　编　卢一卉
副主编　杜正雄　张小丹
隆异娟　黄　梅

科学出版社
北　京

内 容 简 介

本书共七章，包括化学实验教学及其教学能力概述、化学实验教学方法与教学艺术、化学实验教学设计的方法及案例、化学实验基本操作方法概述、中学化学实验基本操作教学能力训练、中学化学演示实验教学能力训练、中学化学学生实验教学能力训练。本书共有 22 个训练内容，书后有附录。

本书可供高等学校化学专业师范生、接受继续教育培训的化学教师及成人继续教育学院的化学教育专业学生选用，也可供中学化学教师、化学课程与教学论研究生及相关研究人员参考。

图书在版编目(CIP)数据

化学实验教学能力训练 / 卢一卉主编. —北京：科学出版社，2018.8
ISBN 978-7-03-057672-9

Ⅰ. ①化… Ⅱ. ①卢… Ⅲ. ①化学实验-教学研究-高等学校 Ⅳ. ①O6-3

中国版本图书馆 CIP 数据核字（2018）第 122080 号

责任编辑：丁 里 高 微 / 责任校对：杨 赛
责任印制：赵 博 / 封面设计：迷底书装

科学出版社 出版
北京东黄城根北街 16 号
邮政编码：100717
http://www.sciencep.com
固安县铭成印刷有限公司印刷
科学出版社发行 各地新华书店经销
*
2018 年 8 月第 一 版 开本：787×1092 1/16
2025 年 8 月第六次印刷 印张：14 1/2
字数：366 000

定价：59.00 元

（如有印装质量问题，我社负责调换）

前　言

“化学实验教学能力训练”课程是一门以培养高等师范院校化学教育专业学生化学实验教学基本能力为目标的必修课。随着基础教育改革的不断深化，对以实验为基础的化学教学提出了更高的要求，为了培养能够适应中学化学实验教学改革的中学化学教师，特编写本书。

本书密切联系中学化学新课程实验教学实际，充分体现现代中学化学教师基于实验教学的能力培养需要，紧密结合我国基础教育中化学实验课程、教学与教材改革的实际，在吸收与借鉴化学实验教学最新研究成果的基础上，构建系统化的化学实验教学技能课程体系，在编写中注重案例研讨，精选中学化学实验教学的案例，强化理论与实践有机结合。

全书分为理论学习和实践训练两部分。理论学习配有大量案例，帮助学生理解和掌握实验教学的方法和相关理论。全书的编写注重学生自主学习、自主训练的指导；注重让学生用理论指导实践，使学生通过自主学习、自主训练，不仅掌握“怎样做”“怎样教”，更重要的是知道“为什么要这样做”“为什么要这样教”，将新的教育理念和教学方法内化于心，不断地提升实验教学技能。每章的理论部分内容包括学习目标、内容要目、学习重点、学习难点、思考与讨论、学习资源。每个训练主要包括训练目标、训练步骤、思考与讨论和学习资源，部分训练还包括实验原理。

训练目标：让学生明确训练目标，有目的地进行学习和训练。

实验原理：让学生明确实验原理，更有利于实验操作训练和教学训练。

训练步骤：包括课前准备和课堂训练两部分。“课前准备”——给学生提供准备的方向、内容和思路，以问题的形式提出任务，让学生带着问题进行预习，使预习更有效、任务更明确；“课堂训练”——分为实验操作训练和实验教学训练两个环节，对训练的内容和方法都给予指导。

思考与讨论：设置一些与训练相关的重点问题和关键问题，让学生思考并讨论，训练学生的科学思维能力和团队精神，有效地提高训练的效果。

学习资源：为学生提供与训练相关的学习资源和教学资源，让学生在阅读学习资源或查阅相关资料后，独立地完成教学设计、进行实验操作训练和教学训练。

第一章主要对中学化学实验教学及其教学能力构成进行理论研究；第二章主要从理论上介绍中学化学实验教学常用的方法、教学实施方式及教学艺术；第三章介绍化学实验教学设计的内容、设计方法及教案的基本格式；第四章介绍中学化学实验常用的基本操作、气体的制备和收集方法及其化学实验装置的绘制方法和教学策略；第五章介绍中学化学实验的操作技能构成与教学策略，安排 5 个训练项目，让学生通过这些项目的训练初步体验化学实验教学的方法；第六章介绍中学化学演示实验的概念、要求和教学实施策略，安排 10 个训练项目，让学生通过训练初步掌握演示实验教学的技能技巧，初步形成进行演示实验的教学能力；第七章介绍随堂实验和实验课教学的要求和策略，安排 7 个训练项目，让学生通过训练初步掌握随堂实验和实验课实验的教学要求和教学策略，初步形成进行学生实验的教学能力。

参加本书编写的人员有（按姓名汉语拼音排序）：杜正雄、黄梅、隆异娟、卢一卉、秦籣雅、铁靖、张小丹。全书由卢一卉修改、统稿和定稿。在本书编写过程中，得到了科学出版社和西南大学教务处的大力支持，责任编辑丁里老师为本书的出版付出了辛勤的劳动；本书的编写还参考和引用了许多老师的研究成果，在此对所有为本书的出版作出贡献的单位和个人表示诚挚的感谢！

本书虽经编者认真编写和修改，但是由于时间和水平有限，书中可能会有疏漏或不妥之处，敬请广大读者批评指正！

编　者

2018 年 3 月

目　录

第一章　化学实验教学及其教学能力概述

📖 学习目标

（1）了解化学实验教学的功能。
（2）掌握中学化学教学实验的分类及实验教学能力的结构要素。
（3）掌握实验教学能力的评价方法。

📖 内容要目

（1）化学实验教学概述。
（2）师范生化学实验教学能力构成要素。

📖 学习重点

（1）中学化学教学实验分类。
（2）师范生化学实验教学能力构成要素。
（3）化学实验教学能力评价方法。

📖 学习难点

化学实验教学能力的构成要素，实验教学能力的评价方法。

第一节　化学实验教学概述

一、化学实验及化学实验教学

化学实验不仅促进了化学学科的建立和发展，也是化学教学工作的基础，对理解和掌握基础知识，培养技能，提高学生的能力及激发学生学习化学的兴趣，养成科学的学习方法和良好的习惯，训练科学的学习方法和思维方法及培养科学精神和品质都起着重要的作用。

化学实验是根据一定的化学实验目的，实验者（在中学化学教学中，主要指教师和学生）运用一定的实验仪器、药品、设备、装置等手段，在人为的实验条件下，改变实验对象的状态或性质，从而获得各种实验事实的一种科学实践活动。

化学实验既是获得化学科学事实的基本科学方法，又是形成和检验化学科学假说与理论的实践基础。

中学化学实验由实验者、实验手段（仪器、装置、设备、工具等）及实验对象（实验研究的课题）三个基本要素构成。化学实验三个要素之间相互联系和相互作用，沿着两个方向进行，其关系如图 1-1 所示。

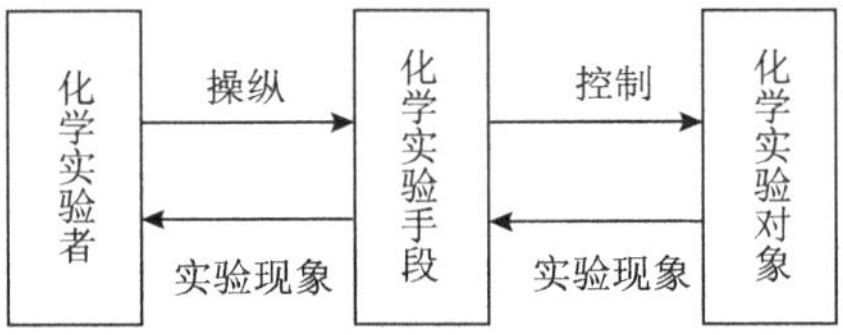

图 1-1　化学实验构成要素及其联系示意图

从图 1-1 可以看出，构成化学实验的三个要素只有彼此通过一定的结构结合成相互联系、相互作用的一个整体时，才能进行化学实验活动。一方面，实验者通过实验手段来控制实验对象，使其发生变化，显示出其特有的属性；另一方面，实验对象所表现的各种属性又作用于实验手段，并通过实验手段为实验者所感知。

化学实验教学是指教师将化学实验置于一定的化学教学情景下，为达到一定的化学教学目标而开展的一系列教学活动。案例 1-1 就是一个化学实验教学的活动。

案例 1-1　化学变化和物理变化

【教学目的】

通过对实验的观察和分析，了解化学变化和物理变化的概念及区别。

【教学情景】

日常生活中的物质变化有很多，我们常听到某物质发生了化学变化，某物质发生了物理变化。究竟什么是物理变化，什么是化学变化呢？下面请大家通过实验进行探究。

实验一：加热装有少量水的试管，当水沸腾时，把一块洁净的玻璃片移近试管口，观察并记录现象。

实验二：取少量硫酸铜晶体放在研钵内，用研杵研碎，观察并记录硫酸铜发生的变化。

实验三：将少量硫酸铜晶体和研碎的硫酸铜分别放入两支试管中，加入少量水，振荡直至变成澄清的溶液，再向其中分别滴加氢氧化钠溶液，观察并记录试管中发生的现象。

实验四：把少量石灰石放在干燥的试管里，向其中加入少量稀盐酸，用配有玻璃弯管的橡皮塞塞住试管口，使弯管的另一端伸入盛有石灰水的烧杯中（图 1-2）。注意观察并记录石灰石的变化和石灰水发生的变化。

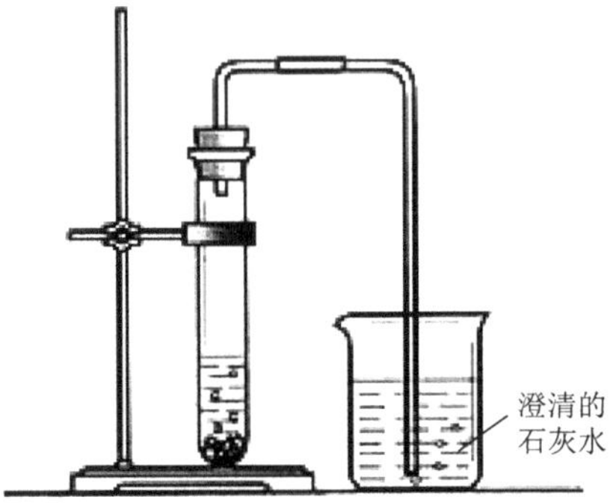

图 1-2　二氧化碳的制备

【归纳总结】

请将观察到的实验现象记录在表格中，分析、比较一下，你能归纳出哪些实验发生的是物理变化，哪些实验发生的是化学变化吗？

案例分析

本案例是教师在课堂教学中通过实验探究，让学生了解了什么是化学变化、什么是物理变化，从而掌握两种变化的概念。整个活动的过程就是一种基于化学实验的教学活动，即化学实验教学的活动。

二、中学化学实验的教育教学功能

化学新课程标准“以提高学生的科学素养为主旨”，并从“知识与技能”“过程与方法”“情感态度与价值观”三个维度建立了新的课程目标体系，倡导“以科学探究为主的多样化学习方式”，重视学生的“亲身经历和体验”，强调“创设生动活泼的学习情景”。在化学教学中要有效地将新课程理念落实，实验是很好的途径。

化学实验主要有三大教育教学功能，如图1-3所示。作为中学化学教师，在教学中应当注意研究各个实验在教学中的功能和作用，改变旧的教育观念和模式，开拓新的实验课题，这样才有助于教学效果的提高。

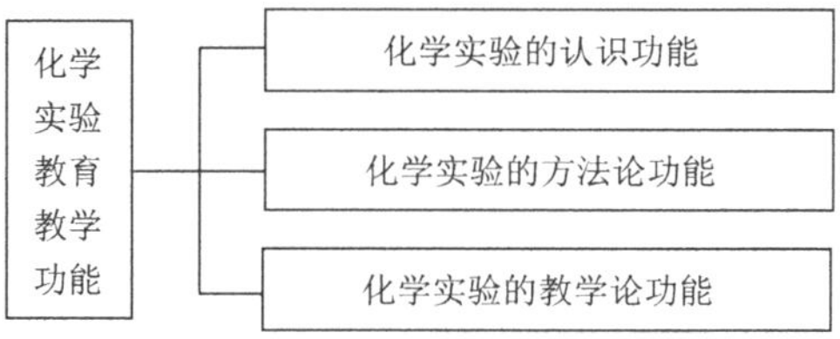

图1-3　化学实验教育教学功能

（一）化学实验的认识功能

新课程理念下的化学实验作为一种化学教学实践活动，是学生进行化学教学认识的重要途径，化学实验的认识功能体现在以下几个方面。

1. 化学实验能够引发化学教学认知，是提出化学教学认识问题的重要途径之一

化学教学认识问题是指学生在学习化学时，其已有知识和经验（“当前状态”）与学生目前未知但准备去探究的新知识，如物质的性质、变化、现象、化学概念、理论等（“目标状态”）之间产生的差距，即化学教学认识问题是“当前状态”和“目标状态”之间的桥梁。

案例1-2　化学反应前后物质的质量有无变化？

【当前状态】

物质在发生化学变化时，生成了新的物质，也就是物质的“质”发生了变化（已有的知识）。

【目标状态】

参加化学反应的各物质的质量总和等于反应后生成的各物质的质量总和，即“质量守恒定律”（未知的知识）。

案例分析

此案例说明“化学反应前后物质的质量有无变化？”这一化学教学认识问题，是联系“当前状态”和“目标状态”的桥梁和纽带。

2. 化学实验能够为学生认识化学科学知识、检验化学理论、验证化学假说提供化学实验事实

化学实验能够为学生认识元素化合物知识、学习化学概念和理论提供化学实验事实。同时，通过实验可以对提出的假说、猜想提供事实性知识，验证假说的正确与否。

案例 1-3　二氧化碳使蜡烛火焰熄灭

【实验】　点燃两支短蜡烛，分别放在白铁皮架的两个阶梯上，把白铁皮放在烧杯里（图略）。将二氧化碳气体慢慢倒入烧杯中，观察现象并分析。

案 例 分 析

学生通过对实验的观察，感知物质及其变化的实验现象，获取化学实验事实。引导学生认识二氧化碳的性质，即二氧化碳不能燃烧，也不支持燃烧；密度比空气大。

（二）化学实验的方法论功能

化学实验不仅是一种实践活动，还是一种重要的感性认识方法，具有方法论的功能。学生通过亲历科学实验探究的过程，不仅能够获得有关的化学知识，掌握有关的化学实验技能，还能体验化学实验的科学方法，如实验的观察方法、实验的操作方法、实验记录的方法、对实验数据和事实进行处理的方法、科学抽象的方法、假说的方法、模型的方法等。

案例 1-4　蓝瓶子实验

实验步骤及记录见表 1-1。

表 1-1　实验步骤及记录

步骤	操作		实验现象		振荡周期		结论
			静置	振荡	（1）	（2）	
1	锥形瓶中加入 50 mL 水、1.5 g 葡萄糖，逐滴滴入 8～10 滴 0.1%亚甲基蓝，振荡						
2	加入 2 mL 30% NaOH 溶液，振荡、静置						
3	把溶液分别倒入两支试管，①号试管装满，②号试管只装半管，都用塞子塞好，振荡、静置	①					
		②					
4	把①号试管中溶液分一半到③号试管中，再向③号试管中滴加 2 滴 0.1%亚甲基蓝，塞好两支试管，振荡、静置	①					
		③					
5	把①、③号试管置于 40 ℃水浴中，2～3 min 后，振荡、静置	①					
		③					

案 例 分 析

从蓝瓶子实验的记录表可以看出：实验的设计是通过控制实验条件来探究有哪些因素对亚甲基蓝振荡反应有影响，并以实验报告的形式反映探究过程及其结果。实验中运用了对比实验、实验条件控制、实验现象记录、表格化处理等实验方法。

（三）化学实验的教学论功能

在中学无论是作为实践活动的实验（实验探究活动），还是作为认识活动的实验（实验方法论），都是在一定的化学教学活动中进行的，因此它具有教学论的功能。

1. 化学实验的“情趣动机”功能

俗话说：“兴趣是最好的老师。”心理学认为，兴趣是人们力求于认识某种事物或爱好某种活动的倾向。青少年学生的学习动机的直接来源之一是“情趣动机”。从激发学生的实验兴趣入手，到提高学生学习化学的积极性即学习化学的兴趣，是化学实验教学的一个重要的功能。按照水平高低，可将化学学习兴趣分成感知兴趣、操作兴趣、探究兴趣和创造兴趣 4 种水平。这 4 种学习兴趣的水平是逐级升高的，低水平是高水平的基础，高水平是低水平的发展。前两种兴趣属于暂时兴趣，它的特点是不持久性；后两种兴趣属于稳定兴趣。因此，教师在教学中安排实验时，要有意识地注意安排好实验层次，与学生的认知程度相配合。鼓励和保护暂时兴趣，注意培养和提高学生的稳定兴趣，发挥好实验的“情趣动机”功能。

2. 通过实验探究活动，转变学生的学习方式

新课程理念下的基础教育改革针对过去教学过于强调接收学习、死记硬背、机械训练的状况，提倡学生“以科学探究为主的多样化的学习方式”。通过实验探究活动，学生可学会如何发现问题、如何运用科学的实验方法和思维方法解决问题、领悟科学方法。

3. 通过化学实验，发展学生的科学探究能力

发展学生的“科学探究能力”是新课程理念下的基础教育改革的一个重要目标。对于发展学生的科学探究能力，化学实验是较好的途径，是其他教学手段不能替代的。

4. 通过化学实验，落实“情感态度与价值观”的教学目标

“情感、态度、价值观”是新课程改革后化学教学重要的目标之一。化学实验作为化学教育内容的一个重要方面，在落实“情感、态度、价值观”方面起着重要的作用。首先，通过化学实验可以培养学生实事求是、严肃认真的科学态度；其次，化学实验为学生提供丰富的感性材料的同时，还能引导学生用辩证唯物主义的观点来认识和分析化学事实，形成科学的世界观和价值观；再次，通过化学实验可以培养学生关爱社会、关爱自然、与人合作的情感；最后，学生通过经历实验过程中的成功与失败的情感体验，形成坚韧、坚持不懈的意志品质。因此，教师在教学中可以通过化学实验着力培养学生的“情感态度与价值观”。

化学实验的教学功能除以上功能外，还有使学生形成创新能力、养成对美的欣赏等方面的功能。

三、中学化学教学实验的分类

（一）基于实验主体的分类

按照完成实验教学活动的主体来划分，可将中学化学教学实验分为演示实验和学生实验。

1. 演示实验

演示实验是指根据教学目标，结合教学内容由教师在课堂上进行的实验，是中学化学实验教学常见的一种形式。演示实验可以给学生以生动、鲜明、直观的印象，帮助学生形成正确的化学概念和理论，加深对化学理论知识的理解，学习正确的实验操作技能；提高学生对化学学习的积极性和参与程度，体现实验过程的真实性、科学性，让学生信服；培养学生观察能力、思维能力、分析问题和解决问题的能力；也为帮助学生发现问题引出课题、引发讨论和探索创造条件。

2. 学生实验

学生实验是指在教师的指导下由学生亲自操作、独立完成的课堂实验，是在中学化学实验教学中常采用的一种教学形式，其目的是让学生通过亲自动手进行实验，体验科学探究的过程；进一步帮助学生认识、巩固和理解知识，学会科学的实验方法和熟练实验的基本技能，提高观察、思维、综合等方面的能力，培养学生理论联系实际的学风和实事求是、严肃认真的科学态度，提高学生的学习积极性和独立的工作能力。根据学生实验的教学内容安排和实践形式的不同，又可把学生实验分为随堂实验和实验课实验两种主要形式。

关于演示实验和学生实验详细内容请见第六章“中学化学演示实验教学能力训练”和第七章“中学化学学生实验教学能力训练”。

（二）基于实验活动方式的分类

1. 验证性实验

验证性实验是指对研究对象有了一定了解，并形成了一定认识或提出了某种假说，为验证这种认识或假说是否正确而进行的一种实验。

在中学化学教学中，该类实验是用于证实或验证所学的化学基本概念、基础理论和元素化合物知识以及培养实验技能技巧的一种重要的手段。验证性实验内容是按照教材的内容体系编排的，在较短的时间内可使学生获得更多的知识，加深对知识的理解，强化实验技能训练的规范化、程序化等。验证性实验是一种非常重要的科学实验方法，在中学化学中引入验证性实验，可以使学生了解科学研究的基本方法，认识到科学理论或发现都必须经过验证才能被确认。验证性实验对学生形成知识、技能和能力，激发学习兴趣等都有着积极的作用，在目前中学化学实验教学中仍然占有很大的比例。

2. 探究性实验

探究性实验又称探索式实验，是指探索研究对象的未知性质，了解它具有怎样的组成、有哪些属性和变化特征，以及与其他对象和现象的联系等的一种实验。

在中学化学实验教学中，通过探究性实验让学生运用有关的知识，学习提出问题→研究问题→解决问题的途径，去设计实验过程，观察实验现象，分析、归纳并独立得出实验结论。这种教学形式符合学生的年龄特征和心理特点，也符合认识规律，教师的主导作用和学生的主体作用都得到了充分发挥。

关于验证性实验和探究性实验教学的详细内容请见第二章第二节“中学化学实验教学实施方式”。

第二节　师范生化学实验教学能力构成要素

化学实验教学能力是将化学理论与实验知识、教育学心理学的理论与方法相结合，形成具体的、规范化的从事化学实验教学的能力。高等师范院校化学师范生实验教学能力与中学在职教师的实验教学能力相比具有基础性，主要包括：实验操作能力、实验思维能力、实验探究教学能力、实验教学实施能力、实验教学组织能力、实验教学评价能力。除此之外，实验教学设计能力也是非常重要的组成部分。

一、实验操作能力

实验操作能力包括：化学实验仪器、设备的正确规范使用；实验仪器的洗涤与安装；化学试剂的取用、称量与调配；滴定、过滤、加热等基本实验操作。这些实验操作涉及实验操作的原理和规范，把这些实验原理运用到化学实验中时，就将内化为实验能力。实验操作能力是师范生实验基本能力之一，属于解决化学实验问题的动作技能，也是影响学生实验操作能力形成的重要因素。任何化学实验教学都离不开实验操作。因此，师范生的实验操作能力是进行实验教学的前提和基础。

二、实验思维能力

实验思维能力是个体顺利解决化学实验思维问题所表现的良好适应性的个性心理特征。个体凭借已有的化学知识经验，对有关的化学实验的信息进行分析综合、抽象、概括等一系列复杂的加工处理，以理解实验课题、形成实验方案、获得化学概念、认识物质性质、揭示化学规律等的内在认知过程。它贯穿化学实验的准备、实施和结果处理的全过程。因此，要求化学教师在化学实验教学中，充分运用化学实验事实或化学实验史实分析、归纳、判断、推理，以形成化学概念、原理和规律，而不是让学生死记硬背化学概念，换句话说，在化学实验教学过程中强调学生的认识和判断的价值观念的形成。

三、实验教学设计能力

化学实验教学设计能力是指教师根据实验教学内容，结合学生、环境、条件情况等因素设计实验教学方案的能力。它涉及对教材和学生的分析能力和熟悉度、教学方式的选取、教学环节与教学问题的设置等方面的能力。一个好的教学设计能够让学生在解决问题的过程中获得知识，即让学生在学习化学知识的同时获取学习和研究的方法、训练和发展学生的思维能力。这部分内容将在第三章第一节“化学实验教学设计内容及其设计方法”中重点讨论，这里不再赘述。

四、实验探究教学能力

科学的教学过程本质上就是一种探究过程，化学实验教学与化学实验的探究性集中地表现为化学实验探究教学。如何在教学中以实验为基础，以学生为实验教学的主体，把教学活动的实验与科学实验有机结合，开发实验资源，整合实验内容，设计实验教学方案，变革实验方法，控制实验条件，尽可能把实验教学过程转化为科学探究的过程，使知识与技能、过程与方法、情感态度与价值观在探究过程中得到统一，将实验探究教学的理念融入实验教学设计中，并在教学中很好地实施，这就体现出教师的实验探究教学能力，它是师范生实验教学能力的核心之一。如何实施探究性的实验教学呢？这部分内容将在第二章第二节“中学化学实验教学实施方式”中重点讨论，这里不再赘述。

五、实验教学实施能力

成功的化学实验教学过程应该是教师的启发性讲授、演示与操作的有机结合，通过师生的互动教学，学生由感性认识上升到理性认识。实验讲解在于集中学生的思维和注意力，激发和保持学生的实验兴趣，伴随着问题的提出，引导学生观察、思考，主动参与实验教学，并用规范的化学实验用语清楚地描述实验现象、实验知识和实验史实，揭示事物的本质，得出科学的结论。实验教学实施能力是师范生实验教学能力的重要表征。这部分内容将在第二章第三节“化学实验教学实施的教学艺术”中重点讨论，这里不再赘述。

六、实验教学组织能力

实验教学组织能力有别于一般的教学组织能力，在实验教学过程中涉及学生的实验态度、实验习惯、实验安全意识、突发事件、环境意识、合作探究意识等多种因素。在教学中，教师既是组织者，也是参与者。因此，化学教师的实验教学组织能力要能体现出教师的主导作用。

师范生在进行教学实践训练活动时，要注重教师在教学中的主导作用，发挥学生在教学中的主体性。因此，在进行教学设计时，要注意设计有效的、有层次的问题，引发学生的思维活动，引导学生积极思考，并通过实验探究解决问题；在进行实验教学活动时，对学生实验活动进行有效的指导、调控，充分发挥学生的实验能动性，同时要在实验教学活动的体验、实践、反思和总结中逐步形成实验教学组织能力。

七、实验教学评价能力

实验教学评价的目的在于形成良好的评价心理，促进教学的互动与生成。因此，作为教师要具有对自己、同行的教学及学生学习情况的评价能力。在此主要讨论对教师课后的教学反思和同行对教师教学效果评价的内容和方法。

（一）教师自我教学反思的内容和方法

教学反思是指教师对贯穿于教学活动中课前、课中、课后的所有行为，通过自我分析、观察、回顾、诊断、反馈等方式，或给予肯定，或给予否定与修正，从而努力提升教学活动的合理性，进而提高教学效果和效能。教学反思主要从以下几方面进行。

1. 教学反思的内容

教学设计：教学设计是否体现以学生为主体的教育理念；教学方法的选取是否恰当；教学过程的知识线、逻辑线是否清晰；是否很好地利用实验的教育功能提升教学的效果、是否体现化学实验方法论的功能；化学教学目标设计是否准确、明细等。

教学过程：是否达到预期的教学目标；实验的操作是否规范、流畅；实验台面是否整洁、摆放有序；指导学生观察的内容、语言是否完整、准确、具有启发性；是否引导学生依据实验现象得出结论等；对实验操作中的异常现象处理办法是否妥当等。

作为年轻教师和师范生，还需反思自己的教学技能、教态、语言的组织与表达、板书的设计与书写等。

2. 教学反思的方法

（1）撰写教学日记：常见的教学日记有点评式、提纲式、专项式、随笔式等形式。教学日记的内容除上面的内容外，还可以反思教学中的灵感闪光点、教学中学生的感受、教学中的改革创新、他人的建议或经验等。

（2）利用教学录像：借助教学录像来进行教学反思，课后自行浏览自己或其他教师的教学录像，发现自己的不足和他人可借鉴的地方，将其记录在教学日记中以便改进。

（二）集体讨论、评议

教学反思不仅需要自我反思，更需要群体的支持。在时间和条件允许的情况下，还应该加强与其他人的交流对话，使自己的思维更加清晰，而且来自交流对象的反馈往往也会激起自己更深入地思考，激发自己更多的创意和思路。

集体讨论、评议，一般在完成一节课后首先由个人陈述教学设计、对自己的教学过程进行回顾评价，再由其他人自由发表个人看法。对于师范生的教学能力训练，也遵循这样的步骤，只是最后需要教师对试教者的表现进行客观分析、综合评价。

（三）师范生实验教学技能训练评价

根据实验教学能力的内容，师范生在进行实验教学能力训练时可参照表 1-2 评价标准，对自己的训练进行评价。

表 1-2　师范生实验教学技能训练评价标准

讲课内容

讲课人　　　　　　　班级和小组　　　　　　时间

一级指标	二级指标	评价标准	权重/%	实际得分
训练态度 5%	训练前的准备	充分做好训练前的准备，阅读教材，查阅资料，了解训练目的和内容，设计并熟悉教案	3	
	训练环节	准备充分，重视训练的各个环节，与同学合作较好，训练结束仪器归位，清洁卫生好	2	
教学设计 30%	教学目标设计 5%	目标明确、准确、完整	5	
	教学重难点及方法 5%	重难点明确、正确，教学方法选择得当	5	
	教学程序设计 20%	内容结构合理，组织得当，能够突出重难点。教学内容设计有层次、有逻辑	5	
		活动内容具有科学性、思想性和逻辑性。注重以问题为驱动，注重学生解决问题的能力的培养	5	
		引入实验（或引出问题）过渡语或问题设计恰当、自然、有针对性	6	
		板书设计内容合理	2	
		各个问题（知识点）时间分配合理	2	
教学训练过程 65%	操作训练 10%	实验操作熟练、正确、流畅	5	
		实验台面干净、整洁	3	
		节约药品、废物按要求放到指定容器中	2	
	讲课训练 35%	教学重点突出，难度、深度控制适当，注意与学生已有知识经验相衔接，能灵活整合教学内容，适应学生个性差异和能力培养	10	
		教学中注重创设问题情景，教学具有启发性、形象性、生动性、有趣性，讲解逻辑严密、思路清晰、知识准确，能举一反三	8	
		教学方法手段运用合理，施教步骤清晰，能调动学生有效参与	5	
		实验演示与讲解结合恰当，注重引导学生观察和思考，能够引导学生根据实验现象，归纳总结出正确的结论	6	
		能够及时发现学生问题，很好地利用课堂生成性的问题，调整教学内容	6	
	教学技能 15%	教学演示（或实验演示）规范、熟练	3	
		化学语言准确、规范，实验现象描述准确	5	
		板书能提纲挈领地反映教学内容，字体规范、清晰、美观，布局合理	3	
		普通话准确、吐字清晰，语速适中、语调协调，教学语言生动、表达准确、简洁易懂	2	
		有效控制时间，能灵活运用课堂活动组织的技巧	2	
	教学仪态 5%	穿着大方、得体，仪态亲切自然、端庄大方，肢体语言运用恰当	5	
满分			100	

🕮 思考与讨论

（1）在化学教学中应如何根据学校、学生情况灵活地选择实验教学的类型和方法？

（2）如何利用化学实验的教学功能，开展好实验教学？

（3）如何在后续的学习中培养自己的实验教学能力？

🕮 学习资源

邓永财. 2004. 试论中学化学实验思维能力的结构与构建[J]. 课程·教材·教法，24(10)：35-58.

杜正雄. 2015. 化学师范生实验教学能力评价体系的研究[J]. 化学教育，(6)：52-55.

郝燕. 2011. 化学师范生实验教学能力评价体系的研究[D]. 重庆：西南大学.

卢一卉. 2015. 化学实验教学研究[M]. 北京：科学出版社.

王后雄. 2013. 中学化学实验教学研究[M]. 北京：北京大学出版社.

郑长龙. 2003. 化学实验教学新视野[M]. 北京：高等教育出版社.

郑长龙. 2009. 化学实验课程与教学论[M]. 北京：高等教育出版社.

第二章　化学实验教学方法与教学艺术

📖 学习目标

（1）了解化学实验教学的方法。
（2）掌握化学实验教学的实施方式。
（3）掌握化学教学的基本技能和教学艺术。

📖 内容要目

（1）中学化学实验教学方法。
（2）中学化学实验教学实施方式。
（3）化学实验教学实施的教学艺术。

📖 学习重点

（1）中学化学实验教学实施方式。
（2）化学实验教学实施的教学艺术。

📖 学习难点

中学化学实验教学实施方式。

第一节　中学化学实验教学方法

教学方法是教师为了达到教学目标依据教学原则设计的师生互动的活动。合适的教学方法能刺激学生的求知欲，使学生顺利掌握教学重难点，提高学习效率。教学方法是实现教学过程的具体化。现代教学方法具有活动交流的多向性，不仅包括教师向学生传授知识的过程，还包括师生、师师、生生以及师生与其他因素的交流；现代教学方法具有时间上的延续性，不仅在课堂教学时间内产生效果，也能延伸到课堂外；现代教学方法更注重以学生为中心，多角度、多感官提高教学有效性，发展学生的创造力。

教学的方法有很多，中学化学实验教学方法常用的方法有实验比较法、实验归纳法、实验变式法、支架式教学法、问题驱动式教学法等。

一、实验比较法

实验比较法是通过对比研究对象，分析异同，得出结论，往往比直接呈现更便于学生的理解和掌握。实验比较的对象可以是静态的，也可以是动态的；可以比较不同物质相同操作的不同结果，理解物质性质的差异，如不同碱金属分别与水的反应，通过不同的现象，得出碱金属活泼性变化的规律；可以比较同一物质不同操作的不同结果，理解操作要领，如浓硫酸与水混合，设计一封闭体系，分别演示酸入水与水入酸，通过不同的现象结果，得出浓硫酸与水混合的正确操作。实验比较法是实验教学的基本方法。

案例 2-1 二氧化碳溶于水实验设计

【实验步骤】

（1）取4朵用石蕊溶液制成的干花。

（2）在第一朵干花喷上稀乙酸，在第二朵干花喷上水，观察、比较两朵花的颜色变化情况。

（3）将第三朵干花直接投入盛满二氧化碳的集气瓶中，第四朵干花喷上水后，再放入盛满二氧化碳的集气瓶中，观察、比较两朵花的颜色变化情况。

（4）将放入二氧化碳气体中的第四朵花取出，在酒精灯上烤干，然后与第一朵花进行比较，观察颜色变化情况。

案 例 分 析

这是一个说明二氧化碳溶于水后显酸性的实验。通过步骤（2）乙酸与水的对比，说明是酸能使石蕊变色；通过步骤（3）干石蕊花和喷水后的石蕊花对比，说明二氧化碳气体不显酸性，溶于水后生成的碳酸才显酸性；通过步骤（4）说明碳酸不稳定，在加热的条件下重新分解成二氧化碳和水。

实验中运用实验比较的方法来说明实验事实，能让学生更好地理解和掌握化学实验知识，学会运用比较的方法来排除干扰、准确地说明实验事实。

二、实验归纳法

实验归纳法是直接从客观实验结果中分析、概括而总结出化学原理的方法。例如，在进行化学反应发生的条件、浓度对反应速率的影响、化学反应中的能量变化等实验，引导学生观察记录实验现象后，教师将引导学生依据实验现象分析、概括得出结论。在此过程中需用到实验归纳法。

案例 2-2 探究“酸的通性”教学设计

【实验操作】 取盐酸、硫酸、硝酸、磷酸作为酸的代表，分别在其中滴入石蕊指示剂。

【收集实验证据】

盐酸能使紫色石蕊指示剂变红。

硫酸能使紫色石蕊指示剂变红。

硝酸能使紫色石蕊指示剂变红。

磷酸能使紫色石蕊指示剂变红。

【条件】 盐酸、硫酸、硝酸、磷酸均属于酸类物质。

【得出结论】 酸能使紫色石蕊指示剂变红。

案 例 分 析

本案例通过对实验现象的分析，发现四种酸均能使石蕊指示剂变红这一实验事实，从而得出酸能够使石蕊指示剂变红这一结论。其结论的得出就是运用了归纳的方法。

三、实验变式法

实验变式法是通过不同的同类实验，揭示化学规律和本质。变式实验能有效排除干扰因素，突出本质因素，从而使所要研究的化学现象以更简化和纯化的形态显露出来。实验变式法使问题分析更全面，能更有效地揭示规律与本质。

在化学实验过程中，体现特征本质的现象可能会被外在易引人注意的现象所掩盖，从而直接影响实验的教学效果。在此类实验中，变化实验的形式异中求同，既能丰富实验的内容，又能提高学生揭示本质的能力。

案例 2-3　硝酸的强氧化性实验教学设计

【教学目标】 理解硝酸的氧化性。

【实验方案设计】 设计完成实验的装置，如图 2-1 所示。

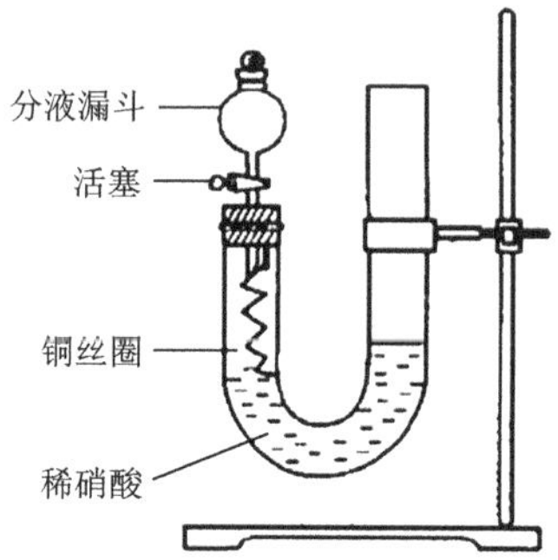

图 2-1　铜与稀硝酸反应实验装置

实验一：铜与稀硫酸的反应；铜与稀硝酸的反应；铁与足量的稀硝酸反应。

实验二：铜与硝酸钠溶液混合；再向铜与硝酸钠的混合物中加入适量浓硫酸。

实验三：向氯化亚铁溶液中加入稀盐酸；向硝酸亚铁溶液中加入稀盐酸（氯化亚铁溶液与硝酸亚铁溶液的浓度相等）。

案 例 分 析

硝酸的氧化性体现于氮（Ⅴ），在理解硝酸氧化性上，有三个难点：①作为酸，与金属反应时的表现不符合酸的通性，不是由 H^+体现氧化性产生氢气，而是由氮（Ⅴ）体现，产生的气体是氮的氧化物，这与学生在初三接受的认知相冲突；②硝酸在水中完全电离，以 H^+和 NO_3^- 的形式存在，氮（Ⅴ）的强氧化性又只有在 H^+大量存在时，才能体现；③H^+和 NO_3^- 都能氧化较活泼的金属，但把较活泼的金属加入硝酸中，生成的还原产物是氮的氧化物，由氮（Ⅴ）体现氧化性而非 H^+。实验一中的三组变式帮助学生理解难点①与难点③；实验二中的两组变式引导学生理解难点②；实验三的两组变式则进一步扩展学生对硝酸强氧化性作用的对象的认知——不仅有金属，还有还原性的化合物。通过实验变式中不同的现象与其对应原因的讨论分析，自然延伸出学生对硝酸强氧化性的认识与理解，改善学生原有的认知结构。

四、支架式教学法

支架式教学思想来源于苏联著名心理学家维果斯基的“最邻近发展区”理论。“支架”原指建筑工地上的脚手架，即建筑工人在建造或装饰建筑物时，所使用的能够为工人和建筑材料提供支持的暂时性的平台、柱子等。建构主义者从维果斯基的思想出发，借用了建筑业中的“脚手架”作为前面所述概念框架的形象比喻，这种框架是按照学生智力的“最邻近发展区”来建立的，即将学生的智力水平通过搭建的“脚手架”的“支架作用”从一个水平提升到另一个更高的水平，从而完成对所学知识的意义构建。

“支架式教学”定义为：支架式教学应当为学习者建构对知识的理解提供一种概念框架(conceptual framework)。这种框架中的概念是为发展学习者对问题的进一步理解所需要的，为此，事先要把复杂的学习任务加以分解，以便于把学习者的理解逐步引向深入。支架式教学法将为学生提供所需支持的教师主导作用与自主探究的学生主体地位相结合，是课堂有效的教学方法。支架式教学由“进入情境”、“搭建支架”、“独立探索”、“协作学习”和“效果评价”等教学环节组成。在实验教学中，教师搭建的支架既可以是实验涉及的相关理论，也可以是帮助学生理解的相对简单的实验或复杂设计的实验。

案例 2-4　铜丝在酒精灯外焰内焰灼烧不同现象的原因探究

【进入情境】　铜丝在酒精灯外焰灼烧，表面红色逐渐变成黑色；将变黑的铜丝移至酒精灯内焰灼烧，表面由黑色变为红色。请分析其原因。

【搭建支架】　教师引导学生思考：铜丝在空气中灼烧发生的是什么反应，产物是什么？

【学生探究】　独立思考或小组讨论：分析出铜丝灼烧后变黑的原因：$2Cu+O_2 \xlongequal{\triangle} 2CuO$

【搭建支架】　还原性的物质能够使氧化铜还原为铜，说明酒精灯内焰的物质具有还原性。引导学生分析酒精灯内焰和外焰的组成差异。

【学生探究】　学生思考、讨论：酒精灯内焰和外焰组成差异，设计实验验证：将在外焰灼烧表面变黑的铜丝立即伸入液体乙醇，观察现象后得出结论：酒精灯的内焰含有未燃烧的酒精，酒精具有还原性，能够使氧化铜还原。

【效果评价】　本探究实验完成后，请学生对自己以及他人在本次实验过程中的实验能力与问题解决能力等方面做出评价，并总结本次学习过程中“三维目标”的达成情况。

案 例 分 析

在支架式教学中，教师给予学生的支持应充分考虑学生已掌握的实验技能、知识与问题分析能力水平，提供的支持应位于学生的最邻近发展区内。例如，本实验探究活动应安排在学习乙醇性质之后，能促进学生对铜作催化剂氧化乙醇的反应原理的理解，并发展学生的问题解决能力。

五、问题驱动式教学法

问题驱动式教学法是一种以问题为基础的教学方法。问题驱动式教学法是以学生为主体、以问题导向为起点，学习内容以问题构成为核心，学习过程以解决问题为体现，学习方式以探究形式为主要形式。问题驱动式教学法可以提高学生学习的主动性，提高学生在教学过程中参与的程度，能够激发学生的求知欲，提高思维发展。

（一）问题驱动式教学法的作用

（1）问题驱动式教学法是以问题为驱动，以学生已有的知识去解决问题的一种教学方法，它能够培养学生的科学素养和解决问题的能力。

（2）问题驱动式教学以问题为导向，让学生在解决问题的过程中主动获取知识与技能，能够激发学生的学习积极性，提高学习效率。

（3）问题驱动式教学以学生为主体，充分尊重学生个性的需要，注重过程与方法，能够极大限度地体现学生的主体作用，提高学生的参与度。

（4）问题驱动式教学注重“知其然和知其所以然”，能够充分培养学生的问题意识和创新思维能力的拓展。

（5）问题驱动式教学鼓励学生积极主动参与问题的讨论和解决，培养学生的合作精神和团队意识。

（二）问题驱动式教学法应注意的问题

1. 问题设计的目标要求

当教师设计的教学流程是将课本知识归纳成层次鲜明、具有系统性的“教学问题”，并使其成为符合学生探究心理的“问题链”时，便能有效地引领学生沿着问题情景的顺序去思考和探究，也就给了学生一条经过努力可以攀登的知识阶梯。教学问题的设计应关注以下四个方面的问题：

（1）问题是否有利于教学整体目标的实现。

（2）问题本身目标是否明确，立意是否鲜明。

（3）问题是否符合教学进程的需求。

（4）问题出现时机和问题展示方式是否符合学生心理需要。

案例 2-5　“盐类水解”实验教学中的问题设计

在“盐类水解”的教学中，先由学生测定氯化铵溶液、乙酸钠溶液和氯化钠溶液的 pH，创设问题情境后，可设计下列问题链，引导学生联想水的电离平衡及酸、碱对水的电离平衡的影响，通过分析、比较、迁移，找出上述溶液呈酸、碱性和中性的原因，并联系与其相反的酸碱中和反应，深化理解，从而总结出盐类水解的概念和规律。

问题 1：水是一种什么样的电解质？是否存在电离平衡？酸、碱是如何影响水的电离平衡的？

问题 2：上述三种盐的组成有何特点？它们溶于水后溶液呈酸、碱性说明什么问题？

问题 3：上述盐溶于水的过程对水的电离平衡有何影响？发生什么变化？与酸碱的中和反应有何关系？

问题 4：如何表示以上变化？

问题 5：根据以上分析，总结盐溶于水的变化规律。

2. 问题设计的内容要求

设计的问题应该对教学目标、教学重点和教材中心内容都具有定向性、限制性和指导性。这样设计的问题也就确定了学生思维的方向和内容，预期了学生思维发展的结果，当一新知识、内容展开时，学生的能动作用往往就依附于教师的主导过程。同时，师生之间也都存在着各自独立的主观能动性，要引导好学生不断变化的主观能动性，实现既定的教学目标，教师通过有目的地设计教学问题来调节课堂教学。

因此，设计具体问题时，其内容应注意包括以下四个方面：

（1）围绕教学的重点、难点设计问题。

（2）根据学生容易产生思维障碍（或容易出现错误）之处设计问题。

（3）根据指向能力目标的关键之处设计问题。

（4）根据引导学生探究、观察实验的内容设计问题。

3. 问题设计的价值要求

设计问题的目的是通过问题，引导学生利用已有的知识去解决新的问题，发展思维、提高运用已有的知识解决新问题的能力。因此，设计的问题一定是有意义的、有价值的、与教学内容相联系的，能够启发学生思维，并能够通过学生的思考、知识的迁移解决问题获取新的知识。那些单一的问题如“是不是”“对不对”“行不行”等都是毫无意义的问题。教学设计要备教材、备学生，将拟进行教学的内容所包含的知识点尽可能地设计成有梯度的问题链，避免出现以下问题：

（1）问题设计浅显，无法达到训练思维能力的基本要求。

（2）问题脱离教学实际，无法使学生找到解决问题的切入口，或问题难度太大，学生已有的知识无法解决。

（3）问题目标指向不明或与教学内容关联不大，无法与课堂教学主题构成联系。

（4）问题表述过于直白、缺乏启发性，无法激发学生探究的兴趣和引发思考。

（5）问题之间缺乏联系，无法形成有层次的、有内在逻辑关系的问题链。

（6）问题思维层次不清，无法形成思维网络。

在设计问题时若出现上述问题，不仅教学收不到预期的效果，还会扼杀学生学习的积极性，也不能达到训练学生的思维能力的教学目标。

第二节　中学化学实验教学实施方式

化学实验教学实施方式是指教师为促进学生顺利进行实验学习活动、有效完成实验学习任务而采取的一系列实验教学行为，不同的实验教学行为的搭配组合就构成了不同的实验教学方式。根据教学中学生的行为设计的教学方式有接受式和发现式实验教学方式；根据教师的行为设计的教学方式有验证性和探究性实验教学方式。

一、接受式和发现式实验教学方式

（一）接受式实验教学方式

接受式实验教学方式是指在实验教学中，学生的知识、技能的获取完全是由教师传递的，学生不需要通过探究去了解、理解和掌握知识。

化学是一门以实验为基础的学科，化学知识体系是几千年来不断进行科学探索的结晶。化学庞大的知识体系不可能完全通过科学实验等探究式学习或自学来掌握。特别是化学中的基本概念、基础理论等大量抽象知识的学习，必须通过教师的讲授，学生接受学习才能完成。所以，接受学习是化学教学的主要学习形式之一。

依据奥苏伯尔理论，接受学习也可根据学生主体对学习的认同与参与度划分为主动接受学习和被动接受学习。主动接受学习既包含学生从行动上积极地参与教学活动，也包含学生在思维层面上对知识内容的极大兴趣和自我解读、联想与思考。被动接受学习是指在学习的过程中学生缺乏对知识的学习兴趣和内动力，完全处于学习的被动从属地位，在学习中很少自己思考、理解记忆知识。因此，在教学中教师要认真设计教学的方式，让学生主动地接受学习，激发调动学生在对知识的认同和参与条件下的接受学习。

接受式教学不等同于注入式教学，注入式教学是填鸭式、灌输式的教学，学生进行的是典型的机械学习。接受式教学若是主动式地接受则能够让学生有意义地建构知识，有利于发挥它的优势。任何一种教学方式或方法都有自己适用的范围和条件。不能因为存在无意义的接受式教学而拒绝接受式教学，关键的问题是应该着力思考和探究如何确保接受式教学是有意义的。

案例 2-6　“氧气的制备”教学设计

【教师甲】

（1）介绍制备所需要的仪器。

（2）安装仪器并指导学生观察安装方法。

（3）介绍并演示气密性检查方法。

（4）演示“氧气制备和收集”实验，指导学生观察制备和收集的操作方法，并强调先预热再固定加热。

（5）实验结束取出导管、拆去酒精灯，并强调顺序。

【教师乙】

（1）安装仪器、指导学生观察并提出问题：①在装置中使用了哪些仪器？②哪部分是气体发生装置，哪部分是气体收集装置？③为什么安装仪器要从上至下，从左到右？

（2）检查气密性并提出问题：检查气密性是利用什么原理？

（3）实验演示并指导学生观察，提出问题：为什么要先来回移动酒精灯，然后固定集中加热？

（4）实验结束取出导管、拆去酒精灯并提出问题：①为什么要先取出导管，后拆酒精灯？能否随意改变顺序？②为什么可以用排水法收集气体？可否用排空气的方法收集气体？

案 例 分 析

教师甲和教师乙的教学设计所运用的教学方法都是接受式教学方式。通过教学，能让学生学习制备氧气的操作方法和制备装置。但是，两位教师由于设计不同，效果不一样。教师甲的设计是让学生机械地记住如何制备氧气，被动地学习，属于被动接受的教学方式；教师乙的设计是一种有意义的学习，除了能够达到上述目标外，还能引发学生思考，让学生通过思考理解氧气制备和收集的操作原理，积极主动地参与学习，属于主动接受的教学方式。

（二）发现式实验教学方式

发现式教学方式是20世纪80年代由美国心理学家布鲁纳提出的。布鲁纳提出的发现式教学方式是指教学活动中要把学习知识和探索知识结合起来，使学生通过自身发现概念的过程来发展自身推理思维能力。发现式教学方式考虑的是人的天性、知识的本质和获得知识的过程。其指导思想是教师要为学生提供一定的材料，创设问题情境，引导学生独立地发现解决问题的方法，从中发现事物之间的联系和规律，获得相应的知识。

发现式实验教学方式是指在具体的实验教学中，创设情境，引导学生发现问题，针对问题利用实验探究去解决问题的一种教学方式。

案例2-7　“分子间是有间隙的”实验的教学设计

【实验设计1】　100 mL乙醇和水混合在一起，体积小于200 mL，如图2-2所示。

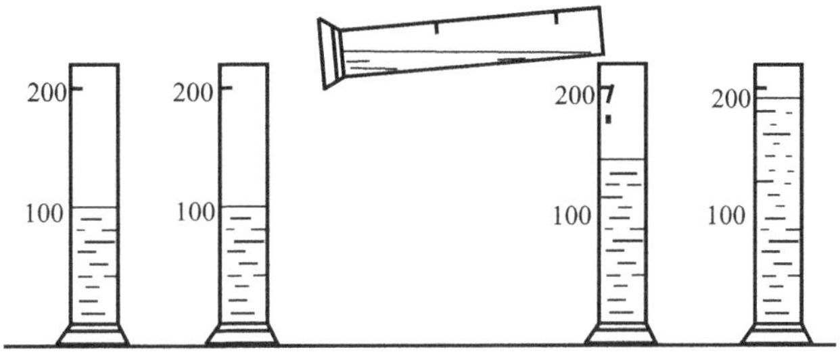

图2-2　乙醇与水混合

【实验设计2】　用几个量筒分别进行下面的实验，事先预测各种液体混合后的体积变化，记录实验的结果，并进行比较，其实验步骤见表2-1。

表2-1　实验步骤

实验操作	体积变化情况	
	预测结果	测量结果
50 mL水和50 mL水混合		
50 mL乙醇和50 mL乙醇混合		
50 mL乙醇和50 mL水混合		

案例分析

实验设计1将实验操作、实验方法和实验结果给定，没有设置任何问题，采取的是被动接受式教学方法；实验设计2虽然也给出了实验操作，但是实验结果没有给定，需要学生通过实验得出结论，采取的是发现式教学方法。

对于两种方式的教学，学生均可以获取“分子间是有间隙的”这一知识点，同时练习量筒的使用方法。但是实验设计2的教学方式除让学生有上述收获外，还可以让学生通过实验有如下收获：①学习用比较的方法来获取信息，即通过实验发现50 mL同物质的加和，体积不变，均为100 mL，而不同物质、同体积的加和，体积却不等于100 mL；②在此过程中，学习用归纳、推理的方法来分析实验现象并得出实验结论。

（三）接受式和发现式教学效果比较

同一个实验，教学的方式不同，教学的效果可能会存在很大差异。要充分发挥化学实验的教学功能，尽可能全面地实现化学实验的教学价值，除了在思想上要重视化学实验教学之外，还要选择适当的教学方式。

案例 2-8 "二氧化碳密度与空气密度比较"实验教学设计

"二氧化碳密度与空气密度比较"实验教学设计见表 2-2。

表 2-2 "二氧化碳密度与空气密度比较"实验教学设计

项目	方式 1 被动接受式	方式 2 主动接受式	方式 3 引导探究式	方式 4 自主探究式
教师行为	讲述：CO_2 的密度是 1.977 g/L；空气的密度是 1.318 g/L。我们用实验来验证一下 演示：向装有一高一矮 2 支蜡烛的烧杯中倾倒 CO_2	讲述：CO_2 的密度是 1.977 g/L；空气的密度是 1.318 g/L 演示：向装有一高一矮 2 支蜡烛的烧杯中倾倒 CO_2 提问：为什么进入久未开启的菜窖之前要先点燃一支蜡烛伸进去？	演示：向装有一高一矮 2 支蜡烛的烧杯中倾倒 CO_2 提问：烧杯中的蜡烛哪支先熄灭？为什么矮的一支蜡烛先熄灭，高的一支后熄灭？ 等学生回答完毕再给出 CO_2 的密度是 1.977 g/L；空气的密度是 1.318 g/L 提问：为什么进入久未开启的菜窖之前要先点燃一支蜡烛伸进去？	请学生猜测并假设： ①如果 $\rho_{CO_2} > \rho_{空气}$，则 CO_2 应该在空气下面； ②如果 $\rho_{CO_2} < \rho_{空气}$，则 CO_2 应该在空气上面 请学生设计实验验证假设：向装有一高一矮 2 支蜡烛的烧杯中倾倒 CO_2。如果是①，矮的一支蜡烛先熄灭；如果是②，高的一支先熄灭 学生实验 提问：为什么进入久未开启的菜窖之前要先点燃一支蜡烛伸进去？
学生行为	听讲、记录、比较、观察	听讲、记录、观察、比较、解释	听讲、观察、记录、思考、解释	猜测、假设、设计实验、验证、思考、解释

案 例 分 析

在上述 4 种教学方式中，学生的行为是不同的。行为不同，意味着学生主体性发挥程度不同，学生的感受、体验和所获取的知识也不相同。"被动接受式"只落实了"知识与技能"一维目标，即学生只能获得"CO_2 的密度比空气的密度大"这一化学学科的基础知识；"自主探究式"能同时落实"知识与技能"和"过程与方法"两维目标，即学生不仅能获得"CO_2 的密度比空气的密度大"这一化学学科的基础知识，还能初步学会"假说"这一科学方法的基础知识和运用假说来解决简单的化学问题。由此可见，教学的方式不同，教学的效果也不同。

二、验证性和探究性实验教学方式

这里所讨论的"验证性和探究性实验教学"是从教师行为的角度去讨论的，从学生的行为角度设计教学所使用的方式，就是前面讨论的"接受式和发现式"教学方式。教学是一个"双边"的活动，在进行教学设计时，既要考虑教师行为，选择合适的实验方式，又要从学生的行为考虑，选择适宜或综合的教学方式。

（一）验证性实验教学

验证性实验教学是指运用验证性实验的方法开展一系列学与教的活动。验证性实验教学的作用在第一章第一节“化学教学概述”中已经较详细地阐述，这里不再赘述。

但是，由于这类实验的内容、方法、步骤等都是由教材和教师拟订的，一切现象和变化都在预料之中，学生只是机械地按照教材的指令进行操作和验证结论，难以发挥学生在化学实验中的主动性和创造性。目前，在中学实验教学改革中，教师已经将许多验证性实验改为探究性实验。

传统的验证性实验的教学模式是：

教师讲解、示范 → 学生操作 → 得出结论

这种教学模式的优点是：①过程严谨、步骤规范；②学生模仿教师完成实践操作，具有一定的实践性；③实验结论再现理论知识，有利于强化、记忆和巩固所学知识；④统一实验要求，有利于教师对整个教学活动的控制。

这种教学模式的缺点是：①实验内容的验证性，实验内容是已知理论或定律的验证，缺乏新知探究；②组织形式的单一性，单一的组织形式不利于师生、生生之间互动交流；③实验过程的封闭性，整个实验过程是在教师严格控制下，在统一封闭的情景下完成，制约了学生创新思维的发展；④学生学习的被动性，知识学习、技能训练处于被动接受状态，独立思维受到压抑。

新教育理念的验证性实验的教学模式是：

提出问题 → 实验验证 → 分析讨论 → 得出结论

这种模式实际上是将验证性实验加入了探究性的元素，属于“探究-验证”综合型模式。

这种模式的优点是：简明、清晰，有利于学生对相关结论的形成、强化和记忆，有助于培养学生观察能力、实验设计能力、操作能力、独立思考能力以及训练科学的逻辑思维方法，也有利于教师对学生学习兴趣的激发和整个教学过程的把握，比探究性实验的开展可控性强。

案例 2-9　“分离、提纯”实验操作训练教学设计

【提出问题】　实验室中用 $KClO_3$ 在 MnO_2 催化下受热分解制取氧气，反应后的产物有 KCl 和 MnO_2 的混合物，如何回收这两种物质达到废物利用呢？分离的原理是什么？需要使用哪些分离方法？

【教师引导学生讨论】　①利用物质的溶解度不同，通过过滤达到将 KCl 和 MnO_2 分离的目的；②通过蒸发的方法浓缩 KCl 得到 KCl 粗品。

【提出问题】　①过滤操作应注意哪些问题？②用过滤的方法将 KCl 和 MnO_2 分离开后为什么还要洗涤沉淀？用什么洗？洗涤沉淀时要注意什么问题？进行蒸发操作时要注意什么问题？

【进行实验】　略。

【展示实验成果】　略。

案 例 分 析

该实验设计虽然还是一个验证性实验，但是在整个教学过程中，不是告诉学生该怎样做，而是通过设置问题，让学生思考并运用已有的知识设计实验方案，整个教学过程是开放的。不仅让学生能够完成回收 KCl 和 MnO_2 的实验任务，还可以训练学生的思维能力和运用已有知识解决问题，使所学知识能够运用到解决新问题上。

（二）探究性实验教学

探究性实验教学是指运用实验探究的方法开展一系列学与教的活动。探究性实验教学强调实验原理，设计方案和实验步骤未知，实验在教师引导下由学生主动探索进行，既重视实验的过程和方法，也重视实验的结果和收获，从而体现在学生知识学习和能力提高方面所具有的综合优势。

在中学化学实验教学中，通过实验探究让学生学习“提出问题→研究问题→解决问题”的途径，设计实验过程，观察实验现象，分析、归纳并独立得出实验结论。这种教学形式符合学生的年龄特征和心理特点，也符合认识规律，教师的主导作用和学生的主体作用都得到了充分发挥。

化学实验探究教学模式通常有两种模式。

1. 化学实验探究教学模式一

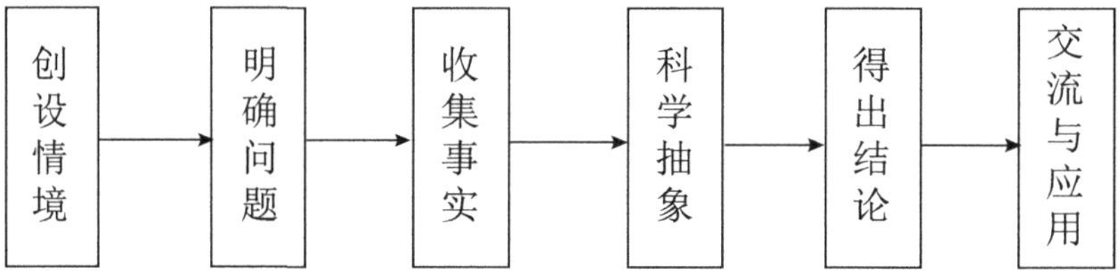

这种模式是科学探究理念与探索性实验教学相结合而成的。模式中的科学抽象是指在人的思维中，排除认识对象的非本质属性，而抽取其中共同的、本质属性的一种科学方法。进行科学抽象需要运用比较、分类、归纳和概括等逻辑方法。

案例 2-10　化学物质漂白作用的实验探究

【设置情境】　我们已经学过哪些化学物质具有漂白作用呢？（Cl_2、Na_2O_2、H_2O_2、活性炭）

【提出问题】　这些化学物质的漂白作用都是一样的吗？

【收集事实】　运用观察、实验的方法收集化学实验事实。

实验一：Cl_2 通入品红中，褪色，加热不恢复红色。

实验二：Na_2O_2 加入品红中，褪色，加热不恢复红色。

实验三：H_2O_2 加入品红中，褪色，加热不恢复红色。

实验四：活性炭加入品红中，褪色，加热恢复红色。

【科学抽象】　①按照加热后是否恢复红色，可将化学物质分成两类：第一类恢复了红色，即活性炭；第二类未恢复红色，即Cl_2、Na_2O_2、H_2O_2。②物质的漂白作用分为两类：第一类物质是通过物理作用（吸附）实现漂白，即活性炭；第二类物质是通过化学作用（氧化还原反应）实现漂白，即Cl_2、Na_2O_2、H_2O_2。

【得出结论】 几种化学物质漂白的作用是不一样的。①活性炭是通过物理作用实现漂白的，漂白作用是暂时的；②Cl_2、Na_2O_2、H_2O_2是通过化学作用实现漂白的，漂白作用是永久的。

【交流与应用】 通过实验证明SO_2是通过物理作用还是化学作用实现漂白的。

2. 化学实验探究教学模式二

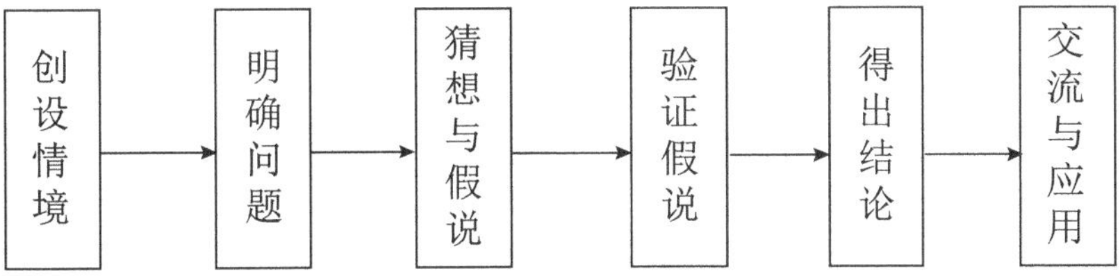

这种模式是科学探究理念与验证性实验教学相结合形成的。模式中的假说是指根据已知的实验事实和科学理论，对未知的自然现象及规律所做出的一种推理和解释。探究性实验教学中假说的提出包括两个环节：第一，根据有限的实验事实和科学理论提出假说；第二，在假说的基础上进行推理、判断、验证。假说的验证包括实验验证和理论验证，其中实验验证是最直接、最可靠、最有利的方式。

案例 2-11　“酚酞褪色原因探究”实验教学设计

【设置问题情境】 让学生完成如下实验并观察实验现象：向试管中加入适量的过氧化钠粉末，加水反应后，滴加酚酞试剂。学生观察到试管中溶液先变红后褪色。

【提出问题】 酚酞遇碱性物质本应变红，为什么会褪色呢？

【引导学生进行分析】 ①酚酞颜色变化的原理；②过氧化钠与水反应的反应历程与反应产物。

【引导学生提出实验假设】

假设 1：过氧化氢的漂白作用使酚酞褪色。

假设 2：过浓的氢氧化钠使酚酞褪色。

假设 3：氧气使酚酞褪色。

【引导学生设计实验方案验证假设】

实验方案 1： ①在装有Na_2O_2溶液的试管中加入少许MnO_2，用带火星木条伸进试管中（以此验证是否有H_2O_2和O_2生成）；②向 0.01 mol/L NaOH 溶液中滴加 2 滴酚酞试液，变红且长时间不褪色，然后加入H_2O_2（以此验证过氧化氢是否能使酚酞褪色）。

实验方案 2： 在不同浓度（5 mol/L、1 mol/L、0.01 mol/L）的 NaOH 溶液中滴加酚酞（以此验证浓的 NaOH 溶液是否能使酚酞褪色）。

实验方案 3： 在 0.01 mol/L NaOH 溶液中滴加 2 滴酚酞试液，变红且长时间不褪色，然后通入氧气（以此验证O_2是否能使酚酞褪色）。

【引导学生进行实验验证】 略。

【形成实验结论】

（1）酚酞在稀碱液中才稳定，显红色；在浓碱液中显红色后又褪色。

（2）H_2O_2 溶液能使变红的酚酞褪色，起漂白作用；氧气不能使变红的酚酞褪色。

（3）往 Na_2O_2 中加入水，反应后的溶液中加入酚酞溶液，先变红后褪色，原因是反应生成的 H_2O_2 有漂白作用和所得的碱溶液较浓。

【交流与应用】　略。

探究性实验教学和验证性实验教学的主要区别如表 2-3 所示。

表 2-3　探究性实验教学和验证性实验教学的主要区别

项目	验证性实验	探究性实验
实验目的	验证已知的知识	通过实验探究未知的知识与概念
实验步骤	学生已经知道详细的实验步骤	既可以在教师的指导下进行，也可以自行设计实验方案
实验方法	努力获取接近答案的结论	努力探索符合客观规律和实际的结论
实验结果	验证实验结果是否与已知答案接近	自行分析、综合、比较、概括得出结论
实验评价	教师根据学生接近答案的程度进行评价	教师根据学生实验的现象、数据及结论进行评价

综上所述，在化学实验教学中，要根据教学需要，灵活地选择实验的类型。过分强调探究性实验而对验证性实验加以排斥，容易使教学走入另一个极端。教师应很好地理解两类实验的含义和本质区别，树立探究教学的理念，大力提倡探究性实验教学，同时不随意摒弃验证性实验，使培养学生的创新精神和实践能力真正落到实处。

第三节　化学实验教学实施的教学艺术

一节好的化学课，要求教师除了具有先进的教学理念、恰当的教学设计外，更需要教师处理好教学过程的各个环节，化学实验教学也不例外。化学实验教学过程包括：实验教学的开始、实验的讲解、实验的演示（或学生进行实验）、实验教学的结束等。要进行好这些环节，就需要教师有娴熟的教学技能和运用恰当的教学艺术。本节主要从实验教学的导入、实验教学的讲解、实验教学的变化、实验的演示、实验教学的结尾、实验教学的板书及应用多种媒体辅助实验教学等方面讨论化学实验教学的教学艺术。

一、实验教学的导入艺术

建构主义认为，有意义的学习过程需要在一定的情景下才能发生，在什么样的情景下开始实验，直接影响学生整个实验学习过程能否有效进行。因此，实验教学的引入方式也尤为重要。化学实验教学常用的引入方式有以下几种。

（一）直接导入

直接导入法就是开门见山地把要学习的实验内容进行简单的介绍，从而实现引出实验的目的。开门见山的导入方法可以为学生节省很多课堂时间，从而提高课堂教学的效率。但是，这种导入方法并不是任何情况下都适用的，通常运用于学生整体素质较高的班级。

（二）问题引入

问题是思维的源泉，教学中让学生带着问题进行实验，不仅能激发学生的实验兴趣，更能督促学生在观察实验或在动手操作的同时不忘动脑思考。

案例 2-12 "空气中氧气含量测定"实验教学的引入设计

【教师】 氧气是动植物赖以生存的重要物质，我们都知道空气中含有氧气，那么你知道氧气在空气中的含量是多少吗？如何用实验证明氧气存在，又如何用实验测定出氧气的含量呢？现在我们就一起探究空气中氧气的含量究竟是多少。

案例分析

空气中含有氧气，这是学生知道的事实，但是空气中究竟含有多少氧气，这是学生不知道的内容。通过问题引入"空气中氧气含量测定"这个实验，首先，能激发学生了解的欲望，产生学习的兴趣；其次，在教学过程中师生为了解决问题进行思考、分析，探寻可行的实验方案，再进行实验操作和观察，在整个实验教学过程中，学生都是在问题的引导下进行学习的，学习的目的较明确，就是通过实验解决问题。

（三）冲突引入

认知冲突是指学生已有的认知结构与新的情境不相符合时产生的一种心理矛盾和失衡的状态，这种状态能有效激发学生的认识内驱力。

通过设置冲突引入实验教学，就是找到学生已有经验与实验现象或实验可能解决的问题之间的联系和差距，并把这种差距鲜活地呈现在学生面前，使学生急于想通过实验解决这些矛盾，自然会对将要进行的实验活动充满期待。

案例 2-13 "过氧化钠与水发生反应"的实验教学引入设计

【教师】 生活中我们都知道，水可以灭火，然而水遇到一种物质不仅不能灭火还能生火，究竟是什么物质呢？现在我们就来学习过氧化钠与水反应的化学性质。

案例分析

水可以灭火，而水能生火，这与学生的已有认知是相矛盾的，产生认知冲突。为了知道水究竟能否生火、为什么能够生火，学生就会产生强烈的学习欲望。此时，无论后续的实验是教师演示还是学生动手探究，都能牢牢抓住学生的思维，大大提高实验教学的有效性。

案例 2-14 "氢气的性质"导入设计

【教师】 上课前我们来猜一个谜语"无色味最轻，遇火有水生，还原有本领"，打一种气体。请大家根据预习猜测一下是什么气体呢？

【学生】 对谜语进行分析：无色味最轻指的是，没有颜色、没有味道，且相对分子质量是最小的；遇火有水生指的是这种气体能够燃烧并且能够产生水；还原有本领指的是这种气体具有还原性。依据预习猜测是"氢气"。

【教师】 大家猜测是氢气，答案就是氢气。氢气究竟有怎样的物理和化学性质呢？我们通过实验来探究一下。

案 例 分 析

这个谜语中包括了氢气的主要物理性质和化学性质，通过谜语的导入，可以激发学生的学习兴趣，同时也可以通过谜语提取其中包含的氢气的物理性质和化学性质，为引出"氢气的性质"实验教学制造悬念，为后面的实验打下基础。

（四）生活经验引入

把实验内容与社会、生活实际结合起来，用学生熟识的生活经验引入实验教学，是优质课经常运用的策略。这种实验教学的引入方式将枯燥的学科问题与学生的生活紧密联系起来，淡化了实验的学科味道，增强学生对后续实验的关注度和兴趣度，尤其是抽象的原理类实验更适合应用这样的方式引入。

案例 2-15 "二氧化碳性质"实验教学的引入设计

【教师】 可乐是大家都喜欢喝的饮料，这种饮料我们称之为"碳酸饮料"。喝到嘴里会感到有气体出来，摇晃几下也会发现有气体出来，从配料表上我们看到有二氧化碳。那么可乐中溶的二氧化碳究竟有怎样的性质呢？现在我们一起来探究一下。

案 例 分 析

碳酸饮料中含有二氧化碳这是大家都知道的生活常识，用学生熟悉的生活常识引出实验教学，可以加强化学与生活的联系，让学生充分地感受到化学给人们生活带来的便利和享受，激发学生的学习积极性。

实验教学一般情况下都是课堂教学的一部分，如何在有限的时间内使教学效益达到最大化，这就需要教师的精心设计，无论运用哪种导入方式都要注意紧贴实验教学的内容。进行实验教学的导入设计时要注意以下问题：

（1）明确教学目标，应力求用最少的语言、最短的时间，迅速而又巧妙地通过导入建立新旧知识间的联系，导出相关的实验；重复而又逻辑性不强的语言，针对性、目的性不强的导入设计，都不能使导入与教学内容形成良好的衔接、建立有机的联系，有失导课的效果。实验教学的导入一般要求时间最好控制在 1 min 左右。

（2）导入内容的设计一定要与实验教学内容相关联，不能只为了追求"激趣"或"与生活的联系"而设计与教学内容无关联或关联不大的导入内容。

较好的导入设计是依据实验教学内容能够设计出"激趣"或"与生活的联系"的内容，并让学生通过这些导入内容，从中发现问题、获取相关的信息，从而引出实验。

二、实验教学的讲解艺术

实验教学过程中教师的语言是否完整、是否准确直接影响学生对知识的正确获取；而教师的语言是否具有启发性，直接影响学生自主学习能力和思维能力的形成。

师范生在进行实验教学能力训练时，在语言上要注意以下几点。

1. 准确描述化学实验现象

（1）在描述化学实验现象时，不能使用生成物的名称。生成物的名称是通过观察实验现象，经过分析推理后综合判断得出的。因此，不能把生成物的名称作为实验现象来描述。例如，进行“氢气还原氧化铁”实验时，实验现象就不能描述为“砖红色的氧化铁逐渐变成黑色的铁，同时试管口有水生成”，而应描述为“砖红色的氧化铁粉末由红色逐渐变成黑色，管口有水珠生成”。

（2）描述化学实验现象时，不能把实验现象与实验结论混为一谈。实验现象是指在做实验的过程中感受到的颜色、物体形状等的变化、声音、气味、数据（如温度、pH 等），即凡是人体能够直接接收到的信息都归结为实验现象。例如，锌粒与稀硫酸反应的现象，如果描述为有氢气产生就错误了，原因是把实验结论当作了实验现象，正确的描述应为锌粒不断溶解，并有无色气泡产生。

实验结论则是指根据在实验过程中所获得的现象、数据等信息，经过分析、抽象、归纳等思维过程得到的观点、论断。例如，在观察“乙酸乙酯的制备”实验过程中，同时看到了产物生成和溶液变黑两个现象，则可以得出结论：生成乙酸乙酯的反应和炭化反应是同时进行的。

（3）弄清概念，注意语言的准确性。在教学中要弄清楚概念，防止语言的不准确。例如，弄清楚“雾”和“烟”概念。“烟”一般指固体小颗粒，“雾”一般指液体小液滴。铁在氧气中燃烧的实验现象应描述为产生“红棕色烟”，而不是“雾”。又如，区别“光”和“焰”的不同。“光”一般指固体微粒被燃烧的现象，“焰”一般指气体或液体燃烧时的现象。镁条燃烧的实验现象应描述为“发出耀眼的白光”，木炭在氧气中燃烧实验现象应描述为“出现明亮的火焰”（一氧化碳燃烧）等。再如，“爆炸”“爆鸣”“爆裂”都各有所指，若不加以区分，一律称为“爆炸”，不仅造成概念不清，而且会使学生产生恐惧心理，对今后的学习特别是实验操作带来不良的影响。

2. 使用科学、规范性的教学语言

化学术语是国际化学界统一规定用来表示物质组成、结构和变化规律的化学符号和科学缩写，具有简便、准确表达化学知识和化学思维的特点。化学实验教学语言的科学性显得非常突出，体现在准确性、精练性、逻辑性之中。在教学中要弄清楚各化学用语如加热、微热、强热，难溶、不易溶、微溶、可溶、易溶、极易溶等含义，避免出现混淆字意的情况；对于因学生知识所限制、教师还无法准确解释或讲解清楚的概念，可以加上“一般”“在通常情况下”等词语，为今后的进一步讨论留下余地。

教师的语言是有声的行动、无形的楷模，这决定了教学口语必须力求规范，在教学中要避免以生活用语代替课堂上的科学术语。例如，把“凝聚”说成“冻了”；把“振荡”说成“摇一摇”“晃一晃”“摇晃”；把挥发性物质的“挥发”说成“冒白烟”；将水的“沸腾”说成“水开了”；将“瓶塞”说成“盖子”“盖盖”等。规范的语言应该是条理清楚、表达得体，才能使学生理解，从而有序地进行实验教学。

3. 使用带启发性的语言

教学中运用启发性的语言能够让学生自主地学会实验的观察方法、实验的操作方法，引发学生思考，学会依据实验现象分析、归纳得出结论。具体在教学中如何运用启发性的语言呢？通常的方法就是不要用陈述性的语言，而要用疑问性的语言。

案例 2-16　对“金属钠与水反应”实验教学语言的设计

实验现象：金属钠浮在水面；金属钠在水面游动并发出丝丝响声；金属钠熔成小球直至消失；滴有酚酞的水溶液变红。

两位教师对实验观察和由实验现象得出结论的教学设计如下。

【教师甲】

对实验观察的指导：请大家观察金属钠浮在水面上不断地游动，并且发出丝丝的响声，金属钠熔成了一个小球，加有酚酞的溶液变成了红色。

对实验结论得出的指导：由于金属钠密度比水轻，所以它浮在水面；由于金属钠熔点较低，它与水反应要放出热，所以就被熔成了小球；由于金属钠与水反应有氢气和氢氧化钠生成，固体表面产生的气体促使小球发生运动，且反应较剧烈发出丝丝的响声，OH^-与酚酞作用使溶液出现红色。

【教师乙】

对实验观察的指导：金属钠在水中的位置？金属钠的形态是否发生变化？溶液颜色有无变化？

对实验结论得出的指导：金属钠为什么浮在水面？金属钠为什么变成小球？小球为什么会游动并发出响声？金属钠游过的水面为什么出现红色？

案 例 分 析

这是一个典型的由实验现象的观察，让学生认识和理解金属钠的物理性质和能与水反应的化学性质的实验。不同教学理念的教师的教学设计和语言设计不同，其教学效果也不一样。

两位教师的教学设计，都可以让学生从这个实验认识钠的物理性质和与水反应的化学性质。

但是教师甲的语言不具有启发性，只能让学生记住钠与水的现象和原因，完全没有培养学生的思维能力、实验观察能力和观察的方法。在整个教学活动中，学生都是在被动地进行学习，所获取的知识都是教师给他们的。这样获取的知识，短时间能记住，时间长了这些知识可能会有所遗忘。而且在遇到新问题时，若没有教师就可能束手无策。

而教师乙的教学语言设计就具有启发性，不仅能够让学生认识和掌握知识，同时学生可以根据教师的问题，学会如何观察实验，知道观察的重点；并且通过思考，对前面知识进行回顾和迁移，学会用已有的知识解决新问题的方法。在整个教学活动中，学生真正成为学习的主体，在教学活动中自主建构新的知识。这样，当遇到新的问题时，学生就可以知道该怎样去解决问题，而不依赖教师，这才是创新人才培养的模式。

三、实验教学的变化艺术

变化技能是指在教学中，利用表情、动作、眼神、站位等身态语言，辅助口头语言，对教学中出现的一些突变情况（如学生注意力不集中、个别学生在下面讲话、昏昏欲睡等）进行处理，对学生的反馈做出反应；或利用语速的变化、声音高低变化，强调教学重点等的教学行为方式。它可以起到引起学生的注意、减轻学生的疲劳、激起学生的兴趣、启发学生的思维等作用。实验教学与化学理论教学一样，同样需要教师很好地掌握、利用变化技能。在化学实验教学中，变化艺术主要包括教态变化、教学媒体变化、教学方法变化等方式，在这里只重点探讨教态变化。

教态是指教师授课的姿态，包括眼神、表情、语调、动作、体态等方面因素。教师讲课时，有相应的得体的教态配合，讲课就能有声有色；教师讲课声情并茂，就能感染学生学习的情绪，有利于师生融成一体，从而达到预期的教学效果。

教态变化指的是在教学的各个阶段通过灵活运用不同的有声的语言和无声的身态语言变化，来配合教师的授课，以集中学生的注意力，达到生动地传授知识和交流情感的目的。教态变化概括起来说就是教师的声音、表情及身体动作等的变化。这是教师在教学中最为常用的变化技能，也是一门艺术。教态变化包括：声音变化、停顿变化、目光接触的变化、表情与动作的变化、身体位置的变化等。

1. 声音变化

在教学中，要求教师的声音洪亮，即使是讲述比较和缓的内容时，也要让全体学生都能听到，要让全体学生都处于一种兴奋的状态中。若教师的音量过低、语调平淡，不能刺激学生的听觉，不能使学生兴奋起来，学生就会处于一种抑制状态，甚至昏昏欲睡；反之，若音量过大、情绪从头至尾都激情饱满、亢奋，又会使学生神经兴奋过度，产生疲劳感。讲课的速度过快，学生没有思考的余地，在脑海中不能留下深刻的印象；速度过慢，会造成疲沓气氛，使学生神经兴奋不起来、缺乏激情，尤其是对青少年更不相宜。因此，教师在教学中讲课的声音的音量、语速要适中，语调不能平淡，要有起伏、抑扬顿挫、有激情和感染力。而适当地运用声音变化艺术，可以起到吸引学生的注意力、强调关键内容的作用。

声音的变化是指教师讲话的语调、音量、节奏和速度的变化。当教师从一种语速变化到另一种语速，或停顿和沉默时，能够将学生分散的注意力集中起来；当适当变大音量、放慢速度时，可以起到突出重点的作用。例如，教师结合演示说明了稀释浓硫酸的操作方法后，接着加大音量、放慢语速强调说："稀释浓硫酸时，一定要酸入水、不断搅拌!"，起到了引起学生重视、加深印象、强化操作的作用。

2. 停顿变化

停顿是一种引起注意的有效方式，在特定条件下传递着特定的信息。在教学中，恰当的停顿和沉默可引起学生注意和思考。例如，在引导学生观察金属钠在水中的反应后，针对学生观察的现象提出问题"为什么金属钠浮在水面上？"后停顿一下，既集中了学生的注意力，又留时间让学生思考。停顿的时间可长可短，一般3～5 s为宜。课堂中恰当地使用停顿和沉默，并与声音变化配合，会使学生感到轻松而有节奏感，还能引起学生注意。例如，在指导学生观看实验现象或强调实验的注意事项时，发现有学生开小差，教师可以停止讲课，用眼睛盯着那位学生，这会让开小差的学生将思维转回课堂上，而且感到羞愧。这比停下讲课来批评学生的效果更好。

3. 目光接触的变化

眼睛是人际情感交流的重要方式，所以有“眼睛是心灵的窗户”之说。眼睛随时可用于人与人之间的感情交流，并可用来表达多种感情。人的喜、怒、哀、乐都能从眼神的变化中表现出来。人在兴奋时，或对某事物感兴趣时，瞳孔会变大或变小。

目光接触的变化就是教师在教学中，利用与学生目光的接触进行情感交流的一种方式。课堂上，教师应运用注视全体学生与注视部分学生、注视个别学生相结合的目光接触变化，与每位学生都有目光接触。

恰当的目光接触能使学生对教师增强信任感，增加听课的兴趣。因此，教师在课堂上应充分利用目光接触的变化与学生进行感情上的交流。用目光接触来表达教师对学生的期待、鼓励、探询等情感，或表达对学生的关心、暗示和警告等。从目光接触的变化中，教师还可以获得反馈信息，了解学生的兴趣和对问题的理解程度。例如，教师用期待和鼓励的目光接触该学生，会使学生勇气倍增；用关心、提醒的目光注视思想开小差的学生，可使学生醒悟，集中注意于课堂教学活动中；学生喜悦的目光表达着对学习的得心应手，学生焦虑的目光表达着对学习问题的不解。

4. 表情与动作的变化

人的非语言的面部表情和身体动作又称体态语，它可以传递丰富的信息，尤其是情感信息。现代心理学研究证明，情感是打开学生智力渠道闸门的钥匙。课堂上，教师的微笑会给学生和蔼可亲、热情开朗的印象，这对学生是一种鼓舞，能使学生保持良好的心态，使课堂产生和谐的气氛。课堂教学内容丰富多彩，教师的表情要随教学内容的变化而变化，富有感情色彩的讲解会使课堂生动、感人，充满吸引力。例如，刚开始上课时教师面带微笑地肃立、沉默能使教室秩序安定下来。

教学中，教师恰如其分的手势通常能使学生大脑持续保持兴奋状态，增强记忆力，并可以加深学生对外来刺激的印象。教师的手势的变化再配合口头语言，可以突出重点、加深学生对知识的理解或印象。头部动作变化能够起到鼓励、表扬、确定答案、暗示、批评的作用。例如，学生可以从教师的点头动作中获得问题答案或鼓励；当教师不满意学生的回答或不满意学生的一些行为而摇头、皱眉时，就委婉地表达了教师的看法，这比语言直接表达更能让学生接受。

5. 身体位置的变化

身体位置的变化是指教师课堂上身体位置的改变。恰当地运用身体位置的变化，有助于师生的情感交流和信息传递，有助于调动学生的学习积极性，有助于调控课堂纪律。

教学中，教师身体位置的改变一般有两个范围：一个是在讲台附近适当地走动，另一个是走到学生中间去，在学生中间走动。教师在讲台附近走动，其目的是使全体学生都能看见黑板的各部分，并使课堂教学气氛更轻松。

教师走到学生中间去的目的如下：

（1）缩短师生空间距离的需要。让学生从心理上感到与教师的距离拉近了，使师生关系密切，活跃课堂气氛。

（2）教学中观察的需要。很多演示实验不易被全体学生观察和全面观察，教师将可拿动的实物拿到学生中去让学生观察，会大大增强实验的观察效果。例如，氢气还原氧化铜的实验结束后，教师可将反应试管拿到学生中去，让学生观看管口（有液滴）、管底（有红色物质）的生成物，会大大强化学生的感性认识。

（3）检查、督促、指导的需要。教师在学生进行自主实验活动时，到学生中间走动，可以检查、指导学生，参与小范围讨论；对于不认真学习的学生起到督促的作用。此外，还可以获取教学反馈信息，为调控教学服务。

（4）维护课堂纪律的需要。当有学生不认真听课，教师的眼神、肢体动作的示意不能引起学生注意时，教师可以走到学生座位附近，以引起学生注意。

教师在课堂上身体位置的变化要适度，走动要轻而缓，姿势要大方自然，以不分散学生注意力为宜。过频的、有明显响声的走动会给学生造成心理上的不安，分散注意，干扰学习。

课堂教学中教师的教态变化往往是上述各种变化的协调与综合。

四、实验的演示艺术

实验的演示技能是教师根据教学内容的特点和学生学习需要，利用化学实验提供感性材料和示范操作，并指导学生进行观察、分析、归纳的教学行为方式。

对于以实验为基础的化学学科，实验的演示技能是化学教学中常用的一项重要教学技能。它可用于教学的各个环节，起到激发学生学习兴趣，帮助学生充分感知、形成化学概念、理解和巩固化学知识，进行科学方法教育，培养学生观察能力和实验能力等作用。“实验的演示艺术”这部分内容将在第六章第一节“中学化学演示实验教学实施策略”中重点讨论，这里不再赘述。

五、实验教学的结尾艺术

结尾技能是在完成一段教学内容或活动时，教师引导学生对知识进行归纳总结，使所学知识形成系统，转化升华，进而结束教学任务的一种教学行为方式。实验教学的结尾技能是在完成一段实验教学内容或活动时，教师引导学生通过实验现象的分析、归纳、总结得出结论，并对实验所涉及的知识、技能进行归纳总结，从实验中获取知识、学习实验技能、总结科学的研究方法及步骤，进而结束实验教学任务的一种教学行为方式。

化学实验教学是化学教学的一部分，因而其结尾艺术与化学教学结尾基本一致，但是也有独自的特点。实验教学的结尾通常有归纳式、比较式、设问式等方式。

（一）归纳式结尾

归纳式结尾是指完成一段实验教学活动时，教师引导学生采取归纳、概括、整理和总结的方法，将本段实验教学中的知识系统化、条理化。归纳的方式可以是语言式归纳、图表式归纳、习题式归纳。

案例 2-17　“盐类水解”实验教学归纳式结尾设计

（1）语言式归纳：①强碱弱酸盐水解，溶液呈碱性，pH＞7；②强酸弱碱盐水解，溶液呈酸性，pH＜7；③强碱强酸盐不水解，溶液呈中性，pH＝7；④弱碱弱酸盐双水解，溶液的酸碱性由对应酸、碱的相对强弱来定（在高中阶段不做要求，了解即可）。

为了便于记忆，可概括为六句话：有弱才水解，无弱不水解，谁强显谁性，同强显中性，越弱越水解，都弱都水解。

（2）图表式归纳：见表 2-4。

表 2-4　图表式归纳

名称	能否水解	溶液酸碱性	引起水解的粒子
强碱弱酸盐	能	碱性，pH＞7	弱酸阴离子
强酸弱碱盐	能	酸性，pH＜7	弱碱阳离子
强碱强酸盐	不能	中性，pH＝7	
弱碱弱酸盐	双水解	由对应酸、碱的相对强弱而定	弱酸阴离子和弱碱阳离子

（3）习题式归纳：今有食盐（主要成分 NaCl）、草木灰肥（主要成分 K_2CO_3）及硫酸铵化肥[$(NH_4)_2SO_4$]分别溶于水中，其溶液的酸碱性如何？为什么？

（二）比较式结尾

比较式结尾是指对实验中所包含的新的化学知识、技能且容易与旧知识、技能容易混淆的部分进行比较、分析，找出各自的本质特征及其之间的联系和区别，使学生对新的知识和技能理解更准确、记忆更牢固。例如，在做完乙烯的性质实验并得出乙烯的性质后，为使学生更好地理解乙烯的结构决定了乙烯具有不饱和性，因而可以发生加成反应等性质，常与甲烷的结构、性质进行比较，加深学生对结构决定性质的理解，从而更好地掌握二者的性质，理解物质的结构决定物质的性质，物质的性质在很大程度上决定物质的用途。

案例 2-18　“一氧化碳性质”实验教学比较式结尾设计

【教师】　刚才大家依据实验现象，通过分析归纳得出了一氧化碳的物理性质和化学性质，1 个二氧化碳分子比 1 个一氧化碳分子多 1 个氧原子，这就使得它们的性质有很大不同。现在请大家回顾和比较一下，它们的物理和化学性质有哪些相同，又有哪些不同呢？请从二者的物理性质（颜色、气味、密度、溶解性）、化学性质（可燃性、还原性、与水反应、与石灰水反应、毒性）、用途等方面进行比较，把结果填在表 2-5 中。

表 2-5　结果记录

性质		二氧化碳	一氧化碳
物理性质	颜色		
	气味		
	密度		
	溶解性		
化学性质	可燃性		
	还原性		
	与水反应		
	与石灰水反应		
	毒性		
用途			

（三）设问式结尾

设问式结尾一般是用在一段实验教学完成后，通过归纳总结得出结论，以问题或习题的方式结束教学活动。这种方式有以下两个作用：

（1）可以引发学生思考、引起悬念，为后续的学习起到承上启下的作用。例如，在完成钠与水反应的实验教学以后，可以提出问题：金属钠与水反应生成氢气、氢氧化钠，若将金属钠放入硫酸铜溶液中，产物又会是什么呢？又如，在完成“原电池”实验教学后，教师结尾：原电池是将化学能转变成电能的一种装置，那么有没有能把电能转变为化学能的装置呢？

（2）可以检查学生是否掌握教学内容，是否能够灵活运用所学习的知识。例如，案例 2-17 就属于这种类型的结尾方式。又如，“盐类水解”教学活动完成后，可提出问题：临床中有酸中毒和碱中毒患者，可否用 NH_4Cl 或 $NaHCO_3$ 治疗解除中毒情况？为什么？

化学实验教学的结尾艺术除上述三种外，还有其他方式，在教学中不要拘泥于这几种方式，要根据学生情况和教学内容的特点，选择合适的方式结束教学活动。

六、实验教学的板书艺术

板书是教师利用黑板以凝练的文字语言、化学语言、图解及表格语言向学生传达教学信息，使学生更好地感知教学内容的一种教学行为方式和媒介。好的板书可以揭示教学内容，体现教学意图和教学结构，向学生提供书写的示范，有助于培养学生思维的连贯性，有利于学生整体感知和概括能力的提高，还可以给学生以美的享受和美的教育。

对于一节课的教学内容，教学结构是通过板书向学生再现的。化学教学板书在进行教学设计时就要进行设计。一般来说，板书设计要从板书的内容、板书的形式、黑板的布局三个方面考虑。因此，板书设计和板书实施时要注意以下几个方面。

（一）板书的要求

1. 准确规范，简单直观

板书的字、词、句等要准确，分子式、方程式等化学用语要符合化学专业语言的规范。不能随意加、减或改变字词，以免造成学生误解。例如，有的教师书写元素符号、分子式时常常大小写不分、高低不分。不能把“Ca”写成“Cａ”，把“pH”写成“PH”等。

化学反应方程式是利用化学语言表示物质之间在一定条件下发生化学反应的表达式。书写化学反应方程式的步骤是：先写出反应物→打一横线→再写出生成物→然后配平→最后划配平线。然而，有的教师在书写化学方程式时，不按要求书写，而是从左到右一气写完。这些不规范的板书对学生的影响是非常大的。

板书的目的在于直观、简明地体现教学内容的精华，揭示其内在的联系，同时提示教学思路，调节学生思维。因此，要求板书用句精练，富有启发性，层次分明，脉络清晰。由于化学用语、图表等能直观、简明而有效地说明化学概念、原理、规律和生产流程，所以应尽可能使用化学用语、化学仪器装置图、示意图等化学板书工具。

案例 2-19　盐酸和硝酸银反应实验操作步骤板书设计

【板书设计 1】　在试管里加入少量蒸馏水，然后加入几滴盐酸溶液，摇匀，再加几滴硝酸银溶液，摇匀，有白色沉淀生成，然后加入几滴稀硝酸，摇匀，白色沉淀不溶解。

【板书设计 2】

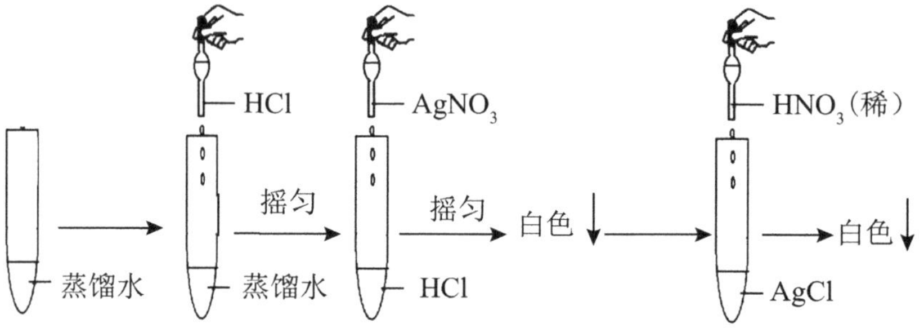

【板书设计 3】

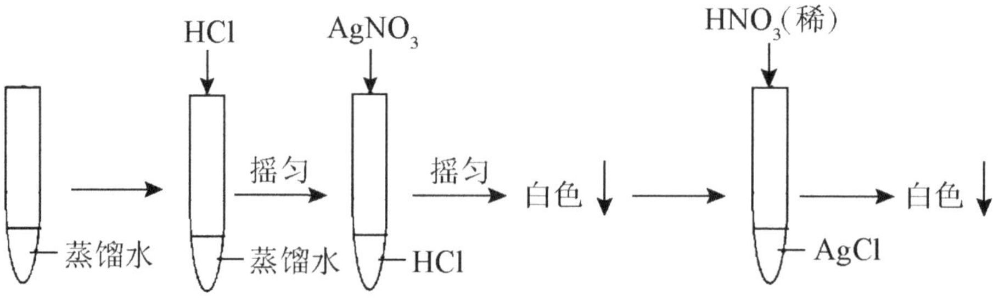

【板书设计 4】

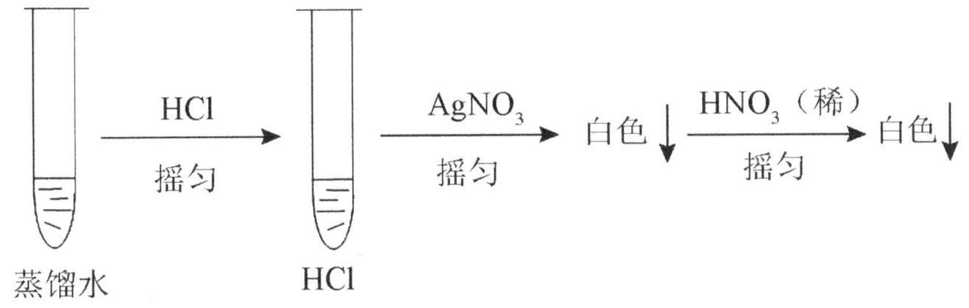

案 例 分 析

板书设计 1，用文字描述化学实验操作，麻烦、花费时间较多，且不直观、不够清晰；板书设计 2，虽然较板书设计 1 直观、清晰，但对于绘画能力不够好的教师有限制，且花费的时间也较多，不符合简单的要求；板书设计 3 和板书设计 4，既能直观、清晰地表达出操作步骤，对教师的绘画要求不高，且花费的时间也不多，教师可以一边讲解一边绘制。

2. 布局美观，结构严密

心理学研究告诉我们，形象编码和语义编码的学习材料能持久保持，合理的板面布局既可做到形象编码又可做到语义编码。黑板恰似一块画板，需要教师精心设计，刻意创作，从整体布局到局部安排都要独具匠心。在进行教学设计时，就应该将板书的内容、结构、布局、与其他媒体的合理配合等都设计好。

板书分主板书和副板书。主板书也称系统板书，是提纲挈领地揭示教学内容，体现教学结构和教学程序的书面语言。这种板书有利于掌握讲课进程、整理思路、抓住重点、强化记忆。副板书也称辅助板书，是主板书和教师语言教学的说明与补充，一般用作强调重点、纠正错误、引起注意。

主板书往往写在黑板的左侧，副板书往往写在黑板的右侧。一般情况下，将教室黑板分为三部分，第一、二部分用作主板书，第三部分用作副板书。主板书必须前后照应，体现教学内容和教学全过程，并尽可能完整地保留到下课。一些复杂的图表可事先画在小黑板上或制成挂图表，这样既可避免板书占不下、造成板书不完整的情况，又可提高教学效率。

副板书可随写随擦，主要用于对教学内容的解释、说明，帮助学生理解。

3. 提纲挈领，突出重点

板书的内容要能够完整地体现该节课教学内容的结构、教学内容之间的层次关系、教学的重点和难点，并适应学生的实际情况，利于学生记录、理解和记忆，提纲挈领地掌握系统化的知识。

板书不是讲课内容的简单归纳和罗列，更不是讲解内容的简单重复。它要体现本节课的关键问题，概括教学的主要内容。要以简叙繁，有主次、轻重之分。能对学生有所启发，引起学生思考和联想，便于学生当堂消化所学知识，有利于学生课后复习和记忆。因此，板书的文字不宜过多，过多则“抄黑板”时间过长，影响讲课和其他活动，过少又概括不了教学内容。好的板书应是文字简洁、层次分明、突出重点，使学生有回味无穷之感。

4. 书写端正，符合规范

板书的书写应清楚端正、整洁优美，做到大小标题适宜、图文位置和比例合理、色彩应用协调、主副板书的划分恰当、整体布局美观。

为了提示重点、难点或关键内容，对比易混淆的概念，引起学生的注意，教师可选用各种彩色粉笔进行板书，或在关键、重难点处用彩色粉笔画圈、勾线。

5. 掌控时间，讲写配合

掌控时间是指教师板书的呈现时机与书写的速度；讲写配合是指板书书写时机和速度应与教师的教授协调一致，与其他教学活动有机配合。

板书是对教师口语表达的辅助，其板书内容的呈现就应把握好时机，应与讲解及其他教学活动协调一致，做到顺理成章。例如，导课点题后就要书写本节课的主题；又如，当教师进行演示实验引导学生观察实验现象后要及时在黑板上记录实验现象，分析、讨论后及时板书结论等，变换信息通道辅助教师的教学。

板书保留的时间应恰当，条件允许时，主板书一般要保留到结课；副板书保留到补充说明问题的结束。板书的书写速度应适中，在文字工整、清楚，绘图准确的前提下，尽可能迅速。

（二）板书的形式

化学实验教学中常用的板书形式归纳成四种：提纲式、表格式、图解式、仪器纸质模型组合式。

1. 提纲式板书

提纲式板书是用简明扼要的文字，提纲挈领地反映教学内容、教学过程的板书。这种形式的板书条理清楚、突出要点和重点，便于学生抓住要领、了解全部教学过程，一般是新知识学习的常用形式。提纲式板书要求教师抓住教学重点，要高度提炼教材内容，从而形成层次分明、具有高度概括性的知识结构。

案例 2-20　“氧气的实验室制取及性质”学生实验板书设计

这是学生在实验室进行的一个实验，其板书设计如下：

实验目的：（1）学习实验室制取氧气的方法。

（2）加深对氧气性质的认识。

实验用品：（略）

实验原理：高锰酸钾 $\xrightarrow{加热}$ 锰酸钾＋二氧化锰＋氧气↑

实验装置图：（略）

实验步骤：

观察装置
↓
检查气密性
↓
安装装置
↓
进行实验

讲解时，在每一步骤后面书写操作方法（装置图）、重要的注意事项（此处略）

2. 表格式板书

表格式是常用的板书形式，各科教学中都适用，运用于对多种概念、性质、原理、实验进行归类，对比分析其中的异同点，揭示知识的内在关系。表格式板书有化繁为简、对照鲜明的功能，便于学生对比或联系，加深对事物特点及其属性的认识。表格式板书一般用于结课或一个问题结束后的归类、比较。化学实验教学也常用表格式板书，主要用于安排实验内容和步骤、记录实验现象、比较物质之间的性质异同等。例如，在进行蓝瓶子实验时，对于实验内容和操作步骤，教师可以通过表格的形式进行板书，见表 2-6。这样的板书通常是事先写在小黑板上，上课时再拿出来，既节约时间，又避免过早呈现分散学生的注意力。

表 2-6　蓝瓶子实验方案及记录

步骤	操作		实验现象		振荡周期		结论
			静置	振荡	（1）	（2）	
1	锥形瓶中加入 50 mL 水、1.5 g 葡萄糖。逐滴滴入 8～10 滴 0.1%亚甲基蓝，振荡						
2	加入 2 mL 30% NaOH 溶液，振荡、静置						
3	把溶液分别倒入两支试管，①号试管装满，②号试管只装半管，都用塞子塞好，振荡、静置	①					
		②					
4	把①号试管中溶液分一半到③号试管中，再向③号试管中滴加 2 滴 0.1%亚甲基蓝，塞好两支试管，振荡、静置	①					
		③					
5	把①、③号试管置于 40 ℃水浴中，2～3 min 后，振荡、静置	①					
		③					

3. 图解式板书

图解式板书是指在课堂教学板书中运用图形、图示或示意图并辅文字说明来展现教学内容的板书。在实验教学中常用的有两种表现形式，即示意图板书和图示实验板书。图解式板书表达的内容简明形象，还可以把某些物质变化过程或物质间的数量关系直观地表达出来，因而有助于学生对知识的理解，还可以减少教师板书的时间。

示意图板书是指运用一定的点、线、简图、符号等把原来较抽象的材料形象化，具有直观性，使学生在具体形象思维的基础上扎实地建立科学概念，并向抽象思维发展，适用于对所学知识的复习总结，从而使前后知识系统化、网络化。例如，图 2-3 就是鉴别 NH_4NO_3、$(NH_4)_2SO_4$、Na_2SO_4、NaCl、无水 $CuSO_4$ 五种固体的实验方案的示意图。

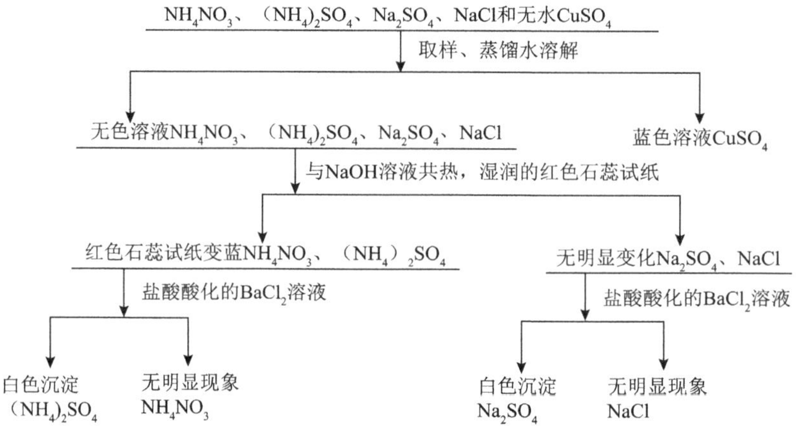

图 2-3　鉴别 NH_4NO_3、$(NH_4)_2SO_4$、Na_2SO_4、NaCl、无水 $CuSO_4$ 五种固体的实验方案

图示实验板书是在黑板上通过示意图直观地反映实验内容、步骤和实验现象的一种教学方式，常用于实验原理的讲解、实验复习课等方面。例如，在复习苯酚的酸性时可以用图 2-4 的图示展现苯酚的性质。

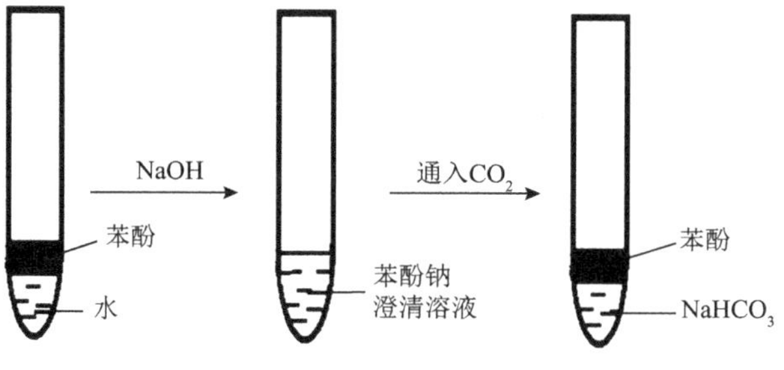

图 2-4　苯酚的酸性实验示意图

案例 2-19“盐酸和硝酸银反应实验操作步骤板书设计”中板书设计 2～4 的方式都属于这种形式。

4. 仪器纸质模型组合式板书

仪器纸质模型组合式板书是一种新型的板书形式，主要用于实验教学。它是事先将化学实验仪器用硬质的纸（如道林纸、复印纸、旧挂历纸等）按照具体的形状裁剪好，在其后面粘上小磁铁片，在教学中依据教学内容将所需仪器组合起来，分别吸在铁质的黑板上（或用小磁铁压在仪器模型纸片上）；若黑板不是铁质的，可以用透明胶带粘在黑板上。这种方式常见于化学实验仪器装置的设计或展示化学实验装置教学中。这种板书的方法可以节省教师的时间；让学生了解实验装置中各仪器的使用原理、搭建步骤，学习实验装置的设计思路，形成良好的思维能力。例如，展示氧气制备装置的搭建步骤就可以用这种方式。

案例 2-21　氧气制备装置的搭建方法和步骤板书

（1）氧气制备所需仪器展示（用挂图展示，见表 2-7）。

表 2-7 氧气制备所需仪器

仪器名称	图示	仪器名称	图示	仪器名称	图示
铁架台	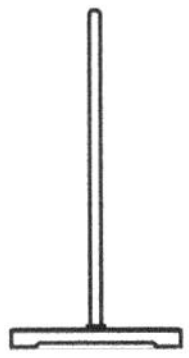	带双孔塞的试管	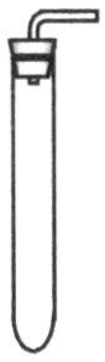	导管	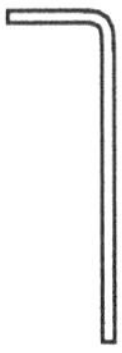
集气瓶	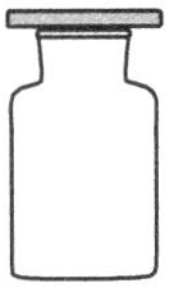	水槽	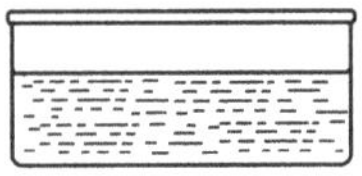	酒精灯	
胶管		铁夹		木垫板	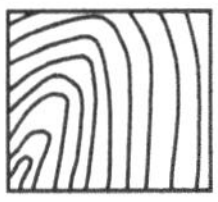

（2）仪器的搭建步骤（用仪器模型依次在黑板上搭建，搭建顺序如箭头所示）。

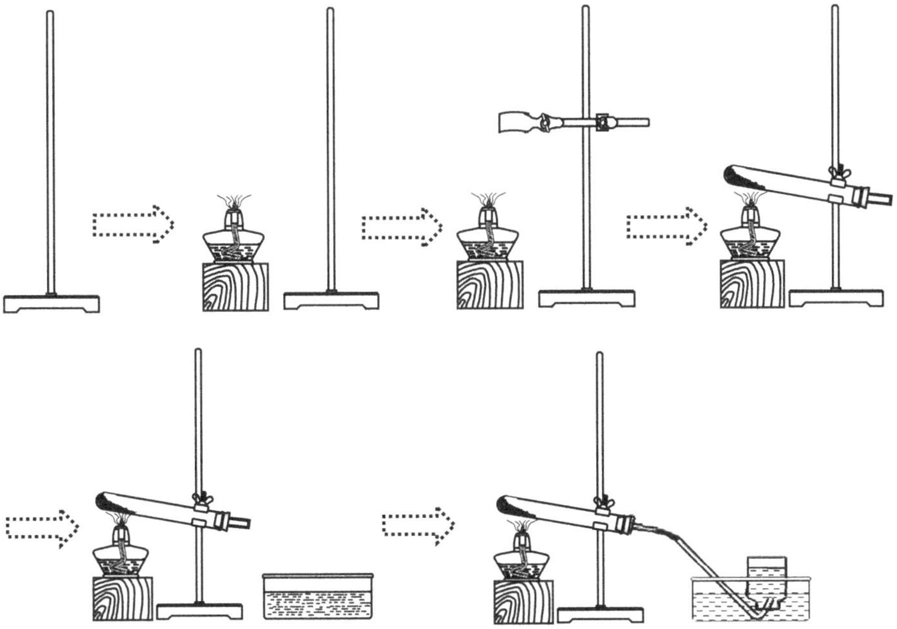

七、应用多种媒体辅助实验教学能力

在信息化的时代，要求教师必须具备运用多种媒体进行教学的能力。应用多种媒体辅助实验教学能力是指在教学中，将教育技术与实验方法、实验技术以及化学知识结合起来的一种综合能力，即能运用板书、板画、现代媒体等多种媒体辅助，通过实验教学体现出来。这就要求教师具备运用计算机进行动画设计、模拟实验、录制实验视频等的技能，以展现传统实验难以实现的实验效果，使学生在规定的教学时间内更多、更快、更好地获取有用信息，扩大获取知识的途径，提高课堂的教学效率。

大屏幕播放的 PPT 不利于学生的记录，不利于学生了解该节课的全部内容和结构，不利于课程结尾时的总结，因此在教学中要杜绝把投影屏幕当作黑板，不能完全用计算机多媒体代替板书。要学会将板书与多媒体有机地结合起来，利用计算机多媒体辅助教学，提高课堂容量、提升课堂效果。

📖 思考与讨论

（1）化学实验教学常用的教学方式有哪些？运用这些教学方式对教师的教和学生的学有哪些益处？

（2）在进行中学化学实验教学设计时，你准备通过什么方式发挥学生的主体性？

（3）探究性和验证性教学方式分别适合怎样的教学？在进行教学设计时，如何将二者有机地结合起来，提高教学效率？

（4）你准备如何进行化学实验教学技能的学习与训练?

📖 学习资源

冯晓锋. 2015. 发现式教学模式在高中化学实验教学中的实施[J]. 中学化学教学参考，(1)：33-34.
盖立春，苏翠萍，郑长龙. 2007. 化学实验教学价值的实现与教学方式的选择[J]. 化学教育，(9)：46-47.
江家发. 2004. 化学教学设计论[M]. 济南：山东教育出版社.
江玲玲. 1995. “教态语言”不可忽视的教学手段[J]. 人民教育，(10)：39.
李远蓉. 1996. 化学教学艺术论[M]. 重庆：西南师范大学出版社.
历晶，郑长龙，齐艳娟. 2013. 优化实验教学方式，实现实验教学价值[J]. 现代中小学教育，(12)：47-50.
娄延果，郑长龙. 2009. 论教学设计对教学行为的影响[J]. 河北师范大学学报(教育科学版)，11(3)：139-144.
卢一卉. 2015. 化学实验教学研究[M]. 北京：科学出版社.
沈鸿博. 1999. 化学课堂教学技能训练[M]. 长春：东北师范大学出版社.
唐力. 1996. 中学化学优化教学教程[M]. 桂林：广西师范大学出版社.
文庆城，许燕红. 2007. 化学课堂教学技能训练教程 [M]. 2 版. 南宁：广西教育出版社.
袁孝凤. 2008. 化学课堂教学技能训练[M]. 上海：华东师范大学出版社.
郑长龙. 2009. 化学实验课程与教学论[M]. 北京：高等教育出版社.
郑长龙. 2001. 中学化学教学设计的理论与实践[M]. 长春：东北师范大学出版社.

第三章　化学实验教学设计的方法及案例

📖 学习目标

（1）了解中学化学教学实验教学设计的内容。
（2）掌握实验教学设计的方法和步骤。
（3）能够运用实验教学设计的理论和方法进行实验教学设计。

📖 内容要目

（1）化学实验教学设计内容及其设计方法。
（2）化学实验教学设计教案格式及其实施案例。

📖 学习重点

化学实验教学设计内容及其设计方法。

📖 学习难点

化学实验教学目标的设计。

化学实验教学设计是指化学教师根据一定的化学实验的教学目的、化学实验教学内容及学生实际，运用教学设计的一般原理和方法对化学实验教学方案所做出的一种规划。

中学化学实验教学设计包括实验教学目标、内容、方式及组织形式的设计。教师需要明确“为什么做”，需要“做什么”，采用哪种实验方式，如何组织教学使化学实验为学生高效学习产生更有效的影响。在进行实验教学设计时，必须了解教学设计的步骤和方法。

教学设计包括以下一些阶段和环节。

准备阶段：①课程标准和教材分析；②教学对象分析（包括学生的化学知识基础、化学实验知识及技能基础、能力发展水平、生理和心理发展特点等）；③教学内容分析；④教师自身分析。

构思阶段：①教学目标设计（含重难点设计）；②教学内容设计；③教学过程设计（教学方式、教学活动、教学环节和教学策略的设计等）；④教学媒体设计；⑤教学测评设计。

评价阶段：此阶段主要是对教学设计方案进行评价、反思和修正。

第一节　化学实验教学设计内容及其设计方法

一、教材分析的方法和步骤

教材分析是指在进行教学设计之前，分析和研究所学的教材内容与前后教材内容之间的相互联系，明确所学内容在整个教材体系中的地位和作用，以便准确把握所学内容的深广度。

（一）教材分析的内容

教材分析应从分析教学内容在教材中的地位和作用入手，分析教材的内容和结构，明确教学目标、重点和难点，挖掘教材的科学方法、能力培养、思想教育因素，分析教材中学习心理问题。

（1）分析教材内容的知识类型。分析将要学习的教材内容属于哪一种知识类型（是基本概念、基本理论，还是其他类型），不同类型的教学内容具有不同的特点，要求采用不同的教学策略和教学方法。

（2）分析教材内容的相互联系。分析和研究所学的教材内容与前后教材内容之间的相互联系，明确所学内容在整个教材体系中的地位和作用，以准确把握所学内容的深广度；分析和研究教材内容与其他学科内容间的联系，加强横向学科间的联系，体现学科间的综合；分析教材中的知识与社会生活实际和生产实践的联系，体现科学、技术与社会的密切联系，从多个角度分析和解决实际问题，获得尽可能全面的认识。

（3）分析教材内容的重点和难点。能否准确分析和把握教材内容的重点、难点和关键点是决定教学成效的关键。要在对教材内容进行深入分析、统观全局的基础上，确定教学重点，并紧紧围绕重点内容设计教学，通过各个教学环节并运用各种教学手段，突出教学重点。在分析教材内容时，要根据具体内容的特点和学生的知识基础来确定教学难点。

（4）分析和挖掘教材知识的价值。知识的价值简单地说就是指知识对个体发展的有用性。任何知识都具有多重价值，因为任何知识的获得都不是一个孤立的过程，它是科学家运用一定的科学研究方法，经历艰难、曲折的探索过程而获得的，这个过程倾注了科学家的智慧，体现了科学家的思想和观点。在教学分析中，必须深入分析和挖掘知识的智力价值和情感价值。这样的教学活动，使学生学习化学知识的过程不再是单纯地接受现成知识结论的过程，而是学生进行科学探究、学会科学方法和形成科学价值观的过程，从而达到全面提高学生科学素养的目的。

（二）教材分析的方法

进行教材分析，首先要对教材进行初步阅读，以了解教材编写的总体情况和教材中的知识点；然后进行精读，即阅读将要进行教学的教材的内容（同时还要对化学课程标准进行分析）；最后对拟教授的内容按照教材分析的内容逐一进行分析。

进行化学教材分析，可以以章节为单位进行分析。首先应该明确这一章节的知识在课程标准课程内容的主题位置，再找出相应主题内容的课程标准要求，结合相应内容进行一致性分析，梳理出该章节知识点，整理出知识体系（概念图），再分析这些知识点的呈现形式（正文、活动性栏目、资料性栏目、实景图片、示意性图片、数据表格等）、组织方式。

进行教材分析，要分析教材中的知识内容和知识结构，从而确定哪些内容是基本要求，哪些是不要求的。深刻理解教学内容，正确领会教材中设置相应实验的目的，挖掘实验所涉及的化学原理，要求学生掌握的知识、实验技能等，体会实验与知识间的联系。

化学是一门以实验为基础的科学，化学实验教学设计是对化学教材分析关注的一个重要方面，课程标准要求要注重培养学生的探究能力，对化学教材探究设计的内容分析也是必不可少的环节。学习的主体是学生，教材活动设计是教师引导学生主动学习的一个方式。通过分析教材的活动设计可以帮助教师在教学中设计更加有效地活动。

（三）分析教材的步骤

（1）熟悉教材、识别教材的内容。熟悉教材首先要识别教材的内容属于哪部分知识或技能，以便依据不同类别知识、技能的特点和教学规律选择适当的教学策略和方法。

（2）把握教材内容的要点或知识点。仔细识别教材内容中哪些是学生必须掌握的知识与技能，以及这些知识点之间的关系，哪些是为了让学生掌握这些知识与技能而安排的背景材料、例证或过渡性练习，从而准确地找出教材内容的要点或知识点。

（3）分析教材内容的编写思路与内容的逻辑关系。为了更好地把握教材，首先必须理解教材编写的思路与内容的逻辑关系；然后分析教材的“单元思路”，因为它是教师理解教材、用好教材的前提；最后分析教材章节内对基础知识和基本技能的表达方式和程序，研究素材、例证、练习与知识、技能穿插编排的意图，从中领悟教材提供的教与学的过程与方法。

（4）分析教材内容的背景。研究教材内容中的新知识和前后教材中知识的关系，挖掘新知识、新技能的“生长点”，设计好“先行组织者”，以实现知识、技能的正迁移。同时，还要分析教材中新内容和相关知识的联系与区别，不断将新知识归纳到学生已有的认知结构中，努力构建各类知识、技能的网络，从全局上更好地把握教材和使用教材。

（5）挖掘教材内容的教育功能。教材中的许多内容隐含着具有教育功能的素材，特别是涉及情感态度与价值观培养的素材。由于这些素材有时是以隐蔽的形式存在的，所以教师在分析与研究教材内容时应努力去挖掘，如科学方法、学习方法、情感态度与价值观等教育内容。

（6）分析该实验涉及的知识点及在教材中的作用。分析该实验涉及哪些化学知识与技能；实验在本节课中的位置以及作用，对教材中知识点的学习有何帮助，怎样利用实验去提高课堂教学效率。

案例 3-1　基于人教版必修 1“氧化还原反应（第一课时）”教学的教材分析

教材的地位与作用：“氧化还原反应”位于高中化学必修一第二章第三节，在中学阶段的基本概念和基本理论知识中占有极其重要的地位，贯穿于中学化学教材的始终；是连接初中和高中化学的纽带和桥梁，对发展学生的科学素养、引导学生进行有效的高中阶段学习具有承前启后的作用。

承前：初中简单接触过氧化反应和还原反应，学习不深且不系统。本节安排在高中化学开端，是初中所学氧化反应、还原反应的延续和深化；利于学生重新认识氧化还原反应，并与离子反应对比。

启后：贯穿高中化学始终，是学习高中化学的基础、重点及难点。为后面学习元素化合物知识奠定了基础，所以学习好本节内容显得尤为重要。本节后学习常见元素及化合物的性质，氧化还原反应是主要性质之一，对它们的研究至关重要，更是电化学知识学习的基础。

氧化和还原是一对典型的矛盾，它们既对立，又统一，既是相反的，又是相互依存的，有氧化反应发生必然有还原反应发生，它们绝对不可能孤立存在，而是统一在氧化还原反应中。化学中的对立统一现象到处可见，通过认真引导，就可以使学生逐步理解对立统一规律在自然现象中的体现。反过来，这又会帮助学生用正确的观点和方法学习化学知识，对学生形成科学的世界观有着举足轻重的作用和意义。

二、学情分析的主要内容和分析方法

学情分析是指进行教学设计之前对学生的已有的知识、学习特点、学习能力、学习习惯、兴趣爱好、心理特点、社会和生活经验、学习成绩等进行全面的分析，以便在进行教学设计时依据学生的情况设计教学内容和教学方法。学情分析是教学活动的基本环节，也是教学研究的基本内容，为教学预设提供基本依据与重要指导。通过科学的学情分析，教师可以比较全面而深入地了解学生已有的知识储备、已有的学习经验，以及其认知特点、认知风格、学习动机与学习态度等方面的基本信息，为教师进行教学设计提供重要依据；通过学情分析，教师不仅可以在确定教学起点时能从学生的实际出发，有直接性和针对性，并且可以发现教学难点，从而制订和调整教学策略。

学情分析一般由两个方面的内容构成：一方面是对学生主体存在的认知水平或程度和需求水平或程度的调查；另一方面是教师主体针对所收集的学前调查信息作出的统计分析。学生的认知水平或程度包括两类：一是已有习得的客观知识经过内化或类化所达到的经验状态；二是对即将学习而未学的重点和难点知识的经验状态。学生的需求水平或程度是指学生主体对即将学习内容应有的学习兴趣或积极的学习态度动机。

学情分析主要从以下几方面思考：

（1）分析学生已经学过的知识和能力发展水平，即分析学生已经学习过哪些化学知识、化学实验知识和实验技能，通过学习已经具备哪些能力。

（2）分析学生知道些什么，与此相关的生活经验有哪些。

（3）分析学生的学习特点，学生学习时可能遇到哪些困难。

（4）分析本阶段学生的心理状态、学习兴趣。

案例 3-2　基于人教版必修 1“氧化还原反应（第一课时）”教学的学情分析

知识储备：本节课源于初中又高于初中。学生在初中化学学习中已经接触了许多反应，并已经掌握按反应物和生成物的类别以及反应前后物质种类的多少，把化学反应分为四种基本反应类型；从具体的反应理解氧化反应和还原反应，但并没认识到氧化还原反应的本质特征；学习了化合价，理解了化合价的变化，但并没有了解化合价变化的实质以及化合价的变化与得失电子之间的关系。

能力储备：具备自主预习、小组讨论、语言表达、发现问题、分析问题、解决问题的能力，但是习惯被动接受知识，主动参与性较差。

心理特征：由好动到稳重转变阶段，有较好的自律性，发散性思维；通过已有知识做铺垫，能够减少对新知识的畏惧。

生活经验：对氧化还原反应在生活中的运用有体会，但是没有从化学的角度去思考和认识。学生的生活经验对学习氧化还原反应有帮助。

三、化学实验教学目标的设计

教学目标是制约教学活动具体方案的重要因素，教学过程中的其他各项，如教学内容、程序、方法等选择与应用，均需以教学目标的设定与达成情况为依据，具有导学、导教、导测量的功能。

（一）化学实验教学目标的内容构成

化学新课程标准中，将课程目标分为三个维度：知识与技能、过程与方法、情感态度与价值观，即结果性教学目标和体验性教学目标。结果性教学目标明确学生知识与技能领域学习的结果是什么，应使用明确的、可测量的、可评价的行为动词；体验性教学目标是描述学生的心理体验或明确安排学生表现的机会，主要应用于过程与方法、情感态度与价值观难以结果化的课程，行为动词是体验性、过程性的。

实验知识与技能中的“实验知识”主要包括化学实验事实、实验所涉及的原理、有关化学实验仪器和药品方面的知识、化学实验安全知识等；“实验技能”主要是指实验的基本操作技能、仪器和药品的选择技能和综合运用技能等。

实验过程与方法中的“过程”在化学实验教学中主要是指实验教学的一系列的实践活动，如科学探究的过程（提出问题、猜想与假设、制定计划与设计实验、进行实验与收集证据、解释与得出结论、反思与评价、表达与交流的过程）、学生化学学习过程（获得化学知识、化学实验技能以及情感体验的过程）。“方法”在中学化学实验教学中主要是指科学研究的方法（如实验的观察方法、实验的对比方法、对实验结果的处理方法、假说、验证等）、科学思维的方法（如分析、综合、归纳、概括、演绎等）。“过程”强调的是“经历、体验”；“方法”强调的是解决问题的途径、策略。“过程与方法”目标的实现贯穿于“获得基础知识和基本技能的过程”之中，存在于学生的体验、感受与经验中，其结果更多是隐性的、难以测量的，不是靠某一节课就能完成的，它更多的是依靠一个比较长的时段，通过教师的教学熏陶、学生的体验、潜在的积累来获得的。

实验情感态度与价值观包括实验情感、态度和价值观三部分的内容。化学实验情感是学生在化学实验教学活动中形成的对实验活动的感情指向或情绪体验。实验态度是指学生在实验教学活动中对实验活动的一种内在反应倾向，并通过学生的外显行为表现出来，可分为自觉型、兴趣型和被动型三种类型。实验的价值观主要是学生在实验教学活动中所形成的对实验价值最基本的看法。

（二）化学实验教学目标的水平及动词

教师在叙写教学目标时要以课程标准的行为动词为依据，科学、合理、准确地选用动词。

设计好的实验教学目标通常要表述为学习者可被观察到的外显行为。为了更好地描述动态性的目标，新课程标准使用了大量的行为动词来表述知识与技能、过程与方法、情感态度与价值观的目标及其水平要求的层次，见表 3-1。

表 3-1 高中新课程标准规定的要求

学习领域	行为动词	水平层次
认知性目标	知道、说出、识别、描述、举例、记住	了解
	看懂、认识、能表示、辨认、区分、比较	识记
	理解、解释、说明、判断、预期、分类、归纳、概述	理解
	应用、设计、评价、优选、使用、解决、检验、证明	应用

续表

学习领域	行为动词	水平层次
技能性目标	初步学习、模仿	模仿
	初步学会、独立操作、完成、测量	独立操作
	学会、掌握、迁移、灵活应用	应用
体验性目标	感受、经历、尝试、体验、参与、交流、讨论、合作	经历（经历）
	认同、体会、认识、关注、遵守、赞赏、重视、珍惜	反应（认同）
	养成、形成、具有、树立、建立、保持、发展、增强	领悟（内化）

（三）化学实验教学目标的表述与叙写

阐明一个教学目标有四个基本要素：行为主体（audience）、行为动词（behavior）、行为条件（condition）、行为程度（degree），取其首字母即构成 ABCD 目标叙写模式。简单概括为：主体、行为、条件和程度（也称标准）。

1. 主体

学生是化学实验教学的主体，因此教学目标陈述的主体应该是学生，而不是教师。因而教学目标的陈述可表达为："通过……初步学习观察……""能够解释……""能够设计……""通过……能够体验……""通过……形成……"，而不宜用"培养学生科学态度……""激发学生……"等句式。

教学目标是预期学生的学习结果，因而实验教学的行为主体必须是学生而不是教师，在目标描述中通常将行为主体"学生"省略，但行为主体是隐含在目标中的。

2. 行为

行为是指通过学习以后，学生能做什么，或者有什么心理感受或体验。一般用动宾短语较为准确地描述学生的行为。动词表明学习的要求，宾语说明学习的内容。

行为动词必须是可外观、可测量、可评价、具体而明确的，不能是模糊、笼统、抽象、不可测的。例如，高中化学教学讲"化学平衡"时，有的教师设计的其中一个教学目标是"理解化学平衡原理"，这是教学目标的一般陈述，旨在"理解"。而理解是一个内部心理过程，是无法测量和观察的，若把"理解"描述成可观察和测量的行为表现，如能用自己的语言说明平衡建立的条件，能举出几种已学化学知识中或生活中的平衡的例子或现象，能写出化学平衡实例中条件等行为目标，就能够证明学生确实已"理解"了化学平衡的原理。

3. 条件

条件是指影响学生产生学习结果的特定的限制或范围，主要说明学生在何种情境下完成指定的学习目标，为评价提供参照的依据。

行为条件的陈述包括以下因素：环境因素（如地点等）、人的因素（是个人独立完成、小组集体完成，还是在教师指导下完成等）、设备因素（所要用到的工具、设备、器材等）、信息因素（所用到的图标、资料、书籍、数据库、网络等）、明确因素（需要提供什么刺激/条件来引起行为的产生）。

案例 3-3 化学实验教学目标比较

目标 1：通过对镁条的观察和简单实验，体验化学实验在研究物质性质上的作用。

目标 2：能在教师的指导下，初步学习根据实验目的选择实验药品和仪器，并能安全操作。

目标 3：通过溶液的导电性实验，了解化合物可以分为电解质和非电解质。

案 例 分 析

上述目标 1 和目标 2 中条件表述清楚明确；目标 3 条件表述不明确，因为与电解质、非电解质概念有关的实验还应有熔融状态下的导电实验，只有溶液导电是不能建立上述概念的。

4. 程度

行为程度也称行为标准，是指目标达成的最低表现水平，用以评量学生学习结果的达成度。

结果性目标的陈述方式要明确学生的学习结果是什么，采用明确的、可观察的、可测量的、可评价的动词，如“记住……的实验现象”。

体验性目标的陈述方式要描述学生的心理感受和体验。这种方式一般是指无需结果化或难以结果化的教学目标，通常使用体验性、过程性的动词与少数行为动词结合起来进行表述，如“通过……认识到……”“通过……体验……”。

在实验教学目标设计中，为了陈述的方便，在不引起误解的前提下，四要素可以进行恰当省略。若没有特别强调标准，即认为要求达到率为 100%。例如，在学习氧元素性质后，要求 90%的学生能举出三种以上 O_2 具有氧化性的事例；学习物质的量浓度的配制后，要求学生能独立完成物质的量浓度溶液的配制。

案例 3-4 初中“氧气的制法”教学目标设计

【知识与技能】

（1）能用文字表示出实验室制取氧气的化学方程式。

（2）能解释验证氧气的方法和原理，能结合实验室制取氧气的方法原理，知道催化剂的定义以及催化作用。

（3）能说出实验中的仪器名称及实验操作要点，初步学习实验室制取氧气的实验操作。

【过程与方法】

（1）通过实验学习实验观察的方法、实验比较的方法。

（2）通过对实验现象和结果的分析、讨论、归纳、总结，学习科学的方法、体验科学探究的过程。

【情感态度与价值观】

（1）通过氧气实验室制法的探究，丰富科学体验，激发探究的兴趣。

（2）通过讨论，增进交流与表达的意识。

案例分析

本案例目标的分类与课程的分类相符合，按照知识与技能、过程与方法、情感态度与价值观三维目标进行分类。教学目标行为主体明确，把行为主体确定为学生符合新课程标准理念。在知识与技能目标中，描述水平的行为动词选择恰当。例如，在实验室制取氧气的方法和反应原理中，用“能……”“知道……”“初步学习……”表述学生学习要求的层次和水平，目标具体。除知识与技能目标外，在过程与方法、情感态度与价值观的目标都有详细的、可操作的目标。

化学教学目标的设计和叙写不是唯一的。在实验教学中，教师可根据学生的具体情况和教材的内容做适当的调整。但无论怎样调整，一定要符合新课程标准学习目标设计的基本理念和描述技术，符合学生的认知水平和能力水平。

需要说明的是：教学目标的三个维度在每一节课中不一定全部都涉及，需要根据教学任务分析决定，有则设计，无则免之，不要牵强附会，一味追求教学目标设计的完整性和格式化。另外，演示实验和随堂实验大部分时间都只是课堂教学的一部分，因而化学实验教学的教学目标一定要依据实验教学的任务来设计，不能将化学实验教学的目标设计成课堂教学整堂课的教学目标。

（四）叙写教学目标应该注意的问题

1. 依据什么来设计化学教学目标

首先，要将课程标准作为设计教学目标的基本依据。教师在针对具体内容设计教学目标时，首先考虑的应该是课程标准中对该项学习内容的基本要求，学生经过该项内容的学习，获得怎样的学习结果，这些都在内容标准中有比较明确的规定。有了内容标准作依据，教师设计教学目标就能够“有章可循”，做到“心中有数”。

其次，教科书是使学生达到课程标准所规定的质量要求的主要内容载体，是教师教和学生学不可缺少的重要媒体。教学目标反映的是学生应该达到的学习要求，学生应该能做些什么，其实施主体是学生。因此，在设计教学目标时，要分析教材和学生。

综上所述，在设计教学目标时，要避免不加任何思考直接从教学参考书上或者上网查找来确立教学目标。

2. 如何发挥化学教学目标对教学过程的导向作用

（1）化学教学目标的设计要以活动为主线。教学目标是教学活动的起点和归宿。在设计教学目标时，就把目标与过程紧密地联系起来，考虑到通过一定的活动实现一个具体的目标，体现出对教学过程的统筹兼顾，这等同于在设计目标之初就为课堂教学提供了“处方”，从而能够更好地发挥教学目标的导向作用。因此，要避免教学目标和教学过程“两张皮”的现象，这也是初学者最容易犯的错误。

案例 3-5　“化学键”教学目标设计的两种思路

“化学键”教学目标（设计 1）	“化学键”教学目标（设计 2）
（1）知识与技能：理解离子键和共价键的概念；了解离子键和共价键的形成条件；理解化学键的概念和化学反应的本质 （2）过程与方法：形成对微观粒子运动的想象力以及分析问题、解决问题的能力 （3）情感态度与价值观：认识化学理论在科学发展中的作用，提升对化学反应的价值的认识	（1）知识与技能：以水的对比实验为基础，推论微粒间存在相互作用，且非常强烈，理解化学键的概念和化学反应的本质，构建物质微粒观念 （2）过程与方法：通过对氯化钠和氯化氢形成过程的分析及演示，了解离子键和价键形成特点，形成分析问题、解决问题的能力；形成对微观粒子运动的想象力 （3）情感态度与价值观：通过资料阅读，认识化学键理论在科学发展中的作用，提升学生对化学反应的价值的认识

案例分析

设计 1 和设计 2 教学目标设计都正确，但是设计 2 明确指出了通过什么方式来达到教学目标，使教学主线清楚，可以避免出现教学目标和教学内容“两张皮”的现象。

（2）化学教学目标的陈述要力求可操作性。避免只用“了解”“理解”“掌握”等词，应用明确、具体，可以实施、观察和测量的语言来陈述教学目标，才能为学生所掌握，为教师所应用。设计并写出清晰的教学目标的能力在很大程度上决定了教师的教学组织效率。因此，教学目标要做到易于落实和实施，教师就应该力求使目标明确、具体，可以观察和测量，对学生完成学习任务后能够达到什么样的结果有一个具体的、明确的描述。

案例 3-6　教学目标陈述的两种方法

“相对原子质量”教学目标（设计 1）	“相对原子质量”教学目标（设计 2）
（1）理解相对原子质量概念 （2）能计算原子的相对原子质量	（1）能正确叙述相对原子质量的定义 （2）知道引入相对原子质量概念的意义 （3）能说出原子的实际质量和相对原子质量的关系 （4）能记住相对原子质量的公式，根据给定数据能进行一定的换算 （5）能根据相对原子质量的概念，计算原子的相对原子质量 （6）会查相对原子质量表

案例分析

设计 1 目标比较笼统，不好检测目标是否达成；而设计 2 目标设计详细，具有可操作性，易于检测。

3. 教学目标设计要以学生为主体

教学目标设计要以学生为主体，要站在学生的角度使用合适的行为动词。避免使用“使学生……”“培养学生……”等词汇，而从学生的角度用“形成……”“养成……”“通过……认识到……”“通过……体验……”等词汇。

（五）教学重难点的确立

教学重点是指学科或教材内容中最基本、最核心的知识和技能。教学重点一般具有一定的稳定性和长期性。

教学难点是指学生难于理解和掌握的知识、技能与方法。一般指对于大多数学生来说理解（或操作）感到比较困难的关键性的知识点（实验操作技能）或容易出现混淆、错误的问题。教学难点具有相对性和暂时性。例如，不同学校的学生或不同年级的学生教学的难点不相同。

教学重点与难点都是教学内容的主体，它们是具有特定内涵的两个不同概念。一般情况下，教学重点中的局部内容很可能是难点。教学重点不一定是难点，教学难点也不一定是重点，有时两者是统一的，即某教学内容既是教学重点，又是教学难点。

教学重难点的确立正确与否，直接关系到教学目标是否达成，因而确立教学的重难点非常重要。确立教学的重点和难点方法如下：

（1）认真钻研课程标准和教材。化学新课程标准规定了教学的总目标，化学教材就是根据这些总目标编写的。因而在确定教学的重难点时，要认真研究化学课程标准中的要求，通读教材，了解教材的编排体系、知识结构、教学内容、目的和任务，以及在知识和能力方面的具体要求。将全书的教学要求和重难点列出来，做到心中有数，哪些章节地位特殊，前后联系紧密，应用广泛，这些地方应是教学的重点；哪些章节与其他学科联系过密，概念规律抽象，这些地方可能会出现教学难点。在实验教学中涉及一些实验原理，而这些原理与前后知识联系紧密或比较抽象，在教学中就可能定为教学的重点，针对不同年级的学生，其难点就不同。

案例 3-7　人教版高中两本教材中“原电池”实验教学的重难点比较

重难点	必修 2	选修 4
教学重点	初步了解原电池的概念、反应原理、构成及应用	进一步了解原电池的工作原理，能够写出电极反应和电池反应方程式
教学难点	从电子的转移角度理解化学能向电能转化的本质	原电池的工作原理

案 例 分 析

“原电池”的工作原理无论在必修 2 或选修 4 中都是教学重点，但是随着教学的逐渐推进和知识的逐渐深化，教学难点发生了变化。必修 1 中的原电池实验，主要是帮助学生学习原电池的概念、构成，理解原电池的产生是由于发生了氧化还原反应、发生了电子转移而形成电流。选修 4 中的原电池实验，是为了让学生发现单液原电池的弊端，从而引出双液原电池，然后理解其原理。由于年级不同，知识的积累不一样。在必修 2 中学生还不具备原电池的知识，因而理解原电池产生电的原因就成为教学难点；在选修 4 中，单液原电池产生电的原理已经是学习过的知识，就不是难点，而理解双液原电池是新知识、难于理解，也就成为教学的难点。

由此看出，教学难点只是相对的，随着不同的学生或不同的学段，难点会发生变化。

（2）全面了解学生的知识和技能的实际状况。教学重点在多大程度上会成为难点，教学重点是否就要花大量的时间进行教学，都要以学生的基础来确定。因此，教师在课前要深入了解学情，如果是大多数学生已经掌握或容易掌握的教学重点，就不是教学难点，不必花费大量的时间。

（3）参照教学参考书。无论哪个出版社出版的中学化学教材都配有“教师教学用书”，在确定某教学内容的重点和难点时，可以以教学参考书中的相应内容作为参考。

四、化学实验教学内容的设计

教学内容是指教师根据一定的化学教学目标和学生化学学习特点，在有效利用和开发化学教学资源的基础上，经过对化学课程内容和化学教科书内容的重新选择和组织，所提供给学生的各种与化学学习有关的经验，包括化学知识与技能、过程与方法、情感态度与价值观。

化学实验教学是为了达到面向全体学生，提高学生科学素养的课程目标。因而，实验教学内容的设计要求化学实验内容生活化、社会化、绿色化和趣味化，还要尽可能地反映科学和技术的变革，使学生学习的化学成为有用的化学、有趣的化学，而不是无用、枯燥的化学。例如，进行金属的腐蚀和防护一节教学时，初中教材中利用学生熟悉的身边的物质——铁钉的锈蚀设计了一个实验活动，探究铁钉生锈的条件。教材这样设计，既让学生探究出铁锈蚀的条件，也让学生知道在生活中如何防止铁制品生锈。

因此，化学实验教学内容的设计应尽可能联系学生熟悉的事物，让学生能够利用所学的化学知识，通过实验去解决生活中的问题，感受到化学就在生活中，生活中处处有化学、处处用化学，更利于学生的化学兴趣的激发；同时，在设计化学实验教学内容时要对实验教学的内容进行分析，根据学生的认知和能力，注意实验内容的纵向发展与横向联系，把握好实验内容的广度与深度。

案例 3-8　“物质的分离与提纯”教学内容设计

【教学分析】

《实验化学》教材中“物质的分离与提纯”课题的目的是让学生在已有的分离、提纯的知识基础上学习获取纯净物的方法。教材在初中化学和必修 1 就介绍了过滤、结晶、萃取和分液等方法，也安排了相关的实验。因而，学生具有进行相关实验的操作能力，具备一定的实验知识和技巧。

【实验教学内容设计】

教材中“物质的分离与提纯”课题安排了 3 个实验，分别是“纸上层析分离甲基橙和酚酞”“海水的蒸馏”“从海带中提取碘”。通过这 3 个实验让学生学习用色谱法、蒸馏法萃取和过滤的方法分离提纯物质。

案 例 分 析

后两个实验，特别是“从海带中提取碘”内容的设计与生活密切相关。这种源于生活的课题能够极大地引起学生的兴趣和实验热情。将生活与化学通过实验联系起来，一方面凸显出实验对于解决生活问题的重要性，使学生体会到实验的实用性，让学生产生“学以致用”的感觉，对化学的学习充满热情；另一方面通过对物质的分离与提纯的整个实验过程的参与，使学生对科学研究的过程有了初步认识，为后续的实验研究做一定的铺垫。

五、化学实验教学方式的设计

化学实验教学方式是指教师为促进学生顺利而有效地开展化学实验学习活动、完成化学实验学习任务而采取的各种教学行为。教学方式是由一系列教学行为组成的，若把“教学行为”比作“元素”，“教学方式”则是由这些基本“元素”组成的“物质”。同一种元素可以组成不同的物质。因而，同种教学行为可以成为不同的教学方式的构成要素。

案例 3-9　“铁盐和亚铁盐”实验教学方式的设计

【教学分析】

“铁盐和亚铁盐”在教材中位于《化学 1（必修）》（人教版）第三章“金属及其化合物”第二节“几种重要的金属化合物”中。在此之前学生已在初中初步认识了铁的简单性质、钢铁的冶炼以及铁制品的锈蚀与防护。本单元之前的实验教学活动也使学生掌握了一些简单的实验基本操作，体验了实验设计与分析的基本思想与方法。铁盐与亚铁盐的性质与相互转化涉及的是基本反应原理——离子反应与氧化还原反应，铁盐与亚铁盐的性质与相互转化实验涉及的是试管实验与溶液反应现象的观察，操作简单，反应时间短，现象明显，相关药品无毒、无腐蚀性。基于上述分析可将“铁盐与亚铁盐”的实验教学方式设计为探究型。

【教学过程】

提出问题：Fe^{2+}与 Fe^{3+}由于化合价不同而具有不同的性质，应该如何鉴别铁盐和亚铁盐呢？

假设：若为铁盐则可用硫氰酸钾溶液检验，变红为铁盐，不变红为亚铁盐。

进行实验验证假说：略。

提出问题：Fe^{2+}与 Fe^{3+}可否相互转换？

假设：在 Fe^{2+}中加入氧化剂或在 Fe^{3+}中加入还原剂是可以相互转换的。

设计实验进行验证：略。

案 例 分 析

本案例根据实验内容以及完成实验的仪器装置药品的特点，选择了探究性实验教学方式。以该方式进行教学的过程中，会涉及学生在指定探究命题下对实验的设计、亲自动手操作、记录现象、分析讨论等。由于是试管实验，操作简单，耗时短，可以在有限的课堂时间内令学生对探究性实验的整个过程有完整的体验，由于相关知识和技能是学生自己亲历整个过程获得的，理解更为深刻，课堂有效性相应提高。

六、化学实验教学组织形式的设计

教学组织形式就是根据一定的教学原则、教学目的和教学内容以及教学主客观条件组织安排教学活动的方式。

中学化学实验教学的组织形式可以分为演示实验、学生实验室实验、学生随堂实验、习题实验等。化学新课程标准改革后对于化学教材中的实验不再刻意地进行分类。教师在教学中可以根据所在学校的条件和学生的特点来决定某个实验采取什么组织方式。例如，对于操作复杂、危险性较大、不易成功的实验，或者需要先向学生展示规范的动作技能和操作方法的实验，通常应安排为演示实验；而那些仪器简单、操作技能简单、耗时少、容易成功、无危险或与生活密切联系，容易激发兴趣的实验可安排为学生分组实验。根据学校的实验条件来选择随堂学生分组实验还是集中性的学生分组实验课。通常随堂学生实验准备的工作量更大，对教师课堂调控能力的要求更高。例如，案例 3-9“铁盐和亚铁盐”实验教学可以根据实验仪器简单、易成功等特点设计为随堂学生分组实验，而一些操作仪器复杂、操作无危险的实验条件允许可以安排学生实验室实验。

第二节　化学实验教学设计教案格式及其实施案例

一、化学实验教学设计所包含的主要内容

一份完整的教学设计应包括：教材分析、学情分析、教学目标、教学重难点、教学媒体、教学策略和方法、教学程序、板书设计等内容。

教学设计形成文字就成了教师上课的教案。写化学教案，详略程度要从实际需要出发，因教者而异，因教材而异，因教学情况而异，不要一刀切。例如，新教师应写得详细一些，将教学过程中的构想、计划都较完备地编入教案，有利于新教师课前进行必要的试讲、默讲和“说课”，老教师可以写得简略一些；新教材可以写得详细一些，熟悉的教材可以写得简略一些；学生的基础差可以写得详细，内容简单一些，学生的基础好可以写得简略，内容深刻一些；逻辑推理的地方写得简略一些，叙述的内容可写得详细一些。

在设计教学程序时，应注意教学环节设计以及每个环节的时间分配。在进行教学设计时应注意内容完整，特别是师范生和新教师要特别注意。

二、化学实验教学设计（教案）的格式

在进行教学设计（教案）时要有一定的格式，这样才能体现出设计者的设计内容和设计思路。具体的格式和内容如下。

教学设计（教案）的标准格式

一、教材分析

1. 本节的作用和地位

2. 本节主要内容

二、学情分析

三、教学目标

1. 知识与技能

2. 过程与方法

3. 情感态度与价值观

四、重难点分析

1. 教学重点

2. 教学难点

五、教学理念

六、教学策略（或方法）

七、教学媒体

八、教学过程

教学环节	教师活动	学生活动	设计意图

九、板书设计

三、案例分享

案例 3-10　“浓硫酸的强氧化性”教学设计

【教材分析】

“硫酸”是人教版高中化学新教材必修 1“第四章　非金属及其化合物”第四节“氨　硝酸　硫酸”的内容之一。到本章为止，基本完善了高中必修阶段无机物的知识体系，也基本构建了元素化合物知识的网络。教材把这一节内容放在基本实验和基础理论以及第三章“金属及其化合物”之后，学生通过这些知识的学习，一方面可以形成完整的金属、非金属及其化合物知识体系；另一方面可以巩固离子反应、氧化还原反应等基础知识，在第三章的基础上，进一步介绍化合物知识和研究方法，为元素族概念的形成、元素性质的递变规律、元素周期表的形成以及化学反应及其能量变化积累感性认识的材料。

【学情分析】

教学对象：高一学生。

初中学习已经接触过“硫酸”这个课题，对稀硫酸的性质已经比较熟悉，对浓硫酸的吸水性有所了解，又在新闻中看到过浓硫酸伤人的负面报道，对其或多或少有点恐惧，所以学生学习硫酸的兴趣不会很大，做浓硫酸的实验也不会太积极。但是高一学生的抽象思维能力和归纳概括能力均已初步形成，对于问题喜欢寻根究底，敢于质疑、勇于创新。

知识储备：学过稀硫酸及酸的通性；接触过浓硫酸的部分特性（吸水性）；氧化还原反应。

欠缺的能力：对浓硫酸的强氧化性认识不足，逻辑思维不成熟，需要借助直观的现象或教具，实验动手能力有待提高。

【教学目标】

知识与技能：

（1）能运用浓硫酸的特性解释蔗糖与浓硫酸反应实验中的现象，并能探究得出另一特性——强氧化性。

（2）会书写碳与浓硫酸反应的化学反应方程式。

（3）了解浓硫酸的主要用途。

过程与方法：

在探究的过程中，学习并运用分析、归纳、推理的科学方法。

情感态度与价值观：

（1）感受并赞赏硫酸对社会经济发展的积极作用，初步形成关注与化学有关的社会问题的意识。

（2）初步建立爱护环境、合理使用化学物质的观念。

【教学重难点】

教学重点：浓硫酸的强氧化性。

教学难点：浓硫酸的强氧化性。

【教学方法】

探究性教学法。

【教学材料】

（1）实验药品：98%浓硫酸一瓶（未开封）、蔗糖、NaOH 溶液、蒸馏水、0.1%品红溶液。

（2）实验仪器：2000 mL 大烧杯 1 个、800 mL 烧杯 1 个、500 mL 烧杯 4 个、100 mL 烧杯 2 个、玻璃棒 4 支、25 mL 量筒 2 个、5 mL 量筒 2 个、250 mL 锥形瓶（配单孔胶塞）2 个、试剂瓶 3 个、广口瓶 2 个、配胶塞的小试管 4 个、试管架 1 个、直角玻璃导管 4 个、水槽 1 个、滤纸 10 张、火柴 1 盒、托盘 2 个、脱脂棉、胶皮导管若干、标签纸若干、抹布 2 张。

（3）视频：“雾里看花”实验剪辑。

【教学过程】

教学环节	教师活动	学生活动	设计意图
创设情境（1.5 min）	从学生生活经验入手，结合化学小魔术，激发学生的学习兴趣 指导学生完成小魔术——火柴“自燃” 引导学生利用浓硫酸的吸水性、脱水性解释实验现象	学生完成火柴“自燃”的实验，对实验现象产生好奇心 在教师的引导下利用已学知识分析并解释产生现象的原因 回忆浓硫酸具有吸水性、脱水性	创设学习情境——激发学生的学习兴趣 利用学生已有知识为学习新知识提供支架
提出问题（0.5 min）	提出问题：在蔗糖中加入浓硫酸会出现什么现象呢？ 对学生的积极思考作出肯定，并从学生的猜想中引出：通过实验进行探究，验证自己的猜想	利用浓硫酸的脱水性等已有知识进行思考、做出猜测 （可能的回答：变黑、冒烟、燃烧、……）	构建问题平台，让学生面临问题 引导学生积极思考，大胆猜想。激发学生的探究兴趣
实验探究（5 min）	指导学生分组进行实验探究 引导学生观察实验现象，启发学生思考	在教师的指导下完成实验： （1）向装有蔗糖的锥形瓶里加入适量水，搅拌成糊状 （2）加入适量浓硫酸，迅速搅拌 （3）用带导管的胶塞塞紧锥形瓶，连接好装置 运用看、摸、嗅等方法观察实验现象，并做记录	为学生提供主动探究的平台，让学生在探究过程中学习并运用看、摸、嗅等观察方法 通过对实验的改进，增强学生对环境友好的意识

续表

<table>
<tr><th>教学环节</th><th>教师活动</th><th>学生活动</th><th>设计意图</th></tr>
<tr><td>交流归纳
（1 min）</td><td>引导学生分组讨论</td><td>学生按小组进行讨论，相互交流。分析、归纳、解释实验现象
对实验现象进行总结，并填好表格
<table><tr><th>现象</th><th>原因</th></tr><tr><td></td><td></td></tr></table></td><td>在交流的过程中学会获取有用的信息
学习并运用归纳推理的科学方法得出结论</td></tr>
<tr><td>分析原因
得出结论
（4 min）</td><td>教师引导学生分析总结
引导学生运用已有知识完成蔗糖脱水炭化的化学反应方程式，进行点评
引导学生分析出产物之一有 SO_2，并根据氧化还原反应规律，完成碳与浓硫酸反应的化学反应方程式，得出浓硫酸具有强氧化性的特性</td><td>学生发表自己的见解，尝试用自己的语言对探究结果进行描述
学生写出蔗糖炭化的反应方程式
$C_{12}H_{22}O_{11} \xrightarrow{浓H_2SO_4} 12C+11H_2O$
<table><tr><th>现象</th><th>原因</th></tr><tr><td>放热，温度升高</td><td>浓硫酸吸水放热</td></tr><tr><td>烧杯内变黑</td><td>脱水炭化</td></tr><tr><td>体积膨胀，疏松多孔</td><td>有气体生成</td></tr><tr><td>有刺激性气味</td><td rowspan="2">有 SO_2 生成</td></tr><tr><td>品红“花”褪</td></tr></table>利用氧化还原反应规律，写出碳与浓硫酸反应的化学反应方程式
$C+2H_2SO_4(浓) \overset{\triangle}{=\!=} CO_2\uparrow+2SO_2\uparrow+2H_2O$
通过与稀硫酸的对比，得出浓硫酸具有强氧化性</td><td>在已有的知识平台上，建立起与新知识的链接，形成新的知识结构</td></tr>
<tr><td>应用提升
（2 min）</td><td>简要介绍浓硫酸的用途
介绍“泼熊”事件
对“化”字进行拆分解读</td><td>感受硫酸在工业、农业、国防、医药、科研等领域的广泛应用
关注浓硫酸伤人事件，思考公众对化学品的误解</td><td>感受并赞赏硫酸对社会经济发展的积极作用，初步形成关注与化学有关的社会问题的意识
建立合理使用化学物质的观念</td></tr>
<tr><td>课后延伸
（1 min）</td><td>视频回顾实验过程，总结浓硫酸的三个特性
引导学生对实验装置进行评价，发现不足，鼓励学生改进实验装置</td><td>思考，对实验装置进行评价，发现不足
在课后查阅资料，设计一套既能检验所有产物又环保的实验装置</td><td>学习针对实验装置的不足进行改进，鼓励自主学习、课外探究</td></tr>
</table>

【板书设计】

主板书：

浓硫酸的强氧化性

$$C_{12}H_{22}O_{11} \xrightarrow{浓H_2SO_4} 12C+11H_2O$$

$$C+2H_2SO_4（浓）\overset{\triangle}{=\!=}CO_2\uparrow+2SO_2\uparrow+2H_2O$$

副板书：

吸水性

脱水性

注：本案例引自西南大学化学化工学院2005级学生单竞娇于2008年参加“东芝杯”全国师范生技能大赛时所用教案，引用时有修改。

案例3-11　“燃烧与灭火”教学设计

【教材分析】

1. 课标分析

“燃烧与灭火”相关内容在义务教育化学课程标准中的要求：认识燃烧、缓慢氧化和爆炸发生的条件，了解防火灭火、防范爆炸的措施。

2. 教材分析

本节内容选自2012年修订人教版九年级化学教材上册第七单元课题1。本课题包含三部分内容：燃烧的条件、灭火的原理及方法、易燃物易爆物的安全知识。本课为第一课时，主要内容包含两点：燃烧的条件及灭火的原理和方法。本节内容既是对之前学过的氧气、二氧化碳等相关知识的巩固，又是对这部分知识的拓展和延伸，将物质组成、结构、性质等科学知识与生产生活、科学技术紧密联系起来，体现了“从生活走进化学、从化学走进社会”的思想；同时又为后续课程“燃料和热量”“使用燃料对环境的影响”的学习奠定了必要的基础，起到了承上启下的作用，体现了化学学科知识螺旋上升的特点。

【学情分析】

燃烧是生活中一种常见现象。学生已经积累了一定的生活经验，对燃烧的现象有了大概的印象，并且了解了一些促进燃烧和有利于灭火的生活常识，同时对“燃烧”表现出浓厚的兴趣，这都有利于教师的教学。前面“氧气”的学习为这节课打下了基础，虽然不知道燃烧的原理，但对燃烧现象有了深刻的印象，为本节课做了铺垫。学生已经学习了什么是化学变化，知道许多物质能在氧气中燃烧，只要教师通过有效的方法把二者有机结合，学生不难理解燃烧的本质是氧气与可燃物发生了化学反应。

虽然教材已经介绍了氧气、二氧化碳等与“燃烧和灭火”相关的知识，但由于不同单元的主题差异，其侧重点是氧气的化学性质以及二氧化碳的化学性质，并没有涉及燃烧的本质，学生不能从化学变化角度去认识燃烧，也没有将其与社会生活相联系，只是单纯地学知识，学生的认知基础导致了“能够利用燃烧条件和灭火原理解释一些日常现象”成为教师教学的难点所在。因此，本节学习需要深入挖掘有关知识的内涵和价值，引导学生透过现象看本质，认识燃烧的条件、灭火的原理，同时需要引导学生将燃烧与灭火的相关知识应用于日常生活中来解决实际问题，让学生感悟到科学、技术与社会的紧密联系。

【教学目标】

（1）知识与技能：初步认识燃烧现象，知道物质燃烧所需要的三个必要条件；初步认识灭火的原理，并学会运用灭火的原理解释生活中简单的防火、灭火问题。

（2）过程与方法：通过经历实验探究过程，初步学会运用实验、观察等方法获取信息，并能运用比较、归纳、总结等方法对信息进行加工，逐步形成探究的意识、提高探究的能力。

（3）情感态度与价值观：通过对“燃烧条件和灭火原理”知识以及应用知识分析解释社会问题和技术问题，认识到科学、技术与社会生产生活的紧密联系，体会化学创造的现代生活；在小组合作探究的过程中发展交流合作意识，体会科学探究的乐趣。

【教学重难点】

（1）教学重点：探究燃烧的条件、灭火原理。

（2）教学难点：探究燃烧条件；利用燃烧条件和灭火原理解释一些日常现象。

【教学方法】

探究性教学法。

【教学媒体】

多媒体与传统媒体结合。

【教学材料】

药品：白磷、氧气、酒精。

仪器与材料：500 mL 烧杯、酒精灯、大试管、镊子、石棉网、纸片、小木条、小石子、蜡烛、剪刀、热水、冷水。

【教学过程】

教学环节	教师活动	学生活动	设计意图
创设情境	通过化学魔术“水中生火”（白磷在水中燃烧实验）设置教学情境	学生观看魔术	通过该环节的设置，让学生顺利地纠正原有水火不容的错误观念，并且在后面的学习中让学生知道在满足燃烧的条件后才能燃烧，同时也激发学生求知的欲望
提出问题	提问：有谁能揭秘这个魔术？	思考：水火不容，为什么这个魔术中水与火相容了？	
提出猜想	讲述：生活的经验告诉我们，燃烧是不会在水中发生的。可是，上面的魔术恰恰就是在水中发生了燃烧。同学们想知道“水火相容”的秘密吗？ 提问：燃烧需要什么条件？是否任何物质都可以燃烧？在热水中的白磷罩上试管前燃烧没有？罩在白磷上的试管里有什么物质？	聆听，思考 在教师引导下提出猜想如：①需要可燃物（不是所有物质都能够燃烧）；②可燃物必须点燃才能燃烧；③燃烧需要氧气或空气	通过本环节，使学生经历从未知到提出猜想，再到设计实验寻找事实依据的过程，形成新的认识，从而完成对原有错误认知的纠正。同时让学生学习如何科学地提出假设、如何运用实验去验证假设。在这一过程中，学生也体验到探究获得成功的乐趣，进一步提升探究意识和能力
实验探究	讲述：请分析上面实验并联系你的生活经验，大胆地提出猜想，然后利用桌面上的仪器药品设计实验，小组交流，从中选出最好的方案进行探究	制订相应的方案后，小组交流方案。利用桌面上的仪器与药品完成以下探究实验：①用坩埚钳分别夹取一小片纸、一小块石头放在酒精灯上点燃，观察现象；②用坩埚钳分别夹取小纸片，一张在酒精灯上点燃，另一张不做任何处理；③白磷放在热水中，观察现象。有小组设计点燃蜡烛，将烧杯倒扣在蜡烛上	

续表

教学环节	教师活动	学生活动	设计意图
分析现象 得出结论	提问：根据实验的现象，小组讨论，从三个实验现象中能得出什么结论？ 提问：要使物体燃烧必须要点燃吗？ 演示：用坩埚钳分别夹取小纸片，一张在酒精灯上点燃，另一张放在石棉网上加热 提问：为什么另外一张纸片没点燃也可以燃烧呢？ 演示：用坩埚钳分别夹取小纸片和煤炭放在石棉网上加热 引导学生分析得出物质燃烧必须达到物质的着火点。不同物质的着火点不同，着火点是物质的固有属性 【板书】燃烧的条件 （1）可燃物 （2）氧气（或空气） （3）温度达到可燃物的着火点	①纸片燃烧了，小石头没燃烧，说明燃烧需要可燃物 ②点燃的纸片能燃烧，未点燃的纸片不能燃烧，说明燃烧需要点燃 ③白磷放在热水中虽然达到着火点但是没有燃烧；烧杯中的蜡烛随着氧气的消耗慢慢熄灭了。这说明燃烧必须有氧气或空气 思考 观看、记录 思考：为什么加热也能使物质燃烧？为什么纸张加热燃烧而煤炭加热没有燃烧？ 思考、分析、比较、归纳得出燃烧的条件 笔记	分析实验现象，进行加工和整理，最终自己得出结论，对燃烧的条件形成理性的认识 针对着火点是物质的固有属性存在的错误认识，增补两个实验，从而产生认知冲突，纠正认知偏差。通过实验结论的得出，让学生学习分析、比较、归纳的方法
巩固新知 揭秘魔术	讲述：刚才给大家表演的魔术在试剂瓶瓶塞上放置一定量的白磷，大试管中事先收集满氧气，将试管倒扣上去。现在有谁能揭秘这个魔术吗？	思考、讨论、反馈。在这个魔术中同时满足燃烧的三个条件：白磷是可燃物；热水的温度达到白磷的着火点；倒扣的试管提供氧气并将水与白磷隔绝开来，实际上并不是水和火真正相容	通过揭秘“水中生火”魔术，将所学的知识运用于实际，巩固对燃烧与灭火的认识。使学生系统地认识燃烧的三要素
学以致用	过渡：火给人类带来了光明和文明，可以煮熟食物，可以照亮黑暗，然而一旦利用不好就会带来灭顶之灾。2015 年 8 月 12 日，位于天津滨海新区的危险品仓库发生爆炸 【投影展示】灭火现场图片 提问：我们知道了燃烧需要具备的三个条件，那么根据这三个条件，我们怎么灭火呢？灭火的原理是什么呢？ 讲述：大家运用所学知识，与同桌组成探究小组利用提供的器材模拟救火的场景，尽可能多地想出灭火的方法并思考灭火的原理是什么	倾听 观看 思考，小组讨论，提出灭火方案，并进行灭火实验。①将烧杯倒扣在燃烧的蜡烛上；②用手捏熄蜡烛火焰；③将蜡烛扔到水中；④用二氧化碳灭火器（隔绝氧气）灭火；⑤用剪刀减掉烛芯（移走可燃物）；⑥泼水（降低着火点）	利用社会事件引出灭火问题，可以让学生体会到化学与生活的紧密关系，利用化学知识解决实际问题可以让学生学以致用 利用现有物品尽可能多地设计灭火方案，在发散学生思维的同时培养学生运用知识解决问题的能力，也体现了探究教学是一种能使学生主动获取化学知识、运用化学知识和解决化学问题的教学策略。设置两个问题来纠正学生对“水灭火的原理是水能降低物质的着火点”和“二氧化碳可以灭火”是因为“二氧化碳不可燃烧”的认识偏差

续表

教学环节	教师活动	学生活动	设计意图
学以致用	提问：为什么二氧化碳可以用来灭火？利用了它的什么性质？泼水来灭火降低了蜡烛的着火点吗？ 板书：灭火的原理 （1）移走可燃物 （2）隔绝氧气（或空气） （3）使温度降到着火点以下 灭火只需要破坏燃烧的任一条件	小组讨论：二氧化碳不可燃、不助燃，并且密度比空气大；水降低了蜡烛的温度，使温度降低到着火点以下 思考、记录	
应用提升	讲述：我们现在要进行一个闯关游戏，寻找一位灭火达人，有谁要挑战？ 第一关：解释“釜底抽薪”蕴含什么灭火原理。 第二关：熄灭酒精灯采用什么原理灭火？ 第三关：炒菜时油锅着火，应该如何处理？ 第四关：森林起火应如何处理？	进行闯关游戏，并回答问题： 第一关：移走可燃物 第二关：隔绝空气 第三关：用锅盖盖住燃烧的油锅（隔绝空气） 第四关：将大火蔓延路线前的一片树林砍掉（移走可燃物）	利用闯关游戏使枯燥的题目转化成游戏的形式，达到寓教于乐的效果 通过活动使学生能够举一反三，使知识学以致用
拓展提升	讲述：随着科技的发展，上天入海成了再寻常不过的事，现在我们跟着火焰来到大海中。2000 年悉尼奥运会，奥运火炬下到 4 m 的水中 【投影展示】资料：火炬中燃烧的是一种特殊材料，这种材料着火点比较低，火炬自身还可以提供氧气 提问：请运用刚刚所学的知识分析为什么奥运火炬入水后仍然可以燃烧	倾听 观看，思考、讨论 日常生活中，水在灭火的过程中起到了降温和隔绝氧气的作用；而奥运火炬克服了这两个弱点，燃料着火点比较低，水的温度高于着火点；火炬自身可以提供氧气支持燃烧	引导学生应用燃烧条件的有关科学知识，分析高科技火炬设计，深化学生对燃烧与灭火知识的理解，感受科学与技术的密切关系

【板书设计】

课题 1　燃烧和灭火

燃烧的定义：可燃物与氧气发生的一种发光、发热的剧烈的氧化反应。

	燃烧的条件		灭火的原理	
同时具备	可燃物	⟶	移走可燃物	缺一即可
	氧气（或空气）	⟶	隔绝氧气（或空气）	
	温度达到可燃物的着火点	⟶	使温度降到着火点以下	

思考与讨论

（1）教材分析和学情分析的意义是什么？如何进行教材分析和学情分析？教材分析和学情分析的内容是什么？

（2）在设计教学目标时应该注意哪些问题？如何体现学生的主体性？

（3）进行教学过程设计时应注意什么问题？对初学者最好用怎样的格式？

（4）如何依据授课内容和学生的实际情况选择合适的教学方式？

（5）选择中学化学教学中某一实验教学内容，根据新课程标准和本章学习的内容进行一个完整的教学设计，并与同学交流。

学习资源

蔡亚萍. 2005. 中学化学实验设计与教学论[M]. 杭州：浙江教育出版社.
程同森. 2011. 例谈三维教学目标的制定与落实[J]. 化学教学，(7)：25-27.
梁雅红. 2012. 例谈三维教学目标制定和叙写[J]. 中国教育技术装备，341(11)：113-114.
卢一卉. 2015. 化学实验教学研究[M]. 北京：科学出版社.
马建峰. 2006. 化学实验教学论[M]. 北京：科学出版社.
马文杰，鲍建生. 2013. “学情分析”：功能、内容和方法[J]. 教育科学研究，(9)：52-57.
庞玉崑. 2012. 常见的“学情分析”错误与解决方法[J]. 北京教育(普教版)，(3)：50-51.
亓英丽，毕华林. 2012. 化学教学目标设计的反思与对策[J]. 化学教育，(8)：11-14.

第四章　化学实验基本操作方法概述

学习目标

（1）了解化学实验常用操作的基本方法。

（2）掌握装置的安装、气体制备、气体的收集和净化方法。

（3）掌握实验装置图的绘制方法、绘制步骤和教学策略。

内容要目

（1）中学化学实验基本操作方法。

（2）装置的安装、气体的制备、收集和净化操作方法。

（3）化学实验装置的绘制方法介绍及教学策略。

学习重点

（1）中学化学实验基本操作方法。

（2）装置的安装、气体的制备、收集和净化操作方法。

学习难点

实验操作及气体制备收集等操作的熟练记忆和正确操作。

第一节　中学化学实验基本操作方法

中学化学实验常用的基本操作有：药品的取用、加热、称量、混匀（搅拌、振荡）。常用的物质分离方法有：过滤、蒸馏、萃取、结晶与重结晶。

一、药品的取用

（一）取用试剂的要求

（1）取用试剂前，应看清试剂瓶上的标签。取用时，先打开瓶塞倒放在实验台上。用后要及时盖好瓶塞，以免“张冠李戴”，药瓶要放回原处，以保持实验台整齐、清洁。

（2）取用固体试剂要用清洁、干燥的药匙。实验室常用的药匙有塑料、骨制（角质）及金属等几种。药匙的两端为大小两个匙，分别取用大量固体和少量固体。用过的药匙必须洗净、晾干，存放在干净的器皿中。

（3）取药量要严格按照实验设计规定的用量，不要多取，这样既能保证得到实验结果，又能节约药品，避免浪费和污染。

（4）取药时手不要接触药品，严禁将鼻子凑到容器口去闻药品的气味，更不能去尝药品的味道。

（5）取用药品，特别是具有强腐蚀性和易燃、易爆的药品时要注意安全；对于具有强腐蚀性或易吸潮的药品，如果需要准确称量，必须将药品放在表面皿或玻璃容器内称量。

（6）多取的药品不能倒回原瓶中，以免使原瓶中的药品受污染，要按要求倒入指定的容器中供做他用，更不允许带出实验室。

（二）试剂的取用方法

1. 液体试剂的取用

从试剂瓶向烧杯或试管中倾倒液体药品时，应先取下瓶盖，倒放在桌上（使塞入瓶颈部分向上），然后用右手拿起试剂瓶，使标签向着手心；用左手的拇指、食指和中指（无名指和小指蜷起来）拿着试管，使试管口紧贴试剂瓶口，缓慢地倾倒，并使液体沿试管内壁流入试管中；倒完后留在试剂瓶口的液滴应用试管口刮一下，使其流入试管中，以防从试剂瓶口流下腐蚀标签或药品架；向烧杯中倾倒溶液要用玻璃棒，使溶液沿着玻璃棒缓缓地流入烧杯中（图 4-1）。倒完后应立即将瓶盖盖好，并放回原处，使标签向外，不能随意倾倒溶液和将瓶塞随意放在台面上（图 4-2）。

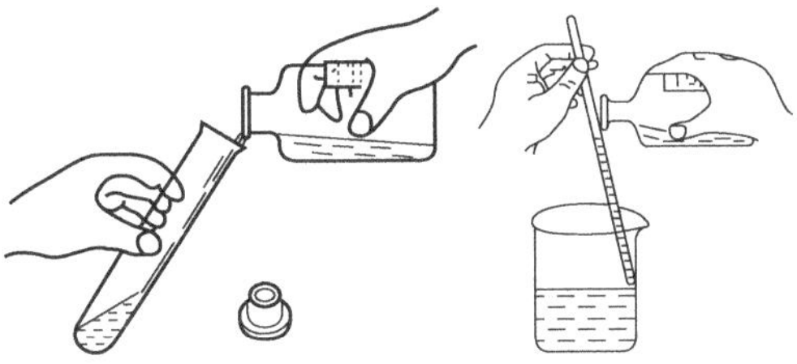

图 4-1　正确的取液操作

图 4-2　错误的取液操作

用胶头滴管从试剂瓶中吸取液体加入试管中时应注意以下几点：

（1）试管必须干净。如果用一支滴管移取多种液体，每次用完必须用水洗干净，必要时用蒸馏水冲洗或晾干。

（2）用手适度地捏滴管上的胶头，压出空气，然后插入欲移取的液体中，松开压瘪的胶头，吸入滴管（防止空气使试剂变质）的液体不能吸得过多，以免流入胶头；滴管不能伸进任何容器，管尖嘴居正中，在容器口上方约 0.5 cm 处，防止与容器壁接触污染试剂，如图 4-3 所示。

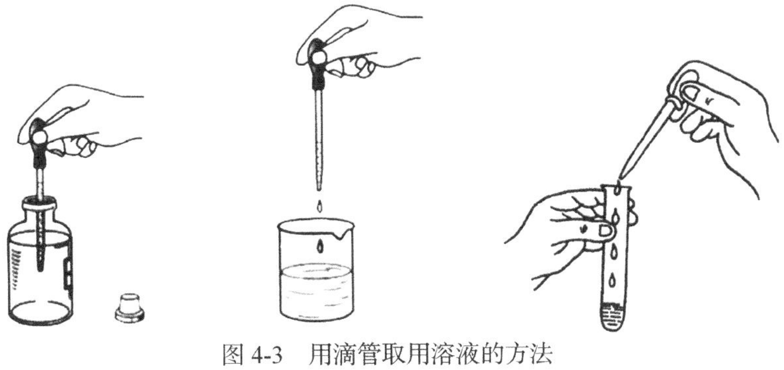

图 4-3　用滴管取用溶液的方法

（3）当滴管里还有液体时，不要横持滴管，更不要使玻璃尖嘴朝上，以免液体流入胶头，沾污胶帽并影响试剂的纯度。

定量取用试剂可用量筒、量杯或移液管等量具。读数时视线应与量具内液面弯月面的切线保持水平，视线偏高或偏低都可能造成读数不准确，产生较大的误差。具体量取和读数方法如图 4-4 所示。

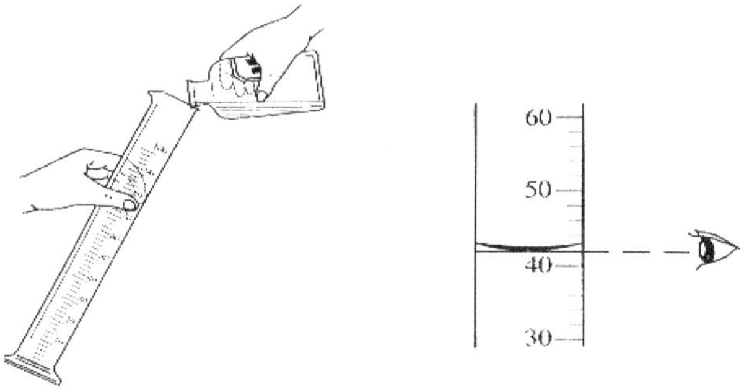

图 4-4　量具量取溶液及读数方法

2. 固体试剂的取用

取用粉末状药品应使用药匙。若取用量很少时，可用药匙柄端的小凹槽挖取。用完的药匙应立即擦净，绝不能用未擦净的药匙取另一种药品。把粉末状药品装入试管中时，为了避免药品沾在管壁上，应把试管横放，把盛有药品的药匙或用小纸条折成的 V 形纸槽小心地送入试管底部，然后将试管直立起来，并用手指轻弹药匙或 V 形纸槽，让药品全部落到管底（图 4-5）。

（a）用药匙往试管里送入固体试剂　　（b）用纸槽往试管里送入固体试剂

图 4-5　粉末固体的取用方法

取用颗粒较大的固体药品（如锌粒）时，应该用镊子夹取。把颗粒装入试管时，应将试管横卧，将颗粒放在试管口，慢慢把试管竖起来，使颗粒缓缓地滑到试管底部，绝不能将颗粒从试管口垂直投入，以免把试管底砸破（图 4-6）。

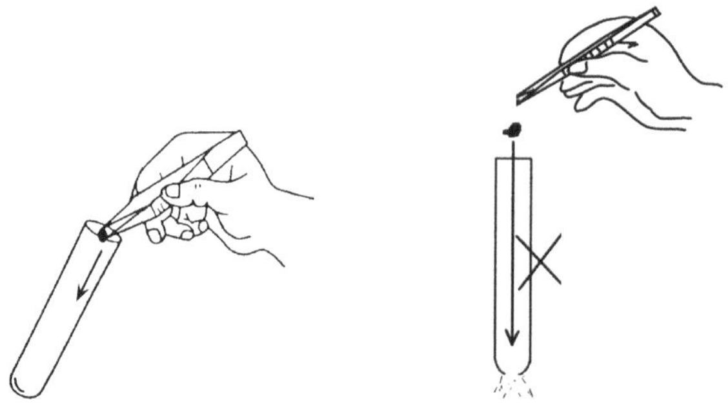

（a）块状固体的正确取用方法　　（b）错误操作

图 4-6　块状固体的取用方法

二、加热

（一）中学化学实验中常用的加热仪器

1. 酒精灯

酒精灯是以酒精作为燃料的加热仪器，是实验室最常用的加热仪器。酒精灯由灯壶、灯芯和灯帽三部分组成，酒精灯的火焰温度为400～500 ℃。酒精灯灯芯长短和松紧是否合适都直接影响酒精灯的温度。另外，由于酒精的沸点为78.3 ℃，闪点较低（闪点又称闪燃点，是指可燃性液体表面上的蒸气和空气的混合物与火接触而初次发生闪火时的温度），又能与空气形成爆炸混合物（爆炸极限为3.1%～20%），且酒精灯的颈口与灯头的连接是活动的，所以应该注意以下几点：

（1）点燃酒精灯前，应该检查灯芯松紧是否适度、灯芯是否平整或高矮是否合适。太松灯芯容易掉入灯壶内，太紧影响酒精顺利上吸，影响酒精灯的温度；烧焦的灯芯头和太矮的灯芯燃烧时温度都不高。

（2）向酒精灯中灌注酒精时，不能装得太满，一般不应超过酒精灯灯壶容积的 2/3，否则燃烧过程中，酒精受热膨胀，易造成酒精溢出而发生事故；也不能少于容积的 1/4，否则灯壶内酒精蒸气过多，易引起爆炸。同时严禁向燃着的酒精灯添加酒精。

（3）点燃酒精灯时应用火柴或打火机，严禁用燃着的酒精灯去点燃另一酒精灯，否则容易引燃流出的酒精而引发火灾。

（4）严禁用嘴吹灭酒精灯，因为用嘴不容易将火吹灭，还可能将火焰吹入灯壶中将灯壶中的酒精蒸气引燃而发生爆炸。正确的方法是用灯帽盖灭，然后将灯帽提起，使酒精蒸气散去；再次点燃前应将灯芯管提起来，放出灯壶中的酒精蒸气后再点燃，防止再次点燃时灯壶中酒精蒸气膨胀引发爆炸。

（5）酒精灯燃着的时间不能太长，以防灯壶内酒精气化，与空气形成爆炸混合蒸气后可能引发爆炸。

（6）酒精灯不用时，应盖上灯帽，防止酒精挥发时灯芯上残留水分，再次使用时不容易被点燃。若长时间不用，要将酒精倒出以免酒精挥发。

（7）加热时需用酒精灯外焰，它的温度最高。

2. 酒精喷灯

酒精喷灯的火焰温度可达1000 ℃左右。酒精喷灯有座式和挂式两种（图4-7和图4-8）。座式酒精喷灯底座为酒精储槽，底座上面有一个带螺旋盖的酒精加入孔。酒精加入量为容积的1/4～2/3，加好后要拧紧旋盖。点燃时先向环形凹槽内（预热盘）注入适量的酒精并点燃，依靠酒精燃烧的热量加热灯管并使里面的酒精气化，酒精蒸气由灯管内小孔喷出，酒精蒸气被点燃。灯管旁有空气调节器可以控制燃烧程度和火焰温度（空气调节器开得越大，混入的空气越多，燃烧越充分，火焰温度越高）。停止使用时，可用石棉网覆盖燃烧口，同时移动空气调节器，加大空气量，灯焰即熄灭，然后稍微拧松旋塞（酒精加入口的铜帽），使灯壶内的酒精蒸气放出。新灯或长时间未使用的喷灯，点燃前需将灯体倒转2～3次，使灯芯浸透酒精。

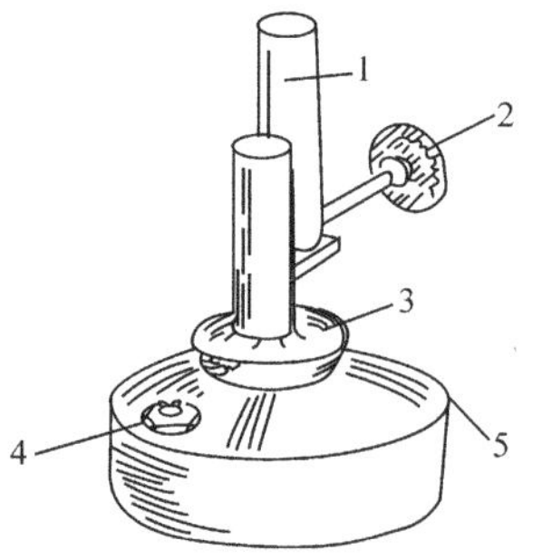

图 4-7　座式酒精喷灯

1. 灯管；2. 火力调节器；3. 预热盘；4. 酒精加入口；5. 灯身

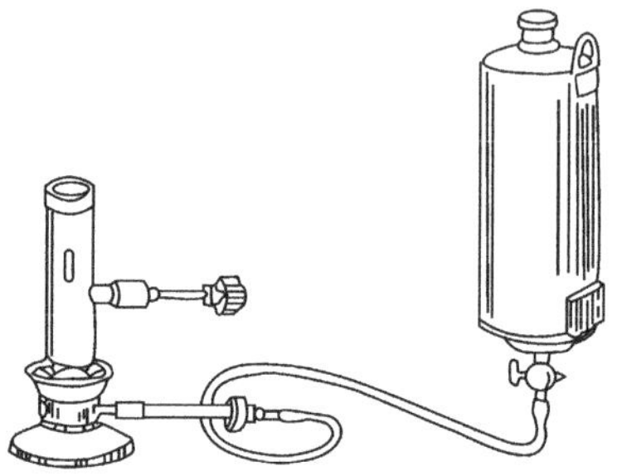

图 4-8　挂式酒精喷灯

挂式酒精喷灯工作原理与座式相同，但酒精储存在橡皮管和灯连接的圆罐里（酒精加入量为容积的 1/10～1/2）。改变酒精储罐所挂的高度，可以调节导入灯管的酒精压力。这种灯的火焰温度较高，其点火及调节火焰温度的方法同上，需熄火时只要关闭酒精储罐下面的活塞，酒精燃烧完后，火焰就自行熄灭。检查酒精喷灯喷口是否畅通的方法：将喷灯倒过来，稍等片刻，有酒精从喷口处流出来就表明喷口是通畅的，反之则不通畅。

使用酒精喷灯需注意以下几点：

（1）当酒精喷灯正在燃烧时，绝不能打开底座上的酒精加入口添加酒精，否则会引燃从内部扩散出来的酒精蒸气，发生意外事故。添加酒精时必须停止燃烧，待灯身冷却后再添加。

（2）若酒精喷灯使用时间过长，灯身的温度逐渐上升，甚至会达到酒精的沸点，这样会导致灯壶内的酒精气化，造成灯壶内压力过大，有爆炸的危险。为了防止事故发生，当灯壶温度上升后，可用湿布将底座包裹住，以便降温。

（3）挂式酒精喷灯不用时，应将吊瓶内的酒精倒空，防止橡皮管长期与酒精接触而溶胀，乃至碎屑流入灯管，堵塞喷孔和灯芯的通道。

3. 煤气灯

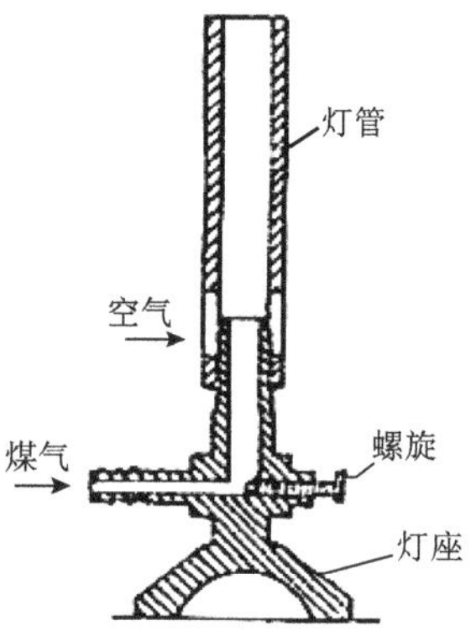

图 4-9　煤气灯的结构

煤气灯的加热温度可达 1000 ℃左右。煤气灯有不同的样式，常用的如图 4-9 所示。样式不同的煤气灯的构造原理相同，使用方法也相近。煤气灯由灯管和灯座组成，灯管的下部有螺旋，与灯座相连，灯管下部有孔，为空气的入口，转动灯管，可调节空气的进入量；煤气的入口在灯座上，侧面一螺旋形有针阀，用以调节煤气的进入量。

点燃煤气灯时先关闭空气和煤气的阀门，然后将点燃的火柴放在灯口，再慢慢打开煤气开关，即可点燃。此时产生的火焰温度不高，需要逐渐打开空气门，调节空气和煤气的进气量，使二者比例合适，形成正常的火焰，如图 4-10 所示，即能逐渐升高火焰的温度。当关闭煤气门后，火即自行熄灭。煤气灯使用方便，火焰温度也高，是玻璃管加工最佳的选择。煤气灯在使用时若空气门调得过大，会造成内缩火现象，使火焰在管内燃烧，并使灯管温度不断升高，极易造成烫伤事故。所以当看到火焰颜色变绿，或听到不正常的哨叫声时，应马上关掉煤气灯，待灯管冷却后调整空气门，再重新点燃。

（二）加热的方法

化学实验中常用来加热的器皿有试管、烧杯、烧瓶、锥形瓶（又称三角烧瓶）、蒸发皿和坩埚等。在中学化学实验中，能够直接加热的仪器有试管、蒸发皿和坩埚，其余的玻璃器皿加热时都必须垫上石棉网，使其受热均匀，以避免炸裂。

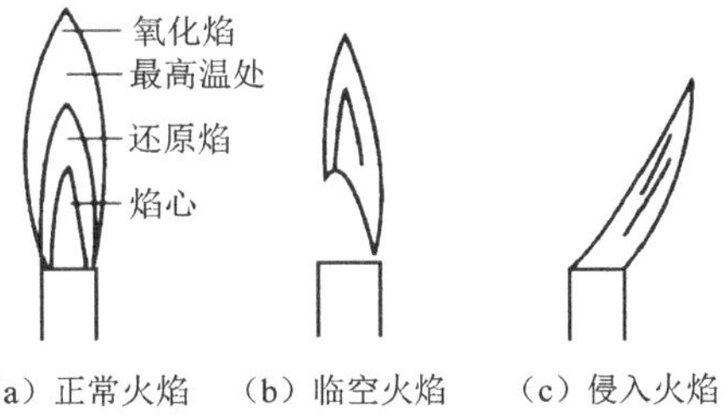

图 4-10　煤气灯火焰情况

1. 直接加热

高温灼烧或对温度无严格要求，并且快速升温的实验往往采用被加热的物体置于热源之中直接加热的方法。

（1）给试管加热。

试管中液体的加热方法：用试管夹从试管的底部往上套，将试管夹夹在离管口约 1/3 处；试管中装入的液体量不能超过总体积的 1/2，最好是 1/3。加热前，擦干试管外壁，先来回移动试管（预热）使其受热均匀，再集中加热试管的中下部（不能集中加热试管的底部，以防止溶液喷出），并轻轻地晃动试管。加热时试管与桌面约成 45°，并且严禁管口对着自己和他人（图 4-11）。

试管中固体的加热方法：将装有固体的试管用铁夹夹住固定在铁架台上，管口略向下倾斜，以防加热时产生的水回流到试管的底部，使试管炸裂。开始加热时，要先缓缓移动酒精灯（预热）使试管受热均匀，再集中加热盛药品处（图 4-12）。制备气体时为了使反应物反应完全，固定加热时要注意：先从靠近管口的药品开始加热，再慢慢往后移动酒精灯，防止产生的气体将未反应的物质冲离火源，使药品不能充分地利用。

（2）给蒸发皿加热。

用蒸发皿蒸发液体时，液体的量不能超过其容积的 2/3。加热前，将外面的水擦干，放在铁圈或泥三角上，使液体加热至沸腾并保持沸腾状态，用玻璃棒不断搅拌，以蒸发溶剂、浓缩溶液（图 4-13）。如果需要结晶，一般浓缩至溶液近干时停止加热，利用余热继续蒸去溶剂，随即析出结晶。如果蒸干后还继续加热，则生成的晶体会迸溅，甚至因温度过高而分解。

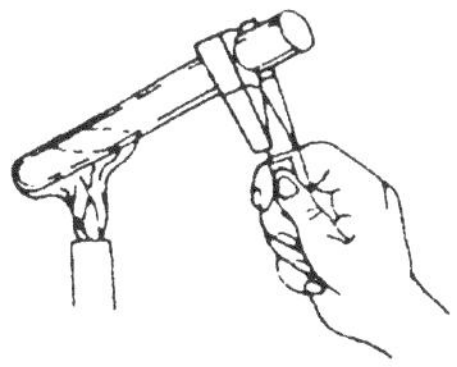
图 4-11　试管中液体的加热方法

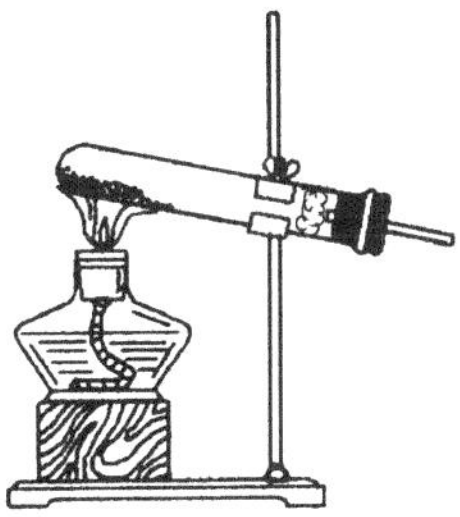
图 4-12　试管中固体的加热方法

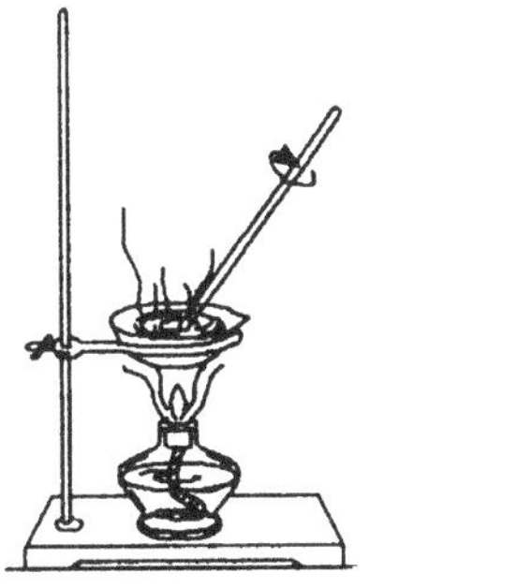
图 4-13　蒸发皿的加热方法

移动蒸发皿时用预热过钳头的坩埚钳夹住蒸发皿，但是注意钳头不能触及药品。热的蒸发皿不能直接放在桌面上，以防烫坏桌面，也不能放在冷的金属或石板台面上，以防骤冷骤热使蒸发皿炸裂，而要将蒸发皿放在木板或石棉网上。

（3）给坩埚加热。

坩埚有瓷质、铅质、铁质、石英质和铂金质等多种。瓷坩埚和铁坩埚在化学实验中是最常用的坩埚。

加热时，把坩埚放在泥三角上，先用小火烘烤坩埚，使其受热均匀，然后用大火加热（图4-14）。如需要高温加热时，将坩埚放在火焰上部，使火焰反射到坩埚内，直接灼烧药品。由于瓷坩埚含有硅酸盐，熔融的碱会很快将它腐蚀，所以熔融碱性物质时，不能用瓷坩埚，而要用铁坩埚。

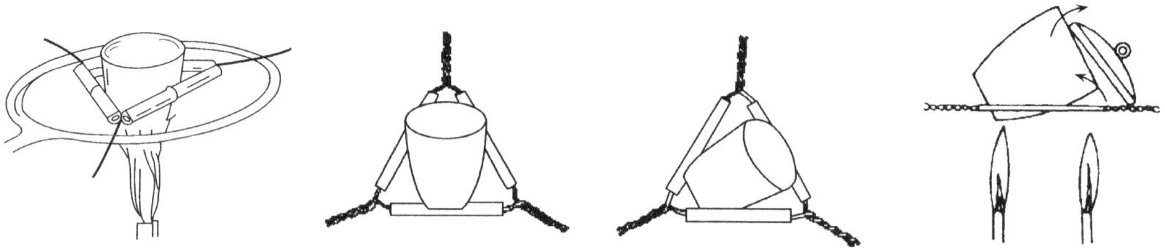

正确　　不正确

图 4-14　坩埚的加热方法

2. 间接加热

烧杯、烧瓶、锥形瓶等仪器因底面积较大，会因受热不均匀而炸裂，因此一般不能直接加热，需要垫上石棉网或铁丝网，放在三脚架或铁圈上进行加热。另外，当被加热的物质要求受热均匀，并且要求保持在一定温度范围内时，可以用各种热浴间接加热。若需要 100 ℃以下温度加热，可以用水浴；100 ℃以上可用油浴、沙浴或盐浴。

（1）垫上石棉网或铁丝网加热。这是化学实验中最常用的加热方法。例如，烧杯、烧瓶等仪器都需要垫上石棉网或铁丝网，放在三脚架或铁架台的铁圈上进行加热（快速加热用铁丝网）。

（2）水浴加热。水浴加热是在水浴锅即有可移动的同心圆盖的金属容器（图 4-15）中进行加热的。当要求被加热的物质受热均匀，温度不超过 100 ℃时，将仪器浸到热水中把水浴锅中的水煮沸，用水或水蒸气来加热。水浴锅的型号很多，锅盖通常是由一组依次增大的圆圈片组成的，可以放置不同规格的仪器。水浴锅中的水不要超过其容积的 2/3。加热时要随时补充水浴锅中的水，切勿蒸干。

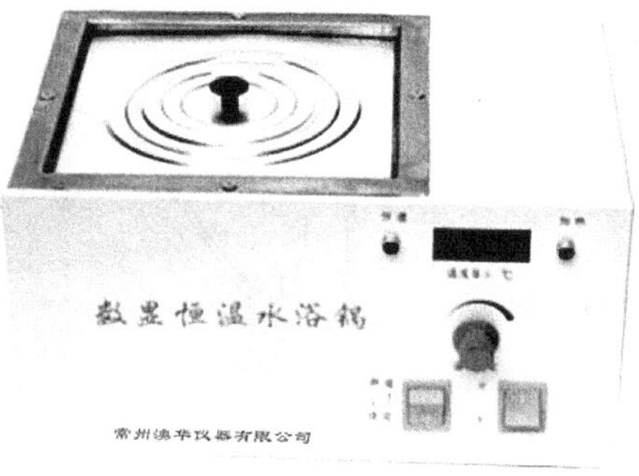

图 4-15　水浴锅

在没有水浴锅的情况下，实验室中也可用烧杯代替水浴锅，在烧杯中放一支架，可将试管、烧杯等仪器放入进行加热；在烧杯上放蒸发皿，也可进行水浴蒸发浓缩。

（3）油浴加热。当要求被加热物质受热均匀，温度又须高于 100 ℃时可使用油浴。用油代替水浴锅中的水即成油浴，温度可控制在 100～300 ℃。油浴所能达到的最高温度取决于所用油的种类。用于油浴的液体有甘油、液状石蜡、硅油或植物油等，它们的极限温度各不相同（甘油和液状石蜡均为 220 ℃，硅油为 300 ℃），通常用电炉进行加热。使用油浴要注意的是：油温升高会产生油烟，当达到燃点时还会着火。如果发现油温过高而冒烟时，应停止加热。还应注意不要让水滴溅入油浴锅。若不慎着火，应当立即拆去热源或拔掉加热器的电源，用石棉板盖住油浴锅，隔绝空气使火熄灭。

（4）沙浴加热。当加热温度要求较高时，可使用沙浴。沙浴加热的温度一般可以达到 350 ℃左右。沙浴是一个充有一层均匀细沙的铁盘（图 4-16），用电炉加热。被加热的器皿放在沙上，或部分埋入沙层中。若要测量沙浴的温度，可将温度计的水银球埋在靠近被加热器壁近处的沙中但是不要触及底部。沙不易传热，因此容器底部的沙层要薄一些，使其易于传热，周围的沙层要堆积得厚一些，这样便于保温。

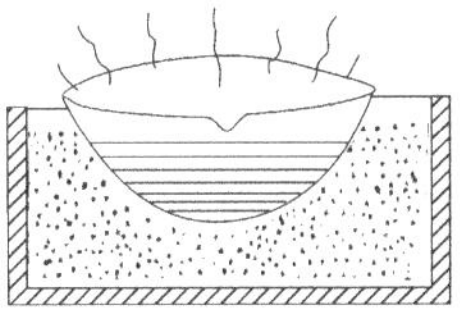
图 4-16　沙浴加热

3. 加热器和加热方式的选择

当加热温度为室温至 600 ℃时，可用酒精灯和水浴、沙浴；当加热温度为 600～1000 ℃时，应选择煤气灯或酒精喷灯；当加热温度在 1000 ℃以上时，则用电炉或马弗炉。

三、称量

中学化学实验中常用的称量仪器是天平，常用的有托盘天平和电子天平。

（一）托盘天平

托盘天平一般能称准至 0.1 g。当称量准确度要求不高时常用托盘天平。托盘天平价格较便宜，是中学化学实验中最常用的天平。托盘天平的结构如图 4-17 所示。

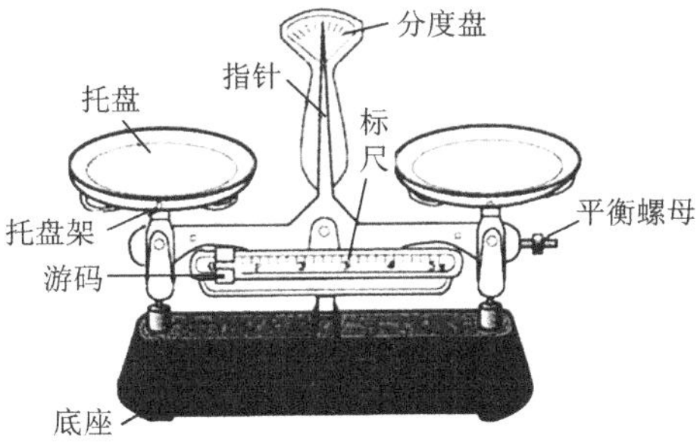

图 4-17　托盘天平

称量前，先调整托盘天平的零点。调零点的方法：将游码拨到游码标尺的“0”位处，检查托盘天平的指针是否停在刻度盘的中间位置。如果不在中间位置，可调节托盘下侧的平衡调节螺丝。

称量时，被称量的称量物放在左盘，砝码放在右盘。砝码用镊子夹取，根据托盘天平的不同规格，天平上的标尺刻度不同，5 g 或 10 g 以下质量的砝码可通过移动标尺上的游码来添加。当添加砝码到托盘天平的指针停在刻度盘的中间位置时，托盘天平处于平衡状态，此时指针所停的位置称为停点，零点与停点相符时，砝码的质量就是称量物的质量。

使用托盘天平称量物品时应注意以下几点：

（1）称量物要放在称量用纸或表面皿上，不能直接放在托盘上，潮湿的或具有腐蚀性的药品则要放在玻璃容器内。

（2）称量完毕应将砝码放回砝码盒中，将游码拨到“0”位处，使托盘天平的各部分恢复原状。

（3）用橡胶圈垫在两个秤盘立柱下，使托盘天平处于非工作状态，以延长托盘天平的使用寿命。

（二）电子天平

电子天平（图 4-18）根据精度不同分别有百分之一天平（感量 0.1 mg）、千分之一天平（感量 0.01 mg）和万分之一天平（感量 0.001 mg）。电子天平的使用方法和步骤如下（以万分之一精密天平为例）。

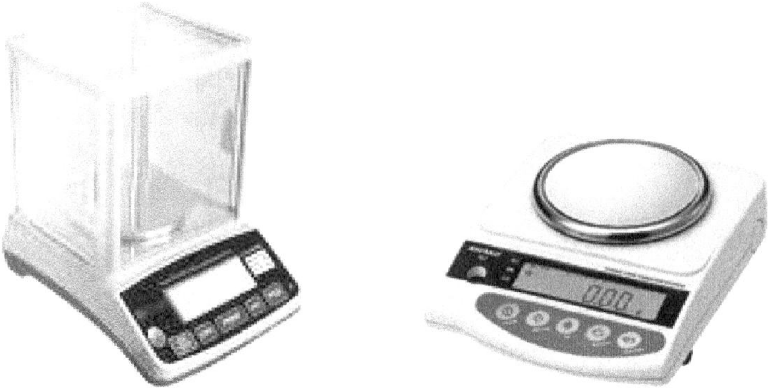

图 4-18　电子天平

（1）调节天平水平：取下防尘罩，检查天平后面的水平仪是否水平，如不水平，应通过调节天平后边左、右两个水平支架而使其达到水平状态（水泡位于水平仪中心）。

（2）开机：打开开关（<ON>键），电子显示屏上根据精度不同可出现 0.0000 g 的闪动。如果显示不都是 0，则需要按去皮键（<T>或<TARE>键）调零。待数字稳定，表示天平已稳定，进入准备称量状态。

（3）去除容器的质量：将装样品的容器放到物品托盘的中央位置上（若感量是千分之一或以上的天平，有防风罩，需打开天平的侧门和关闭天平的侧门），可看见显示屏上的数字不断变化，待数字稳定，读取数字即为容器的称量值，然后按去皮键，则显示 0.0000（表示已经除去容器的质量）。

（4）称量药品：将药品加入，读取数字直至需要量。称量完毕后，取下被称物，关好天平门，如还需继续称量时，可暂时不按<OFF>键，天平将自动保持零位；确定不进行称量后按<OFF>键，然后拔下电源插头，盖上防尘罩。

若需要称量易吸潮或易被氧化等药品或多份样品时，可用递减称量法称量。

使用电子天平应注意以下几点：

（1）如果天平长时间没有用过，应进行一次校准。其程序是（以天平最大称量为 100 g 为例）：按下<开/关>键，通电使天平预热 30～60 min；按<CAL>键，显示“CAL—100”将 100 g 标准砝码放上秤盘，显示“CAL”即等待状态，当显示“100.0000 g”时，则表示可进行称量，否则重复上面操作。

（2）电子天平的体积较小，质量较轻，容易被碰移动而造成水平改变，影响称量结果的准确性。因此，使用时动作要轻缓，防止开门或放置被称物时动作过重，并应时常检查水平是否改变，及时调整水平。

（3）要避免可能影响天平示值变动的各种因素，如空气对流、温度波动、容器不够干燥等；热的物品必须放在干燥器内冷却至室温后再进行称量；药品不能直接放在天平盘上称量。

四、振荡与搅拌

在进行化学实验时，为了促进物质的混合、溶解或加速化学反应的进行，往往需要进行振荡或搅拌等操作。

（一）振荡

1. 试管的振荡方法

在试管中混匀物质时，试管中溶液总量不得超过其容积的 1/2，振荡方法：用右手的拇指、食指、中指握持试管的上端 1/3 处，无名指和小指弯向掌心，用一定的腕力来回甩动试管，不能上下振动，更不能用拇指堵住试管口振荡试管（图 4-19）。

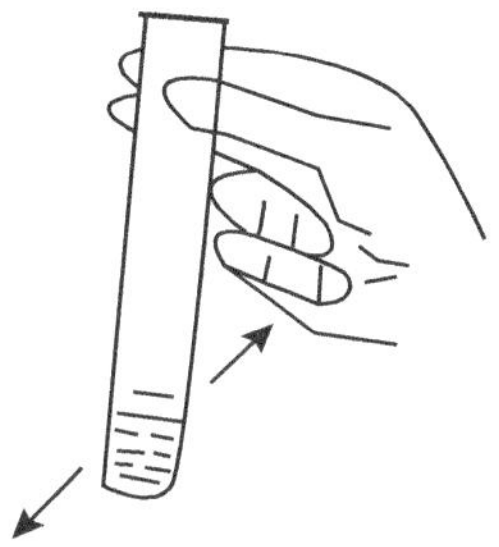

图 4-19　试管振荡方法

2. 锥形瓶的振荡方法

用右手的拇指、食指、中指握持锥形瓶的上端，无名指和小指弯向掌心，用一定的腕力顺时针或逆时针转动锥形瓶，使锥形瓶内的溶液呈漩涡状旋转，而瓶口保持不动（图 4-20）。

图 4-20　锥形瓶的振荡

（二）搅拌

搅拌在化学实验中除“混匀”之外，还是加速物质溶解、提高反应物分子间的接触机会以加快反应的常用手段。在实验室中通常用玻璃棒搅拌。

1. 在烧杯中的搅拌

在烧杯中进行混合物的混匀时，应使搅拌棒在烧杯中绕圈搅动，搅动时要注意不要使搅拌棒与烧杯壁相撞击，以免敲破烧杯；也不允许用搅拌棒在烧杯底把固体物质捣碎，以免捅破烧杯，如图 4-21 所示。

2. 在试管中的搅拌

当试管中的溶剂和溶质较多（超过试管的 1/2）不便于振荡溶解时，可以用玻璃棒插入试管中旋转搅动，也可以上下搅动。但要小心，不要捅破试管底。

常见的搅拌方法除手动搅拌外，还有电磁搅拌、电动搅拌等机械搅拌的方法（图 4-22）。

图 4-21　烧杯中的搅拌

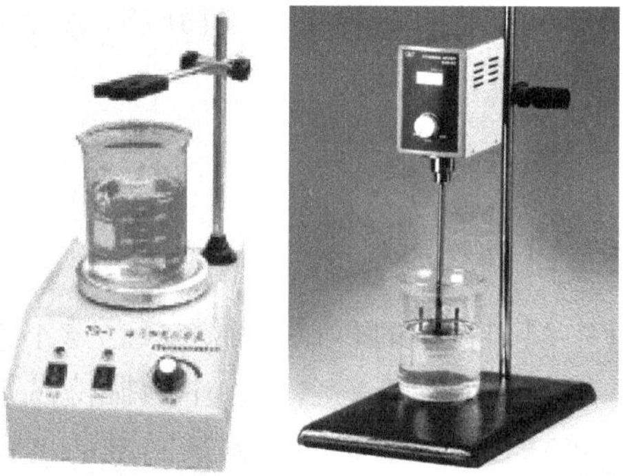

图 4-22　电磁搅拌和电动搅拌

五、物质的分离

物质的分离有很多种方法，根据混合物中各组分的状态（气、液、固）和性质（是否互溶）不同，可采用不同的方法进行分离。常用的方法有倾泻法、分液法、离心分离法、蒸馏法、结晶法、过滤法、分馏法、升华法、萃取法、洗气法、干燥法等。在此主要介绍过滤、蒸馏、萃取、结晶和重结晶等分离物质的方法及操作。

（一）过滤

过滤是分离固体物质和液体物质的一种方法。利用沉淀和溶液在过滤器（中学常用的是滤纸）上穿透能力之差，使沉淀留在过滤器上，溶液透过过滤器进入接收器中，将固液分离。根据沉淀的性状、颗粒大小的不同，可采用常压过滤、减压过滤和保温过滤三种方法。

1. 常压过滤

常压过滤是滤纸紧贴在普通漏斗上作为过滤器的过滤方法。常压过滤分离固液组分的方法及步骤如下。

（1）滤纸的准备：把滤纸整齐地对折，然后对折成扇形。为保证滤纸和漏斗密合，第二次对折时不要折死，展开后呈圆锥形。圆锥形滤纸打开后，放入洁净、干燥的漏斗中，使其刚好与漏斗的角度相吻合（普通漏斗的角度一般是 60°）。如果所用漏斗的角度大于或小于 60°，应当改变滤纸折成的角度，折成锐角或钝角，使其与漏斗密合为止，这时再把滤纸压紧，但不能用手指在纸上抹，以免滤纸破裂造成沉淀穿滤。为了使滤纸三层的那边能紧贴漏斗，常把这三层外面的两层撕去一角，如图 4-23 所示（撕下来的滤纸角保存起来，以备需要时擦拭沾在烧杯口外或漏斗壁上少量残留的沉淀）。

用食指把滤纸按在漏斗的内壁上（放进漏斗的滤纸，其边缘应比漏斗的边缘略低，三层的一边放在漏斗出口短的一边）。用少量蒸馏水润湿滤纸，用玻璃棒轻轻地按压滤纸，赶走滤纸与漏斗壁之间的气泡（切勿上下搓揉，湿滤纸极易破损），使滤纸紧贴在漏斗壁上（若

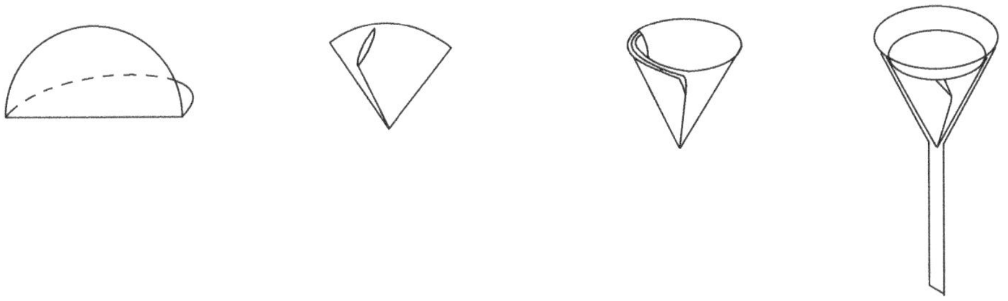

（a）对折　（b）折成合适角度并撕去一角　（c）展开成锥形　（d）放进漏斗

图 4-23　滤纸折叠与安放

存在气泡会延缓液体在漏斗颈内的流动，影响过滤速度）。再向漏斗中加水使漏斗颈形成水柱，借助这段液柱的重力可起到抽滤的作用，加快过滤速度。若不能形成完整的水柱，可一边用手指堵住漏斗下口，一边稍掀起三层那一边的滤纸，用洗瓶在滤纸和漏斗之间加水，使漏斗颈和锥体的大部分被水充满，然后一边轻轻按下掀起的滤纸，一边断续放开堵在出口处的手指，即可形成水柱。

（2）过滤：过滤时，将漏斗放在漏斗架或铁圈上，调整好漏斗架或铁圈的高度，使漏斗管的末端紧靠接收器内壁，以加快滤液的流速。转移时应使用玻璃棒，沿玻璃棒倾倒入漏斗中，同时玻璃棒要靠在漏斗中三层滤纸一边[图 4-24（a）]，装沉淀的烧杯要倾斜放置[图 4-24（b）]，使沉淀沉降在烧杯底面一角，过滤时不能用玻璃棒搅动沉淀，要先倾倒上层清液，后转移沉淀（此法称为“倾泻法”过滤）。漏斗中的液面高度应低于滤纸边缘 0.5～1 cm，待液面下降后再续加液体。

（3）洗涤沉淀：溶液倾倒完后，用少量洗涤液淋洗盛放沉淀的烧杯和玻璃棒，并将洗涤液全部转入漏斗中，以尽量减少分离过程中各组分的损失。过滤完毕，沉淀中残留少量母液，若是定量实验则还需用少量洗涤液进行洗涤，使组分之间尽可能完全分离。洗涤沉淀方法：从滤纸的多重边缘开始，螺旋地往下移动，最后到多重部分停止，即“从缝到缝”，如图 4-25 所示。如果沉淀太细以至于发生穿滤，说明选用的滤纸纤维太疏松，可选择更慢速的滤纸；而且无论选用何种速度的滤纸，当形成滤饼后速度都会自然减慢，也更能防止穿滤。

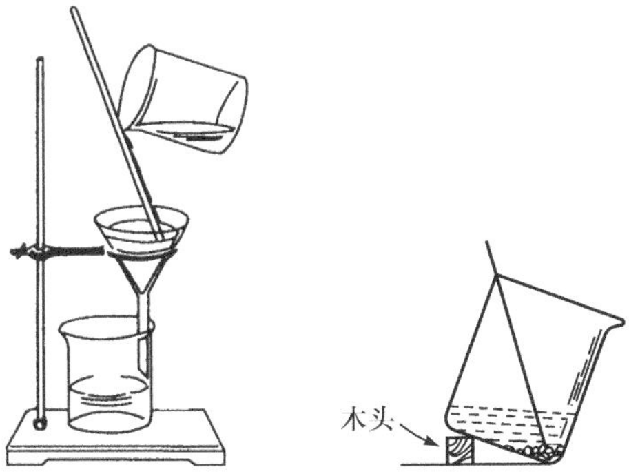

(a)　(b)

图 4-24　常压过滤

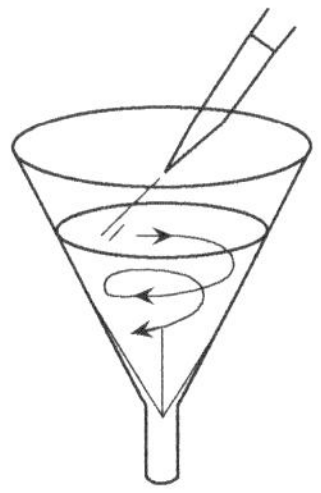

图 4-25　沉淀的洗涤方法

2. 减压过滤

减压过滤也称抽气过滤。过滤装置连接方法如图 4-26 所示。抽气使布氏漏斗液面与抽滤瓶内产生压力差，达到加快过滤的目的。减压过滤能使沉淀抽得较干，但不宜过滤颗粒太小的沉淀。实验室常用的抽气设备有：玻璃抽气泵、水循环真空泵（这两者简称水泵，是化学实验室常用仪器）、油循环真空泵（简称油泵）。

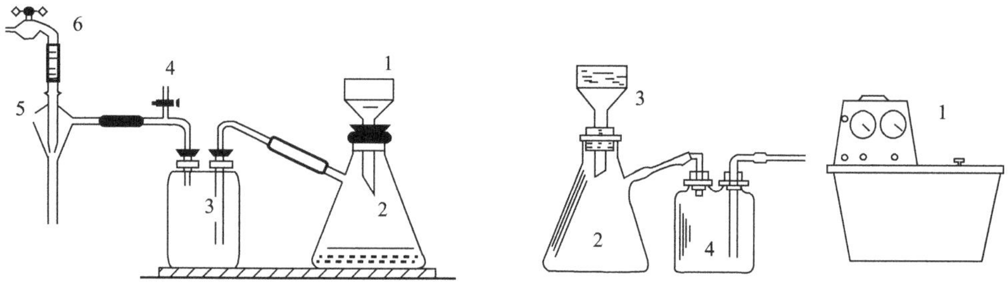

1. 布氏漏斗；2. 抽滤瓶；3. 安全瓶；
4. 减压旋塞，5. 玻璃抽气泵；6. 水龙头

1. 循环水式多用真空泵；2. 抽滤瓶；
3.布氏漏斗；4安全瓶

图 4-26　减压过滤

减压过滤的操作方法如下：

（1）连接装配装置：注意缓冲瓶的长管和短管不能接错，防止水倒吸；布氏漏斗下端的斜削面应对着抽滤瓶支管的方向，以利于滤液流下。

（2）滤纸准备：遵循常压过滤相同的原则选择滤纸，将滤纸剪成比布氏漏斗内径略小的圆形，但能恰好盖住瓷板上的所有小孔为宜（过滤强碱性或强酸性溶液时，应在布氏漏斗上铺玻璃布或涤纶布来代替滤纸）。先由洗瓶挤出少量蒸馏水润湿滤纸，微微开启水泵（或油泵），使滤纸紧贴在漏斗上，然后进行抽滤。

（3）过滤：开启水泵（或油泵），使滤纸紧贴在漏斗上。小心地把要过滤的混合物倒入漏斗中，使固体均匀地分布在滤纸表面上。过滤时抽滤瓶内的滤液面不能达到支管的水平位置，否则滤液将被水泵抽出。因此，当滤液快上升至抽滤瓶的支管处时，应拔去抽滤瓶上的橡皮管，取下漏斗，从抽滤瓶的上口倒出滤液，再继续抽滤。为了尽量抽干漏斗上的沉淀，可用一个平顶的试剂瓶塞挤压沉淀。

（4）洗涤沉淀：在布氏漏斗中洗涤沉淀时，应停止抽滤，用少量的洗涤剂缓慢通过沉淀，待滤液从漏斗下端滴下时，重新抽气，再把沉淀尽量抽干、压干。如此反复几次，就可以把沉淀洗净。

（5）停机：滤饼尽量压干后（可用干净的玻璃试剂瓶塞来挤压），一定要先缓慢地开启缓冲瓶上的减压旋塞，使空气进入恢复常压，再关闭抽气机。在抽滤过程中不得突然关闭水泵。

3. 保温过滤

如果溶质的溶解度明显随温度的降低而降低，但又不希望这些溶质在过滤过程中析出时，可采取保温过滤（或称热过滤）。过滤所用的漏斗称为保温漏斗（又称热过滤漏斗、热水漏斗）。保温过滤装置如图 4-27 所示。保温漏斗是把普通玻璃漏斗放在一个金属铜制的外套里，套里盛放热水，在外套的侧下方有封口的支管，在支管处可以用灯焰加热来保持热水的温度。在外套的上方有一注水孔，由此孔注入热水（约八成满）。为了防止漏斗颈析出结晶，保温过滤用的玻璃漏斗以短颈的为好。保温过滤的方法和步骤如下。

（1）滤纸的准备：为了防止滤液中的溶质结晶出来，应使过滤速度加快，所用的滤纸要用折叠滤纸，以尽量地利用滤纸的有效面积。其折叠方法如图 4-28 所示。先把滤纸折成半圆

形，再对折成圆形的1/4，按图4-28（a）展开；再以1对4折出5，3对4折出6，1对6折出7，3对5折出8，如图4-28（b）所示；然后以3对6折出9，1对5折出10，如图4-28（c）所示；然后在1和10、10和5、5和7、……、9和3之间反向折叠，如图4-28（d）所示；把滤纸打开，在1和3的地方各向内折叠一个小叠面，最后做成如图4-28（e）所示的折叠滤纸。使用前，将折好的滤纸翻转并整理后放入漏斗中（注意：在每次折叠时，在折纹近集中点处切勿重压，否则在过滤时滤纸的中央易破裂）。

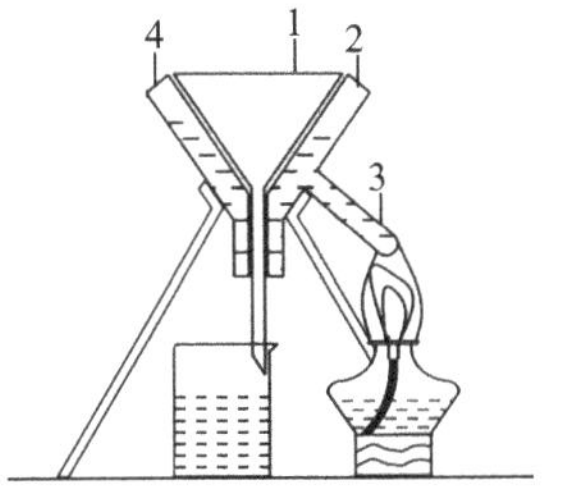

图4-27 保温过滤（热过滤）

1. 玻璃漏斗；2. 侧质外套；3. 侧支口；4. 注水孔

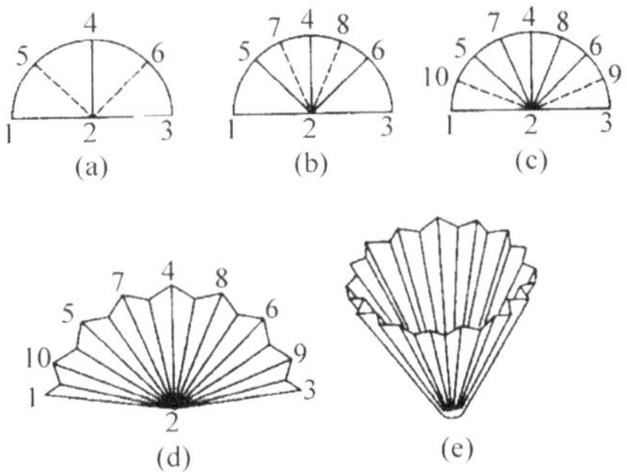

图4-28 折叠式滤纸

（2）过滤：将玻璃漏斗放入保温漏斗中，在保温漏斗中加入水，注意不要装得太满，以免水加热至沸后溢出；先将滤纸放入漏斗中，然后将热的饱和溶液逐渐倒入漏斗中，在漏斗中的液体同样不能过多，以免析出晶体，堵塞漏斗。

（二）蒸馏

蒸馏是一种热力学的分离工艺，它利用混合液体或液-固体系中各组分沸点不同，使低沸点组分蒸发，再冷凝以分离整个组分的单元操作过程，是蒸发和冷凝两种单元操作的联合。

蒸馏混合体系时，沸点较低者先蒸出，沸点较高者后蒸出，不挥发物留在气化器（如烧瓶）内，即可达到分离提纯的目的。蒸馏的装置如图4-29所示，它是由热源部分（图4-29A，热浴或其他加热器）、气化部分（图4-29B，蒸馏烧瓶、温度计）、冷凝部分（图4-29C，冷凝管）、接收部分[图4-29D，接液管（又称尾接管）、锥形瓶或圆底烧瓶]等组成。在中学化学实验中，对于一些分离要求不高的实验，也可以采取简易蒸馏装置（图4-30）。

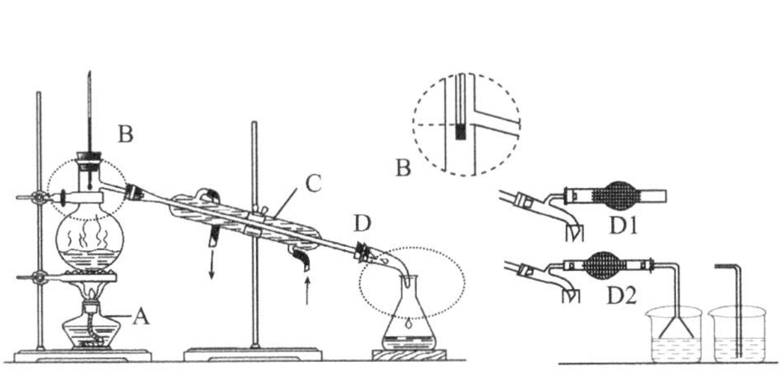

图4-29 蒸馏装置

A. 热源部分；B. 气化部分；C. 冷凝部分；D. 接收部分

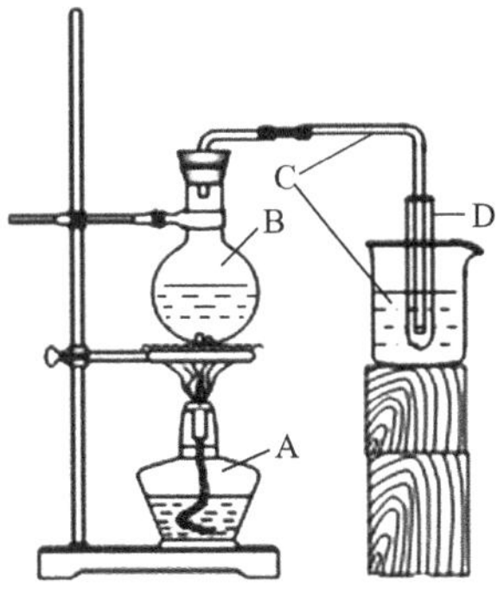

图4-30 简易蒸馏装置

A. 热源部分；B. 气化部分；C. 冷凝部分；D. 接收部分

安装蒸馏装置的顺序与其他装置相同，应当遵循从下到上、从左到右、横平竖直的原则。拆卸装置则应反过来，即从上到下、从右到左地拆除装置。蒸馏操作步骤如下：

安装装置 → 加料 → 加沸石 → 打开冷凝水 → 加热 → 收集馏分 → 停止加热 → 关冷凝水 → 拆装置

进行蒸馏实验时应注意以下操作。

（1）热源的选择：根据被分离物质的沸点，从安全和节能等方面考虑，可选用不同的加热方式。蒸馏沸点在 80 ℃以上者，可用酒精灯、电炉、电加热套等直接加热（空气浴、油浴）；沸点在 80 ℃以下且易燃者，如乙醚，应避免明火加热，要用水浴，浴面的高度一般不得超过蒸馏瓶中液面 1 cm，浴温高于被蒸馏物沸点 20～30 ℃即可。

（2）温度计的位置：温度计的位置若不正确会影响蒸馏出物质的纯度。正确位置是：温度计水银球的上端应在烧瓶支管的下端处（图 4-29B）。

（3）冷凝装置的选择：沸点低于 140 ℃用直形水冷凝管，沸点高于 140 ℃用空气冷凝管，以免直形冷凝管通水冷却导致玻璃温差大而炸裂。如果馏出物是低沸点的挥发性物质，还需要通入冰水来冷却。

（4）接收装置：沸点在 80 ℃以上者，可直接用锥形瓶接收；沸点在 80 ℃以下者，需用水浴或冰浴冷却；当馏出物易潮解时，应选择带有支管的尾接管，支管上接干燥管（图 4-29D1）；当馏出物易挥发、易燃时，应在尾接管的支管上接一长橡皮管，通入下水道；当有毒气放出时，在尾接管的支管上接一毒气吸收装置（可根据气体的性质选择吸收方式）（图 4-29D2）。

（5）在加热过程中，经常发生过热现象，即在液体已经加热到或超过了其沸点的温度，仍不沸腾。当继续加热时，液体会突然剧烈沸腾、冲入冷凝管甚至冲出瓶外，造成损失或着火，这就是暴沸现象。为了防止暴沸，需在加热前向蒸馏瓶内加入 2～3 粒沸石，其微孔中吸附着一些空气，在加热时就形成液体的气化中心，可使瓶中液体平稳沸腾。若已加热到近液体沸点时，发现未加沸石，需待液体稍冷后才能补加；若遇中途停止蒸馏，而冷却后又需蒸馏时，需重新加入沸石。

（6）加入液体试剂时要注意具支蒸馏瓶的支管应向上，避免溶液由支管流出，若用长颈漏斗加料，漏斗管应当插入蒸馏烧瓶的支管以下。

（7）加热前应先打开冷凝水注满冷凝管，再缓缓升温加热。待溶液沸腾后，热源温度控制以每分钟蒸出 1～2 滴馏出液为准，随时读取馏分温度。未达到主要物质沸点前的馏出液称为馏头，应用专门的瓶收集。达到沸点后收集该沸点下馏分，直至其最后一滴流出。此区间沸点温度为该液体的沸程。蒸完一组分后，温度会突然下降，这时应停止蒸馏。若继续升温，会使一些高沸点的馏分蒸出而影响所需馏分的纯度。需要特别注意：任何情况下都不能将液体完全蒸干，以免蒸馏瓶破裂或发生其他意外事故。

（三）萃取

萃取是利用物质在两种不相溶的溶剂中溶解度的差异，使物质从一种溶剂转移到另一种溶剂中，从而进行分离、提纯或富集的方法。

萃取分为液-液萃取和固-液萃取，在此只介绍液-液萃取。

液-液萃取也称溶剂萃取，通常在水溶液和有机溶液两相间进行。液-液萃取采用的仪器为分液漏斗，使用方法和步骤如下。

（1）准备：使用前先检查上下活塞是否漏水。

（2）萃取：萃取时，从分液漏斗口依次加入待萃取液和萃取剂（萃取剂的体积一般为溶液体积的 1/5～1/3）。盖紧塞子，用右手食指关节末端压住顶塞，拇指、食指尖及中指握住上瓶颈。左手握住分液漏斗的活塞处，拇指和食指捏住活塞柄朝内压紧，将分液漏斗稍倾斜振荡进行萃取，如图 4-31（a）所示。为防止振荡引起瓶内气压升高，应间隔一段时间，小心旋开活塞排气减压。再关闭活塞后继续振荡、放气，重复数次，便可达到洗涤或萃取的目的。

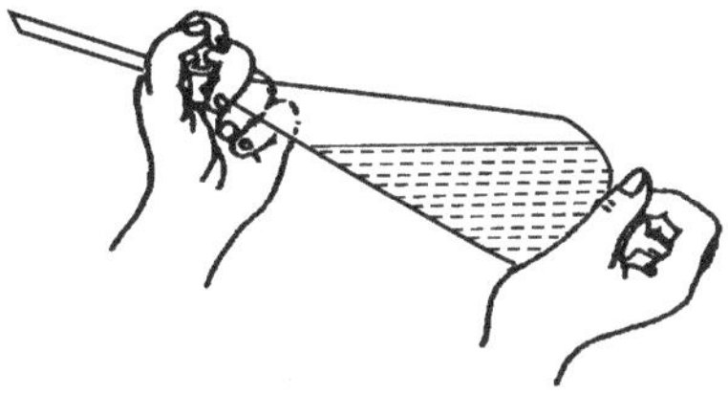

（a）分液漏斗的振荡

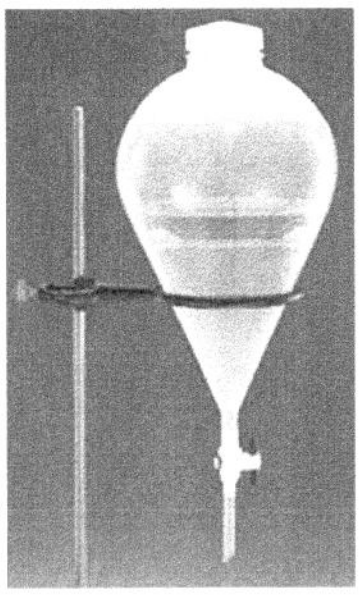

（b）静置分离

图 4-31　萃取操作

（3）分离：振荡后将漏斗垂直放置在铁圈内静置，当漏斗中出现两层清晰的液体时，可进行分离[图 4-31（b）]。一般由下活塞口放出下层液体，再由上口倒出上层液体。

（四）结晶和重结晶

1. 结晶

结晶和重结晶是化学实验中用来分离溶解度相差较大的可溶性固体的方法。结晶是物质分离的重要手段之一。其操作方法如下：将固体混合物溶于溶剂（中学常用水作溶剂），配成热的饱和溶液（若不是饱和溶液，先把溶液蒸发至有少量结晶析出），然后室温放置、冷却使其结晶。该方法为热饱和溶液冷却法（等溶剂结晶法），适用于溶解度随温度升高而增加，且溶解度随温度变化幅度适中的体系；对于溶解度随温度降低变化不大的体系（如氯化钠），或随温度升高溶解度降低的体系，可采取先将溶液蒸发直至有少量晶体析出，然后再冷却的方法进行结晶，该方法为部分溶剂蒸发法（等温结晶法）。结晶后剩下的溶液称为母液，可通过过滤将晶体和母液分离。

有时杂质的存在会影响化合物晶核的形成，常见于化合物溶液虽已达到过饱和状态但仍不易析出结晶而呈油状物存在。为促进化合物较快结晶，可采取以下措施：用玻璃棒摩擦器壁或加入小粒晶体（称为“晶种”）以加速晶体析出。晶体析出的颗粒大小与沉淀类型和沉淀条件有关。为了得到较纯的晶体，应当注意控制反应的条件：

（1）溶液的饱和度不能过大，以免晶体间隙中包含更多的杂质。

（2）在热溶液中进行，不断搅拌，可以防止局部过浓，使晶体均匀纯净。

（3）如果是晶形沉淀，将结晶和母液一起陈放一段时间，可以使晶体更加纯净。

2. 重结晶

用结晶的方法得到的晶体可能因间隙中含有母液或其他杂质而不纯净。若要得到较高纯度的晶体，就需要用重结晶的方法进一步提纯，即在所得的晶体中加入尽可能少的溶剂，使其溶解成近饱和溶液，或通过加热、蒸发的方法制成饱和溶液，室温冷却，再次结晶、过滤。根据对纯度的要求如此反复，就可以得到非常纯的晶体。

在进行重结晶时，选择理想的溶剂是关键。理想的溶剂必须具备下列条件：

（1）不与被提纯物质发生化学反应。

（2）在较高温度时能溶解多量的被提纯物质，而在室温或温度降低时，该物质的溶解量减少。

（3）对杂质的溶解度非常大或非常小（前一种情况是使杂质留在母液中不随提纯物晶体一同析出；后一种情况是使杂质在热过滤时被滤去）。

（4）容易挥发（溶剂的沸点较低），易于结晶分离除去。

（5）无毒或毒性很小，便于操作。

对于得到的晶体，可以通过自然晾干或烘干的方式进行干燥。

六、常用滴定分析仪器及基本操作

（一）滴定管及其使用方法

滴定管是滴定时准确测量标准溶液体积的量器，它是具有精确刻度而内径均匀的细长的玻璃管。常量分析的滴定管容积有 50 mL 和 25 mL，最小刻度为 0.1 mL，读数可估计到 0.01 mL。另外，还有容积为 10 mL、5 mL、2 mL、1 mL 的半微量或微量滴定管。

滴定管一般分为两种：一种是酸式滴定管，另一种是碱式滴定管。

酸式滴定管的下端有玻璃活塞开关，用来盛装酸性溶液和氧化性溶液，不宜盛装碱性溶液，因为碱性溶液能腐蚀玻璃，使活塞难以转动。

碱式滴定管的下端连接一橡皮管，管内有玻璃珠以控制溶液的流出，橡皮管下端再连一尖嘴玻璃管。凡是能与橡皮管发生反应的氧化性溶液，如 $KMnO_4$、I_2 等，不能装在碱式滴定管中。

1. 滴定管使用前的准备

酸式滴定管使用前应检查活塞转动是否灵活，然后检查是否漏水。试漏的方法是先将活塞关闭，在滴定管内充满水，将滴定管夹在滴定管夹上，放置 2 min，观察管口及活塞两端是否有水渗出；将活塞转动 180°，再放置 2 min，看是否有水渗出。若前后两次均无水渗出，活塞转动也灵活，即可使用，否则应将活塞取出，重新涂凡士林后再使用。

涂凡士林的方法是将活塞取出，用滤纸或干净布将活塞及活塞槽内的水擦干净。用手指蘸少许凡士林在活塞的两端，涂上薄薄一层，在离活塞孔的两旁少涂一些，以免凡士林堵住活塞孔，如图 4-32 所示。将活塞插入活塞槽中按紧，并向同一方向转动活塞，直至活塞中油膜均匀透明。如发现转动不灵活或活塞上出现纹路，表示凡士林涂得不够；若有凡士林从活塞缝内挤出，或活塞被堵，表示凡士林涂得太多。遇到这些情况，都必须把塞槽和活塞擦干净后，重新涂凡士林。涂好凡士

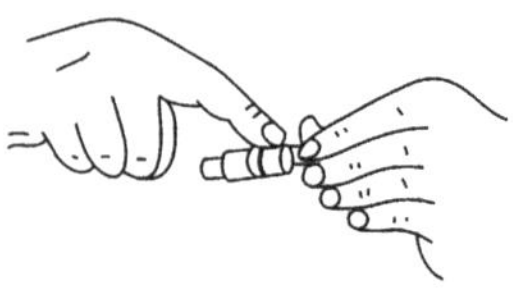

图 4-32 涂凡士林的方法

林后，用橡皮圈将活塞缠好，以防活塞脱落打碎。最后经过试漏、洗净，即可使用。

碱式滴定管应选择大小合适的玻璃珠和橡皮管，并检查滴定管是否漏水，液滴是否能够灵活控制。如不合要求，则应重新装配。

2. 标准溶液的装入

为了避免装入后的标准溶液被稀释，应用此种标准溶液 5～10 mL 淌洗滴定管 2～3 次。操作时，两手平端滴定管，慢慢转动，使标准溶液流遍全管，并使溶液从滴定管下端流净，以除去管内残留水分。在装入标准溶液时，应直接倒入，不得借用任何其他器皿，以免标准溶液浓度改变或造成污染。装好标准溶液后，注意检查滴定管尖嘴内有无气泡，否则在滴定过程中，气泡将逸出，影响溶液体积的准确测量。对于酸式滴定管，可迅速转动活塞，使溶液很快冲出，将气泡带走；对于碱式滴定管，可把橡皮管向上弯曲，挤动玻璃珠，使溶液从尖嘴处喷出，即可排除气泡（图 4-33）。排除气泡后，装入标准溶液，使其在“0”刻度以上，再调节液面在 0.00 mL 刻度处，备用。如液面不在 0.00 mL 处，则应记下初读数。

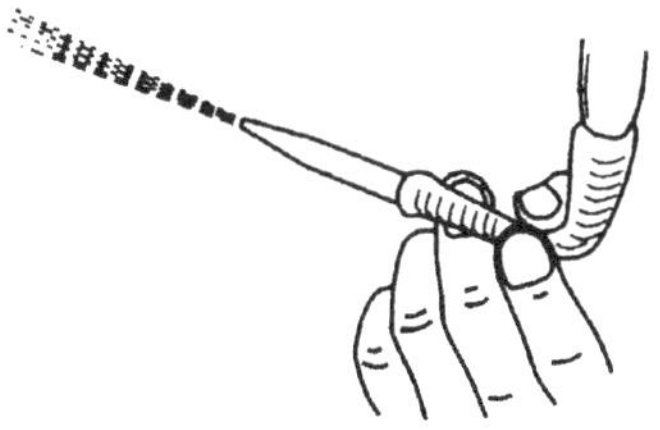

图 4-33　碱式滴定管排气泡的操作

3. 滴定管的读数

滴定管读数不准确而引起的误差通常是滴定分析误差主要来源之一。因此，两种情况的读数方法稍有不同，为了正确读数，应遵守下列原则：

（1）注入溶液或放出溶液后，需等 1～2 min，使附着在内壁上的溶液流下来以后才能读数。

（2）对于无色或淡色溶液读数时，读取与弯月面相切的刻度。对于有色溶液，如 $KMnO_4$、I_2 溶液等，读取视线与液面两侧的最高点呈水平处的刻度。

（3）使用“蓝带”滴定管时，溶液体积的读数与上述方法不同。在这种滴定管中，液面呈现三角交叉点，读取交叉点与刻度相交之点的读数，如图 4-34（a）所示。

（4）每次滴定前应将液面调节在刻度 0.00 mL 或接近“0”稍下的位置，这样可固定在某一段体积范围内滴定，以减少体积误差。

（5）读数必须读到小数点后第二位，而且要求准确到 0.01 mL。

（6）为了读数准确，可采用读数卡，这种方法有助于初学者练习读数。读数卡可用黑纸或涂有墨的长方形（约 3 cm×1.5 cm）白纸制成。读数时，将读数卡放在滴定管背后，使黑色部分在弯月面下 1 mm 处，此时即可看到弯月面的反射层呈黑色，然后读与此黑色弯月面相切的刻度，如图 4-34（b）所示。

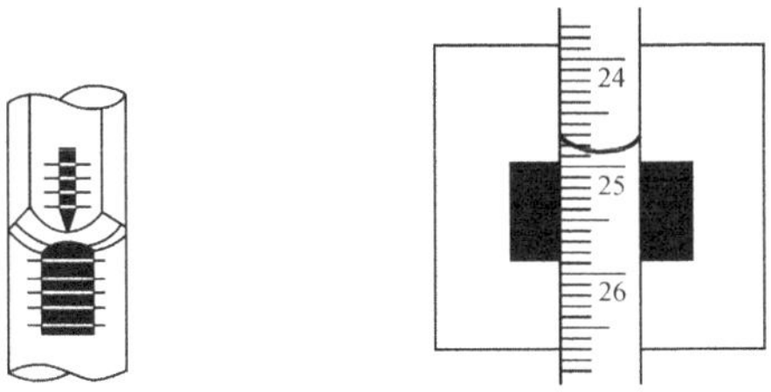

(a)　(b)

图 4-34　滴定管读数

4. 滴定操作

滴定最好在锥形瓶中进行，必要时也可以在烧杯中进行。滴定的操作如图 4-35 所示。用左手控制滴定管的活塞，拇指在前，食指和中指在后，手指略微弯曲，轻轻向内扣住活塞，

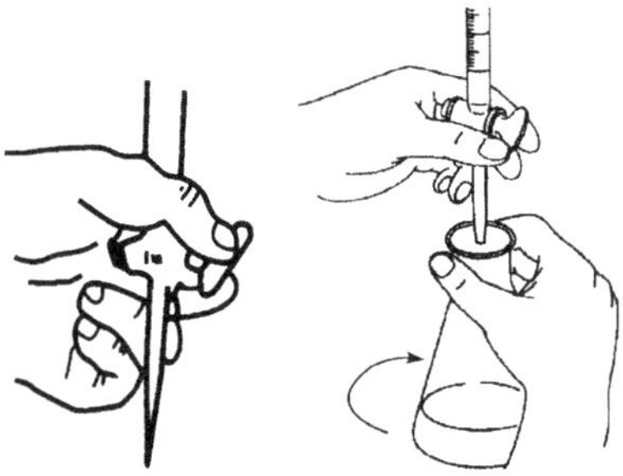

图 4-35　滴定操作示意图

转动活塞时，要注意勿使手心顶着活塞，以防活塞被顶出，造成漏水。右手握持锥形瓶，边滴边摇动，使瓶内溶液混合均匀，反应即时进行完全。摇动时应做同一方向的圆周运动。刚开始滴定，溶液滴出的速度可以稍快，但也不能使溶液呈流水状放出；临近终点时，滴定速度要减慢，应一滴或半滴地加入，滴一滴，摇几下，并用洗瓶吹入少量蒸馏水洗锥形瓶内壁，使附着的溶液全部流下；然后，再半滴、半滴地加入，直到准确滴定至终点为止。半滴的滴法是将滴定活塞稍稍转动，使有半滴溶液悬于管口，将锥形瓶内壁与管口相接触，使液滴流出，并用蒸馏水冲下。

使用碱式滴定管时，左手拇指在前，食指在后，捏住橡皮管中的玻璃珠所在部位稍上处，捏挤橡皮管，使橡皮管和玻璃珠之间形成一条缝隙，溶液即可流出。但注意不能捏挤玻璃珠下方的橡皮管，否则空气进入形成气泡。

（二）容量瓶及其使用方法

容量瓶是用于准确配制一定物质的量浓度的溶液的精确仪器。它是一种带有圆形或扁平磨口玻璃塞（或塑料塞）的细长颈、梨形的平底玻璃瓶，如图 4-36 所示。容量瓶瓶颈上有刻度线（标线），表示在所指温度下液体凹液面与容量瓶颈部的标线相切时，溶液体积恰好与瓶上标注的体积相等，瓶身上标有温度、容量。

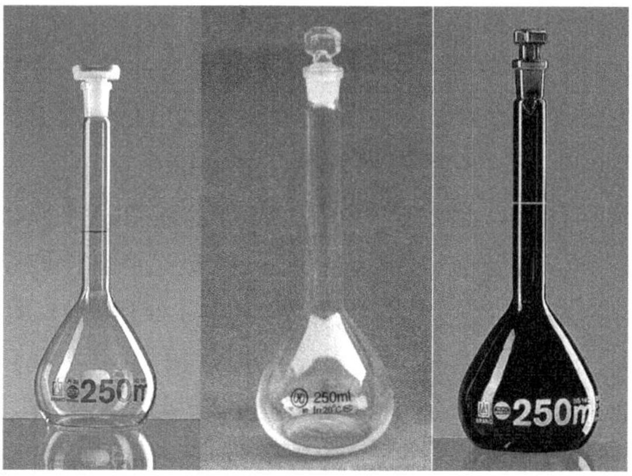

图 4-36　容量瓶

当瓶内体积在所指定温度下达到标线处时，其体积即为所标明的容积。

容量瓶是常用的测量容纳液体体积的一种容量器皿。容量瓶有多种规格，小的有 5 mL、25 mL、50 mL、100 mL，大的有 250 mL、500 mL、1000 mL、2000 mL 等。它主要用于直接法配制标准溶液和准确稀释溶液以及制备样品溶液。容量瓶也称量瓶。

容量瓶的使用要求及操作方法如下。

1. 容量瓶的准备

因容量瓶的磨口塞与瓶口是配套的，弄错后会引起漏水，所以在使用前，一定要用细绳将瓶塞系在瓶颈上。

使用前要检查是否漏水，检查的方法是：往容量瓶中加入自来水至标线附近，把瓶塞盖好，左手食指按住瓶塞，其余手指拿住瓶颈标线以上部分，右手指尖托住瓶底边缘，如图 4-37 所示。将瓶倒立静止 10 s 左右，若不漏水，将瓶直立，转动瓶塞 180° 后，再倒立静止，观察到不漏水即可以使用。

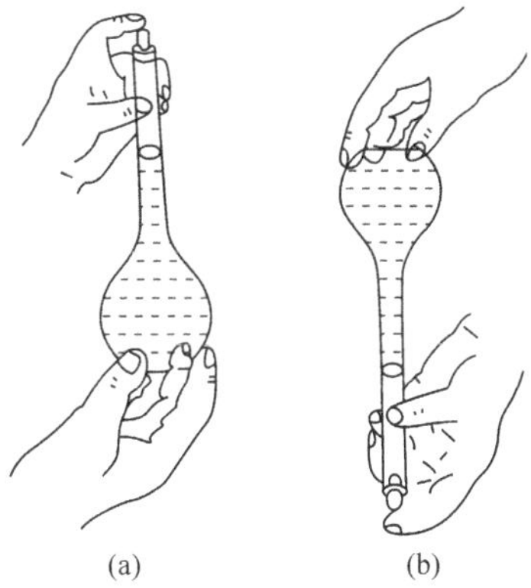

图 4-37　容量瓶检漏操作

2. 配制溶液的方法

（1）用固体物质配制溶液：在配制一定物质的量浓度的溶液时，不能直接将溶质放入容量瓶中进行溶解，而要在烧杯中溶解，待烧杯中溶液的温度恢复到室温时，才能将溶液转移到容量瓶中。这是因为容量瓶的容积是在 20℃时标定的，而绝大多数物质溶解时都会伴随着吸热或放热过程的发生，引起温度的升降，从而影响溶液的体积，使所配制的溶液的物质的量浓度不准确。

先将准确称取的固体物质在小烧杯中溶解后，再将溶液定量转移到预先洗净的容量瓶中，定量转移溶液时，右手拿玻璃棒，左手拿烧杯，使烧杯嘴贴紧玻璃棒，而玻璃棒则悬空伸入容量瓶中，玻璃棒的下端应靠在瓶颈内壁上，使溶液沿玻璃棒和内壁流入容量瓶中，如图 4-38 所示。倾完溶液后，将烧杯沿玻璃棒稍微向上提起，并使烧杯直立，使附在玻璃棒和烧杯嘴之间的液滴流到容量瓶中。将玻璃棒放入烧杯中（注意不能靠在烧杯嘴处），用洗瓶以少量蒸馏水冲洗玻璃棒和烧杯 3～4 次，洗出液全部转入容量瓶中（上述操作称为溶液的定量转移，或称无损转移）。

然后用蒸馏水稀释至容积的 2/3 处时进行初步混匀，用右手食指和中指夹住瓶塞的扁头，将容量瓶拿起按同一方向旋摇容量瓶使溶液混合（若容量瓶过大还需用另一只手托住瓶底），但此时切勿盖上瓶塞（图 4-39）。最后，继续加水稀释，当接近标线 1～2 cm 时静置 1 min，然后用手提起容量瓶，用滴管逐滴加水至弯月面恰好与标线相切（图 4-40）。盖上瓶塞，用手指压住瓶盖，另一手指尖托住瓶底边缘，将瓶倒转并摇动，再倒转过来，使气泡上升到顶；如此反复多次，使溶液充分混合均匀（图 4-41）。

图 4-38　溶液的定量转移操作

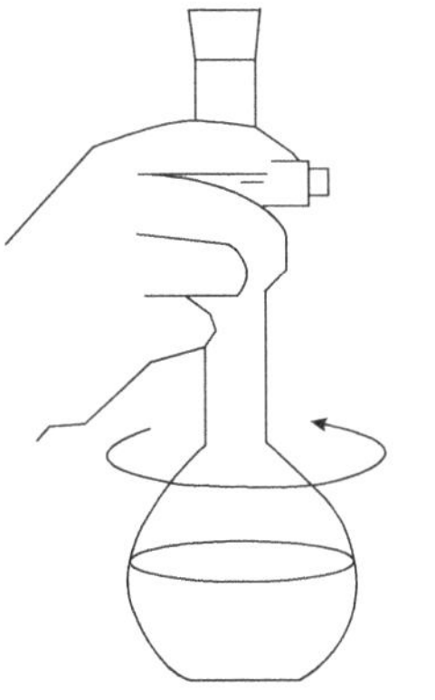
图 4-39　初步混匀操作

图 4-40　定容操作

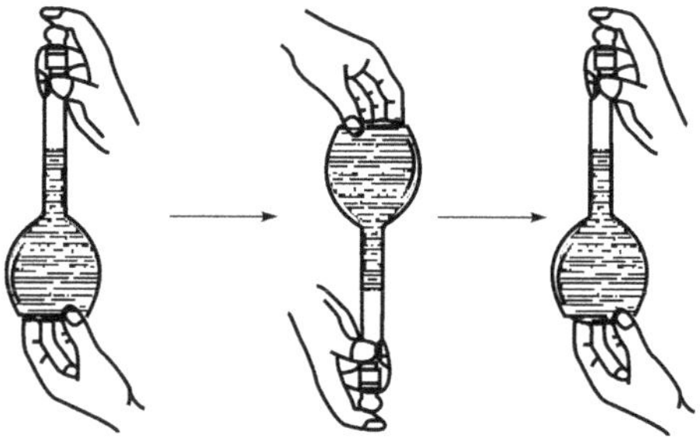

图 4-41　将溶液混匀的操作

（2）用液体物质配制溶液：用移液管吸取一定体积的溶液移入容量瓶中，按上述方法稀释至容积的 2/3 时，进行初步混匀，然后加标线以下 1～2 cm，静置，最后摇匀。

若溶液在稀释时放热或吸热，应放置至室温后，才能稀释至标线，否则将造成体积误差。需避光的溶液应用棕色容量瓶配制。不要用容量瓶长期存放溶液，配制好的溶液应转移到干净、干燥的试剂瓶中保存并贴上标签。

（三）移液管及其使用方法

移液管是准确移取一定量溶液的量器。移液管分为大肚移液管和刻度移液管两种。

大肚移液管是一根细长而中间膨大的玻璃管，在管的上端有一环形标线，膨大部分标有容积和标定时的温度（图 4-42）。常用的大肚移液管有 5 mL、10 mL、25 mL、50 mL 等规格。

刻度移液管又称吸量管，是具有分刻度的玻璃管（图 4-43），用于吸取所需的不同体积的溶液。常用的吸量管有 1 mL、2 mL、5 mL、10 mL 等规格。

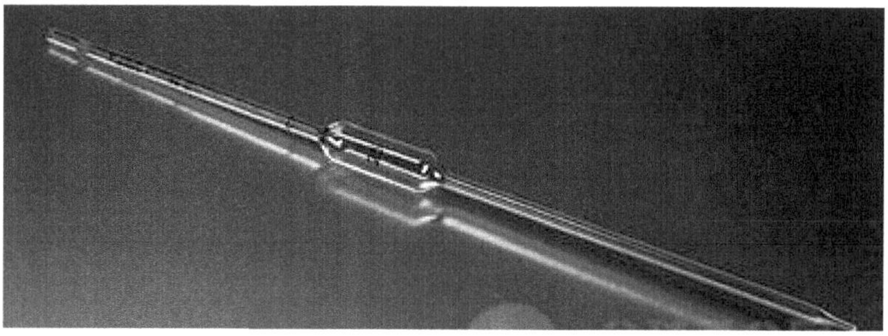

图 4-42　大肚移液管

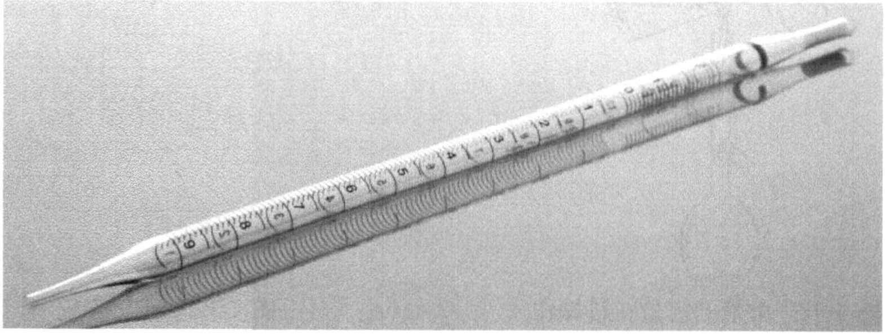

图 4-43　刻度移液管（吸量管）

（1）洗涤：洗涤大肚移液管和刻度移液管一般采用橡皮洗耳球吸取铬酸洗液洗涤，也可放在高型容器内用洗液浸泡，取出沥尽洗液后，用自来水冲洗，再用蒸馏水洗涤干净。

（2）操作方法：当第一次用洗净的移液管吸取溶液时，应先用滤纸将尖端内外的水吸净，否则会因水滴引入而改变溶液的浓度。然后，用所要移取的溶液将移液管洗涤 2～3 次，以保证移取的溶液浓度不变。移取溶液时，一般用右手拇指和中指拿住颈标线上方，将移液管插入溶液中，插入溶液不要太深或太浅，太深会使管外沾附溶液过多，影响量取溶液体积的准确性；太浅往往会产生空吸。具体操作步骤如下。

（i）吸液：左手拿洗耳球，先把球内空气压出，然后把球的尖端接在移液管口，慢慢松开左手指使溶液吸入管内，如图 4-44（a）所示。当液面升高到刻度以上时移去洗耳球，立即用右手的食指按住管口，将移液管提离液面。

（ii）调节液面：将移液管向上提升离开液面，管的末端仍靠在盛溶液器皿的内壁上，管身保持直立，略微放松食指（有时可用拇指和中指微微转动吸管）使管内溶液慢慢从下口流出，直至溶液的弯月面底部与标线相切为止，立即用食指压紧管口。将尖端的液滴靠壁去掉，移出移液管，用干净滤纸擦拭管外溶液。

（iii）放出溶液：把准备盛接溶液的容器倾斜成 30°，将移液管移入容器中，使管垂直、管尖靠着容器内壁，松开食指[图 4-44（b）]，让管内溶液自然地全部沿器壁流下（约为 30 s），再等待 10～15 s 后，取出移液管。

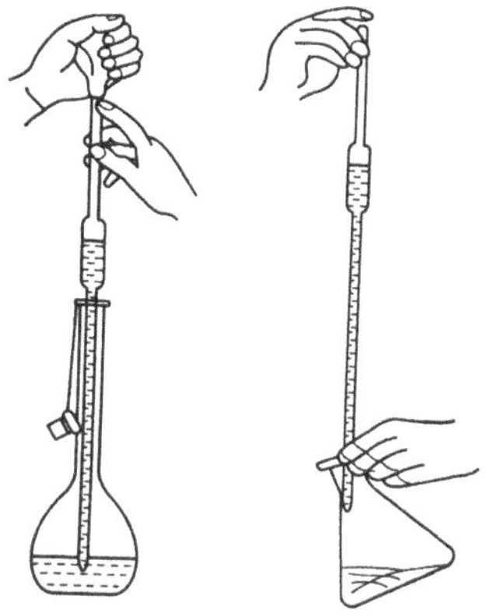

(a)　(b)

图 4-44　移液管的使用

注意：切勿把残留在管尖内的溶液吹出，因为在校正移液管时，已经考虑了这部分液体。若移液管上端注明有“吹”字的，则需要用洗耳球将末端的溶液吹出。

移液管使用后，应洗净放在移液管架上。移液管和容量瓶都是有刻度的精确玻璃量器，均不宜放在烘箱中烘烤。

第二节　装置的安装、气体的制备、收集和净化操作方法

装置的安装、气体的制备、收集和净化等操作在中学化学实验教学中是基本的实验教学技能。本节对以上操作从操作知识和技能等方面进行阐述，初步掌握仪器的安装、气体的制备和收集方法。

一、装置的安装方法

（一）钻孔方法

在化学实验中，根据实验需要，常需在塞子上钻孔以装配各种导管、温度计、搅拌棒等。在实验室里给塞子钻孔，常用的工具有手持钻孔器、手摇钻孔器和电动钻孔器（图 4-45）。

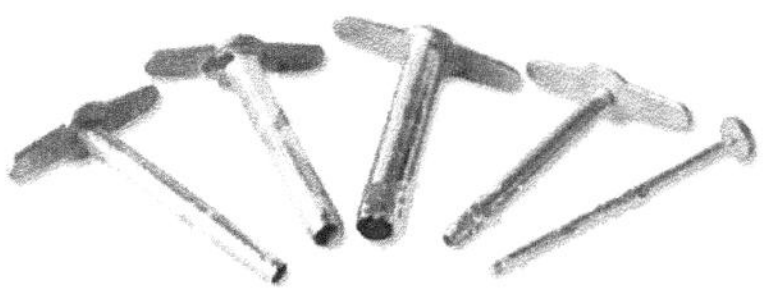
(a) 手持钻孔器

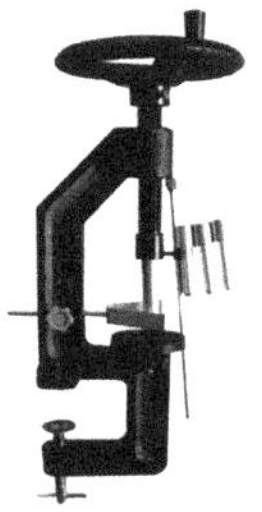
(b) 手摇钻孔器

(c) 电动钻孔器

图 4-45　钻孔器

无论用什么工具进行钻孔，其基本操作差不多，要领是塞子和钻头都必须稳定不摆动。现以手持钻孔器为例介绍打孔的方法。

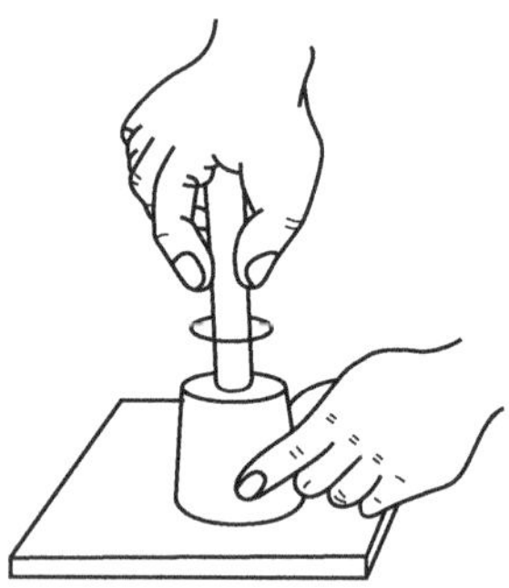
图 4-46　徒手钻孔

将要打孔的塞子的大头向下平放在一块木板上，将钻孔器的钻头涂上肥皂水或清水（减小钻头和塞子之间的摩擦），然后将钻孔器的钻头沿一个方向转动（顺时针方向），保持垂直不能歪斜（图 4-46），直至钻通为止。再依次向相反的方向（逆时针方向）转动退出钻孔器，并用钻孔器所配的铁扦把钻孔器管内的塞子芯屑捅出。

用手摇钻孔器的方法也基本相同，只是后者是利用螺旋逐渐下压，使用时比前者省力、快速。

电动钻孔器使用时更省力，但有一定的危险性，对新手一般不推荐使用。

塞子钻孔时应当注意：

（1）由于橡皮塞有弹性，钻孔后孔径稍有缩小，因此橡皮塞钻孔所用的钻孔器的外径应略大于要插入的玻璃管的外径。

（2）如使用电动钻孔器，要特别注意，钻孔时左手一定要按紧塞子，不能使塞子移动，否则高速旋转的钻头容易伤手。在使用时，若实在按不住橡皮塞，要立即松开手，转动手柄，使钻头缓缓复位，再重新操作。

（二）仪器的装配方法

1. 胶塞上装配导管的方法

在胶塞上装配导管是化学实验室经常都会用到的操作和技能。

把玻璃管插入塞孔时，应先在插入端蘸上肥皂水或清水减小摩擦，然后用毛巾把玻璃管包住（防止玻璃管在安装过程中断裂而扎破手），左手持塞子，右手握玻璃管，稍稍用力向前转动，直到合适为止（图 4-47）。

向胶塞中安装玻璃导管时要特别注意以下几点：

（1）插入玻璃管时一定要用毛巾包住玻璃管。

（2）右手握玻璃管的位置一定要靠近插入端，不能离插入端太远，以免玻璃被折断。

（3）插入弯成一定角度的曲玻璃管时，不能在弯角处用力旋扭。

（4）如果塞子孔径略小于玻璃管的外径，插入困难，可用圆锉稍作修理，把孔扩大后再插入，不能硬性插入。

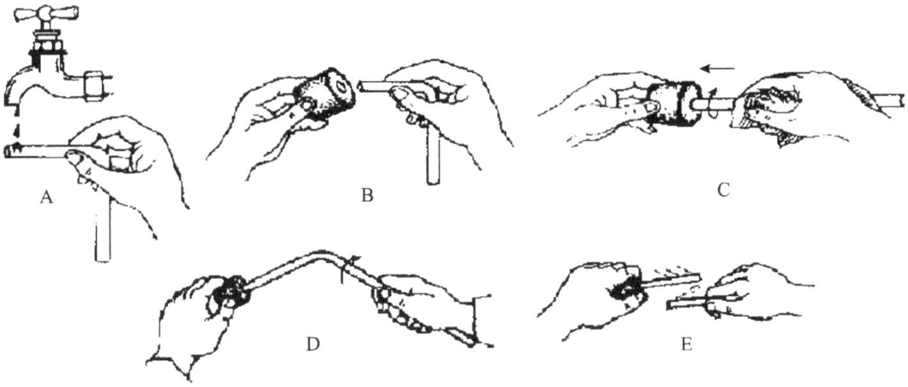

图 4-47　胶塞中装配导管的方法

A~C 为正确操作；D 和 E 为错误操作

2. 导管与导管之间的连接方法

仪器之间的玻璃导管常用橡胶管或乳胶管连接，所选用的胶管口径应略微小于玻璃导管的口径，这样才能保证连接处严密。连接时要先将玻璃管沾上水，然后将玻璃管边旋转边向胶管里套，一般要使导管插入胶管内的长度为 1～1.5 cm。如插进太短，不易保证严密，太长则装卸不便，又造成浪费。两导管之间连接的胶管如无特殊的要求，则越短越好，尽可能将两导管在胶管里接触在一起，以避免气体腐蚀胶管。

3. 装置的安装方法

实验装置在实验台上的放置形式关系到实验操作的方便性和安全性，也是影响观察实验现象的重要因素。一般来说，安装反应装置要遵循从下到上、从左到右（操作习惯和视觉习惯）的顺序进行安装，仪器的胶塞应该塞进试管或仪器口 1/2～2/3（防止胶塞内陷不易取下或脱落），拆卸时应按相反的顺序逐件进行拆卸。

全套装置的装配一般是按先里后外、先下后上、先左后右、先加塞后接管的顺序。对于气体制备装置，按“发生器—干燥—收集—尾气处理”的顺序连接。

对于较复杂的装置，一般是先分别组装、固定好各主要部分，再用胶塞和导管连接。安装完毕，要检查仪器的气密性、平稳性和美观性（比较图 4-48 左右两图的不同之处)。另外，铁夹内应贴有绒布，或在仪器上缠上布条、纸条，夹持玻璃仪器要松紧适度，如果太紧，仪器在加热的情况下会发生热膨胀，使仪器损坏；如果太松，仪器容易脱落而损坏。

例如，实验室制备氯气的装置（图 4-49）的装配顺序及其制备如下。

（1）先下后上依次放置：铁架台、酒精灯、铁圈、石棉网、烧瓶（已经装有二氧化锰），用铁夹夹住烧瓶，把滴液漏斗和导管的双孔塞塞住烧瓶口。

（2）再按先左后右的顺序，用乳胶管连接气体发生、收集和尾气吸收装置。

（3）组装完毕、检验气密性后，将浓盐酸加入滴液漏斗中，开启活塞，加入浓盐酸，点燃酒精灯开始制取氯气。

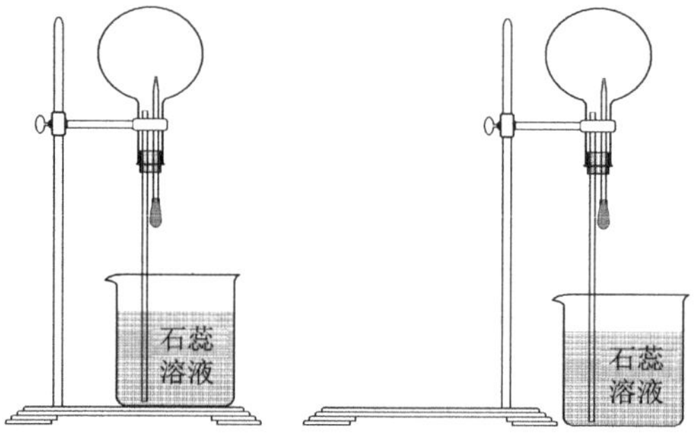

图 4-48　喷泉的实验装置

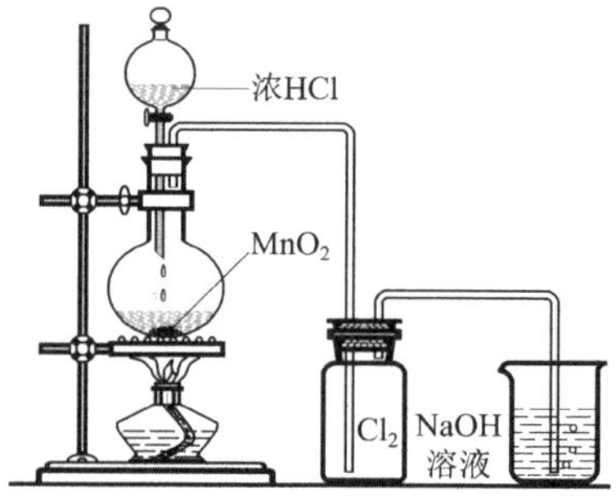

图 4-49　实验室制备氯气装置

组装实验装置时的注意事项：

（1）铁夹夹持的位置要使被夹持的容器稳固、美观，不能挡住学生的观察视线，一般在靠近试管口（或烧瓶口）的 1/3 处，夹持的力度要适度。

（2）橡皮塞的大小和塞进容器口的高度，一般情况下是塞进试管（或烧瓶）的高度约占塞高的 2/3。

（3）根据反应物的性状，决定仪器的选择，如使用试管作反应器，则需要注意试管口的方向。

（4）需要加热的装置，还需注意酒精灯加热时火焰的位置、酒精灯中酒精的加入量等问题。

图 4-50 是学生在制备氧气时组装装置和实验操作中常犯的错误。

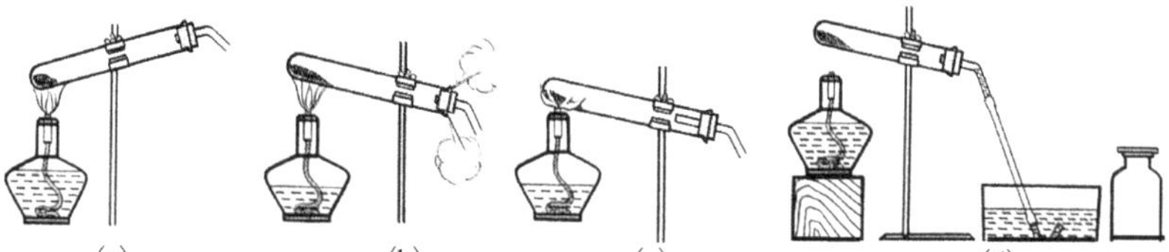

图 4-50　学生氧气制备操作常见的错误

二、常见气体的制备方法

化学实验室制备常见气体，一般情况下可根据反应原理及反应物的状态、性质和反应条件，选用固体-固体加热、固体-液体不加热和固体（液体）-液体加热等几种类型的仪器和装置制备。

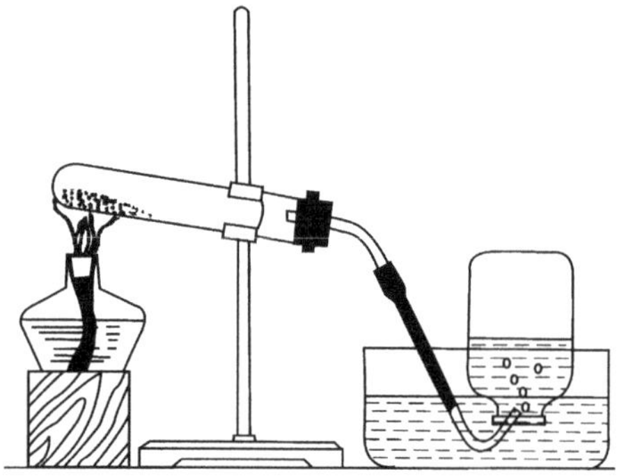
图 4-51　固体-固体加热制备气体

（一）固体-固体加热制备气体

固体-固体加热制备气体的装置所需仪器通常为铁架台、铁夹、酒精灯、大试管、单孔塞、导管等。装置如图 4-51 所示，适合应用这种装置制备的气体较多，如 O_2、NH_3、CH_4 等。

使用这种装置时，铁夹应夹持在距离试管口 1/3 处，并将试管口稍向下倾斜，以防止水蒸气在管口冷凝后倒流入试管底部炸裂试管；胶塞上的导气管伸入试管中的部分不能太长，以刚露出胶塞为宜（若太长则不能将管内的空气排尽）；加入的固体药品应在试管底部铺平，从靠近管口一端开始加热，逐渐向后移动酒精灯；收集气体的方法分为排水法和排空气法。若使用排水法收集气体，气体收集完毕结束反应时，应先从水中撤出导管，然后撤去酒精灯，以防止水倒吸进入热的试管而引起试管炸裂。

（二）固体-液体不加热制备气体

该方法制备气体根据反应固体颗粒大小又分为普通装置（图 4-52）和启普发生器（图 4-53）。普通装置（通常是锥形瓶或抽滤瓶、试管作为反应装置）用于粉状或小颗粒固体与液体不加热制备气体，常用于制备 SO_2、C_2H_2 等气体。启普发生器用于大颗粒或块状固体与液体不加热制备气体，常用于制备 H_2、CO_2、H_2S 等气体。在此重点介绍启普发生器和简易启普发生器制备气体的原理和使用方法。

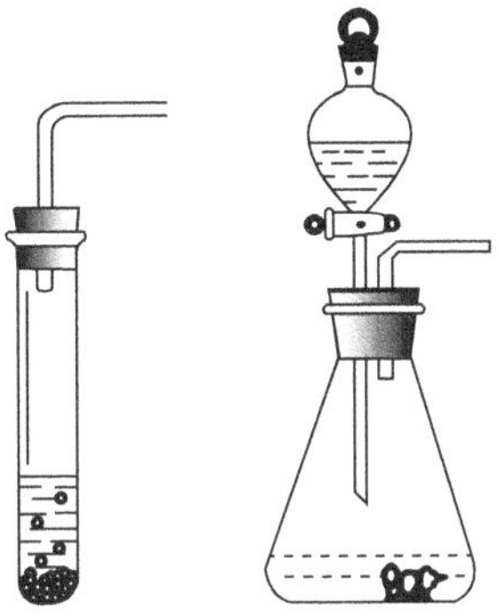

（a）　（b）

图 4-52　粉末固体-液体不加热制备气体装置

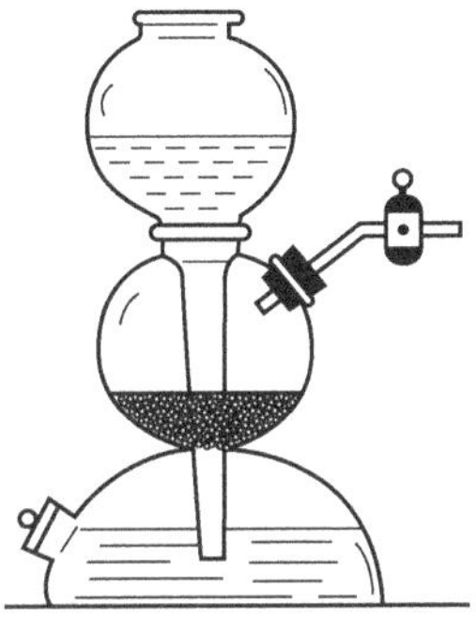

图 4-53　启普发生器

1. 启普发生器的原理

启普发生器是一种块状固体与液体反应，在不需要加热的条件下生成气体的气体发生装置。通过开启或关闭导气管上的活塞来控制球形容器内的气体压力，从而达到控制反应的发生或停止的目的。需要气体时，开启导气管上的活塞，球形容器内的气体压力下降，球形漏斗中高位液体流入球形容器中，与固体接触使反应发生；反之，关闭导气管活塞，新产生的气体使球形容器内的压力增大，液体被压回球形漏斗中，使液体与固体脱离接触，从而使反应自行停止。

2. 启普发生器的使用方法

（1）装配：在球形漏斗和玻璃旋塞磨口处涂上薄薄的一层凡士林，插好球形漏斗和玻璃旋塞，转动几次，使装配严密。

（2）检查气密性：开启导气管上的活塞，从球形漏斗口注入水至刚好淹没漏斗管的下口时，关闭导气管活塞。继续加入水，待水从漏斗管口上升到漏斗管内一定高度后，停止加水。静置片刻，如水面不下降，证明不漏气，可以使用。反之，则要找出原因，处理后才能使用。

（3）加试剂：在底座球形与半球形间的颈部先放些玻璃棉（或带小孔的橡皮垫圈），以避免固体药品（如锌粒）掉入半球体的底部，然后由气体出口加入固体药品（如锌粒）。固体的加入量不宜过多，一般不超过中间球体容积的 1/3 为宜，否则固液反应剧烈，液体会从气体导管冲出；再从球形漏斗加入适量的液态反应物。如果底座的半球形部分的容积较大，而所要制备的气体又不多时，事前可在半球形容器内填入玻璃珠、瓷环或玻璃棉，以节约液态反应物的用量。

（4）气体产生和终止：使用时，打开导气管活塞，由于中间球体内压力降低，液体即从容器底部通过狭缝进入中间球体与固体接触而产生气体。停止使用时，关闭活塞，由于中间球体内产生的气体的压力，将液体压回到球形漏斗中，使固体与液体不再接触而使反应停止。当需要气体时，只要再次打开导气管的活塞即可。使用非常方便，还可以通过调节活塞来控制气体的流速。

（5）添加或更换试剂：反应器中的液态反应物长期使用会变稀。需更换时，可先用塞子将球形漏斗上口塞紧，然后把液体出口的塞子拔下，让废液缓缓流出后，再塞紧塞子，拔下漏斗口的塞子，向球形漏斗中加入新的液体。需要更换或添加固体时，可先把导气管活塞关好，让液体压入半球体后，用塞子将球形漏斗口塞紧，再把装有导气管的橡皮塞取下，更换或添加固体。注意：在更换或添加药品后，如要点燃导气管口的气体，必须重新检验气体的纯度，待收集的气体纯净后才能直接点燃，否则就会引爆反应器内不纯净的易燃气体而发生危险。

3. 简易启普发生器的使用方法

简易启普发生器由一个大试管和长颈漏斗、玻璃弯管、有孔塑料隔板组合而成（注意：隔板不能太靠上，否则会增大液体的消耗，造成浪费），如图 4-54 所示。

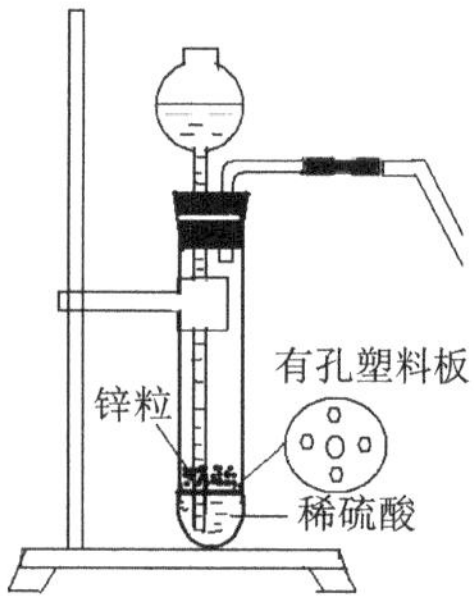

图 4-54　简易启普发生器

在使用简易装置时，长颈漏斗管的下口应伸入液面下，形成液封，以免气体从漏斗中逸出。将固体物质放在塑料板的上面，从长颈漏斗中加入液体，塞紧胶塞，产生气体，当需要终止气体时，将出气管的乳胶管用弹簧夹夹住（胶管要穿过弹簧夹），与启普发生器的原理相同，即可终止气体的产生。

（三）固体（液体）-液体加热制备气体

固体（液体）-液体加热装置所需仪器：铁架台、铁圈、铁夹、酒精灯、石棉网、烧瓶、分液漏斗、双孔塞、导管等。实验装置如图 4-55 所示。该装置可用于制备 Cl_2、HCl、NO、CO_4 等气体。

组装这套装置时，先由酒精灯的高度来确定铁圈的位置，放好石棉网后再把烧瓶固定在铁架台上。固体反应物放入烧瓶内，分液漏斗中盛放液体反应物，并使分液漏斗活塞上的凹槽与漏斗口上的小孔对准，以便液体顺利流下。

在此装置中，固体盛装在蒸馏烧瓶内，液体装在分液漏斗中。使用时，打开分液漏斗的活塞，使液体滴加在固体上，固体与液体反应产生气体（注意：如果液体是较浓的酸，则酸液不要装得太多）。

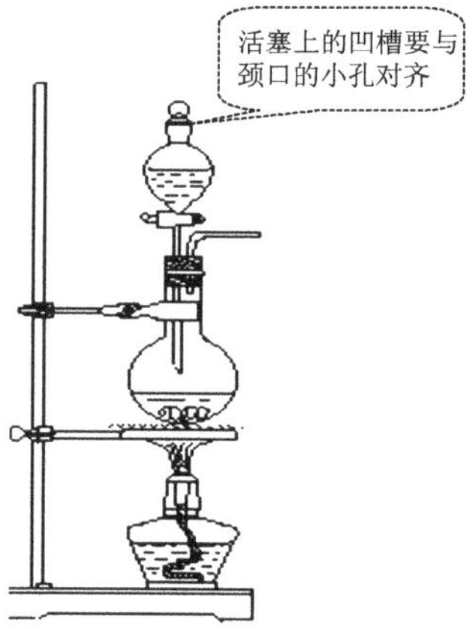

图 4-55　固体（液体）-液体加热制备气体装置

三、常见气体的收集方法

气体的收集方法一般根据气体的水溶性和与空气的相对密度而选择排水法或排空气法。

1. 排水法

用排水法收集气体，一般将开始排出的少量气体放掉，待气泡均匀排出后再收集。排水法收集气体的优点是：气体纯度较高，且容易判断是否已盛满。用排水法收集气体时常用集气瓶收集，在收集气体时应注意：**将玻璃片的毛面与集气瓶口的毛面接触**，避免光面接触，玻璃片滑落。

难溶于水的气体如 H_2、O_2、NO、CH_4、C_2H_4、C_2H_2 等可以用排水法收集（图 4-56）。易溶于水的气体不能用排水法，应当用排空气法收集。密度小于空气的气体用向下排空气法收集，密度大于空气的气体用向上排空气法收集。

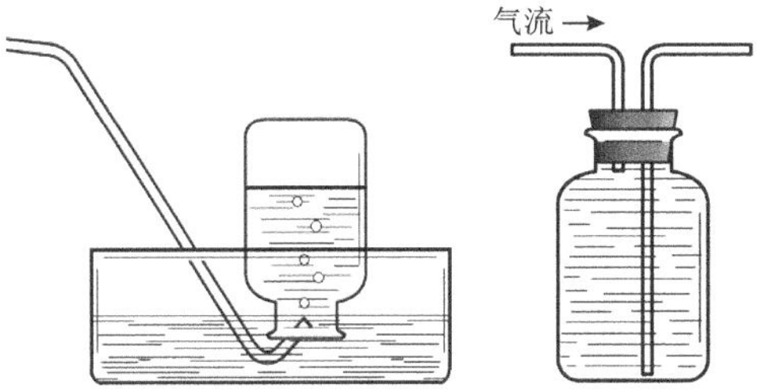

图 4-56　排水法收集气体

2. 向下排空气法

向下排空气法的具体操作是将集气瓶倒立，口向下，底朝上，导气管由下向上伸入瓶底（图 4-57）。这种方法可用于收集 H_2、NH_3、CH_4 等气体。使用这种方法时要在瓶口放一团棉花，以减缓气体排出的速度。

3. 向上排空气法

向上排空气法与向下排空气法正好相反，集气瓶正立于实验台上，瓶口向上，盖上毛玻璃片，收集气体时，将毛玻璃片推开一条缝隙，导气管由上向下伸入瓶底（图 4-58）。向上排空气法用于收集比空气重的气体，如 CO_2、H_2S、Cl_2、HCl、SO_2、NO_2 等。

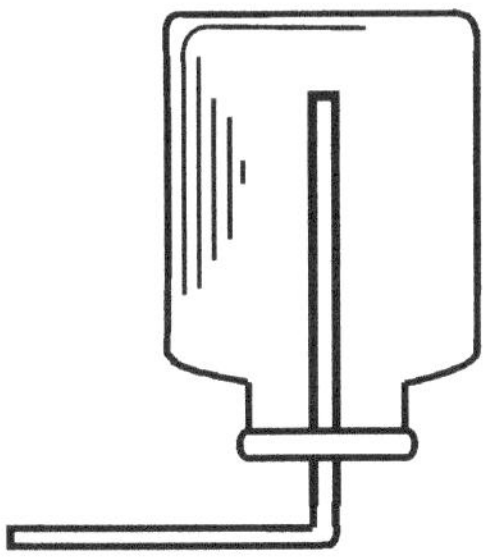
图 4-57　向下排空气法收集气体

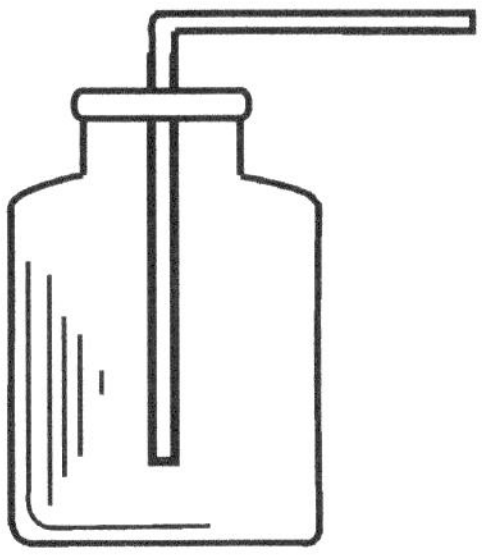
图 4-58　向上排空气法收集气体

用排空气法收集气体时，瓶内气体是否已集满，可根据气体的特性进行检验。例如，收集二氧化碳时，可用燃着的木条伸到瓶口，若木条火焰熄灭视为已满；收集氨气时，可用润湿的红色石蕊试纸检验。排空气法收集气体的操作较简便，但所收集的气体纯度不够高。

四、尾气吸收和气体净化

实验室常见气体大部分是有毒有害的，为了避免对环境造成污染，必须将有毒气体处理或回收利用。另外，当制备的气体中杂质对实验有干扰时，需要净化气体以去除杂质。

无论是尾气处理还是气体净化，都是为了去除不需要的杂质气体或有毒气体。其处理的原理都是相同的，就是让有毒气体或杂质气体与某种物质反应，选择什么方式和装置来净化或消除气体，要根据气体的性质来决定。

1. 尾气的吸收

在水中溶解度不大的气体，直接将导气管插入吸收液中即可[图 4-59（a）]。例如，为防止 Cl_2 和 H_2S 逸入空气中造成污染，可将 Cl_2 由导气管通入 NaOH 溶液以吸收尾气，将 H_2S 由导气管通入 $CuSO_4$ 溶液以吸收尾气。

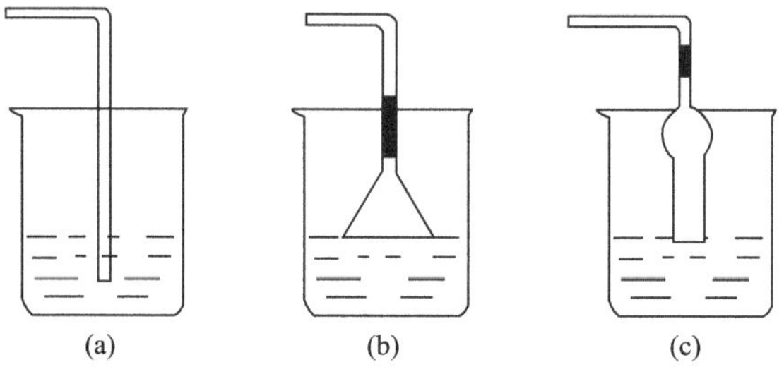

图 4-59　尾气吸收

溶解度大的气体必须用面积比较大的仪器，如倒置的小漏斗或干燥管以防止液体倒吸[图 4-59（b）和（c）]。例如，用水吸收 HCl 气体时，应在通 HCl 气体的导管末端接一个倒置的小漏斗或干燥管，并且使漏斗或干燥管的边缘刚没入水面下，这样当 HCl 被吸收时，如液体上升到漏斗或干燥管中，由于漏斗或干燥管的容积较大，烧杯中液面下降，漏斗或干燥管口脱离液面，由于重力的作用，漏斗或干燥管中的液体又流回烧杯内，使 HCl 充分吸收又防止倒吸。

2. 尾气的点燃

对于可燃性有毒气体的尾气的处理，可以通过点燃使其生成无毒害性的气体，如 CO 等（图 4-60）。

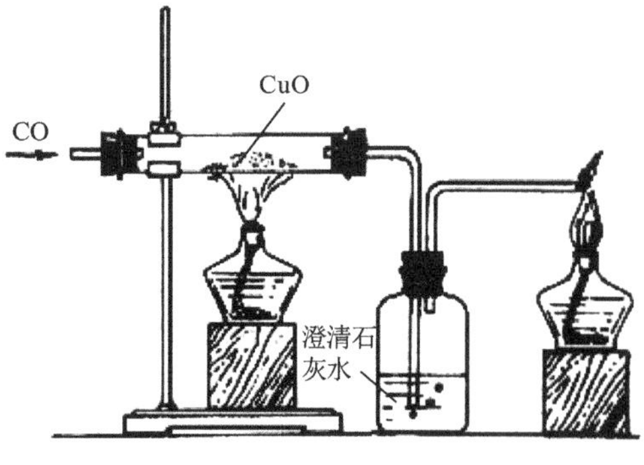

图 4-60　尾气的处理

3. 气体的净化

根据气体的性质，可以通过液体试剂吸收或固体试剂吸收来达到去除杂质的目的，还可以通过化学反应来达到净化的目的。常用的净化气体的装置见图 4-61。图 4-62 是氯气的制备、净化和收集装置，该装置的净化是将氯气通入饱和食盐水（为什么？）去除氯气中的氯化氢，用浓硫酸去除水蒸气达到净化的目的；当气体易溶于水时就只能通过固体物质来吸收杂质，其装置见图 4-63；图 4-64 是除去氧气中一氧化碳的装置。

图 4-61　气体净化、检验装置

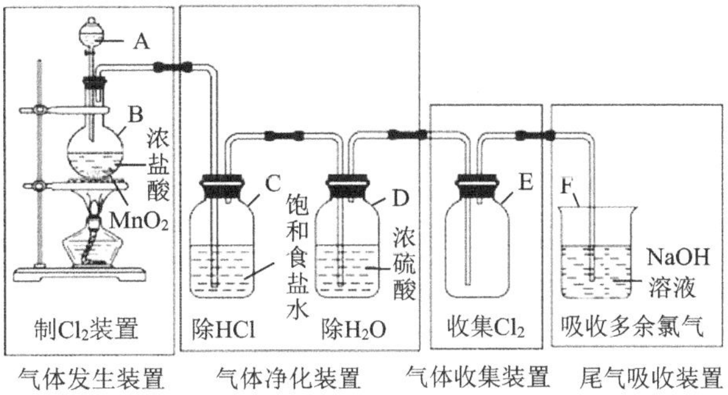

图 4-62　氯气的制备、净化和收集装置

图 4-63　固体试剂净化气体装置

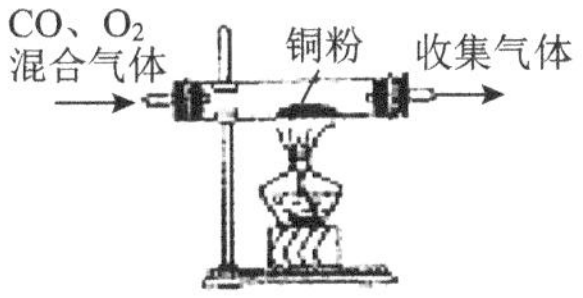

图 4-64　通过反应净化气体装置

五、常见制备装置气密性的检验方法

无论采用哪种装置制取气体，在成套装置组装完毕装入反应物之前，必须检查装置的气密性，以确保实验的顺利进行。检验装置气密性采用的一般方法是：通过气体发生器与附设的液体构成封闭体系，依据改变体系内压力时产生的现象（如气泡的生成、水柱的形成、液面的升降等）来判断装置气密性的好坏，通常有以下方法。

1. 气体受热膨胀法

气密性检验原理：利用气体热胀冷缩的性质进行气密性的检验，即利用密闭体系中温度升高，气体膨胀体系内压力增大，使体系中的气体溢出（或冷却后体系中气体体积变小，压力变小使水倒吸）。

具体操作方法：把导管口的下端浸入水中，用双手紧握试管。如果观察到导气管口有气泡冒出，则证明装置不漏气，反之则漏气。若外部气温较高、实验现象不明显时，可以用酒精灯对试管底部微微加热，观察撤走酒精灯后，导管中能形成一段水柱，并且一段时间不下降，说明气密性好，如图 4-65 所示。

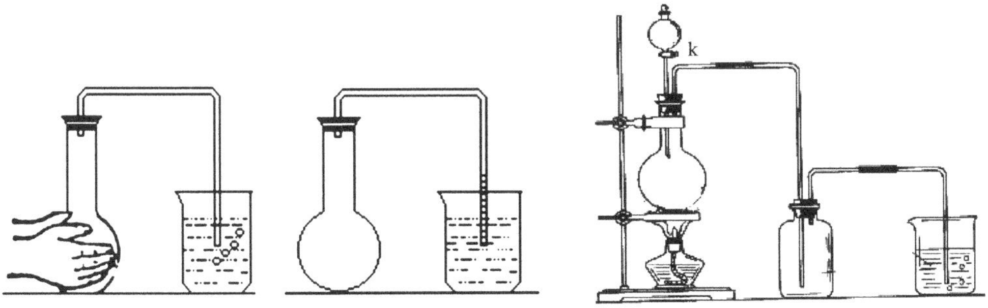

图 4-65　气体受热膨胀法检查气密性

2. 注水法

检验原理：密闭体系中压力是一定的，通过注入水缩小气体体积，增大体系中的压力，从而产生液面差，以此来检验装置的气密性。

检验方法：用漏斗加入一定量的水，使漏斗的下端管口浸没在液面以下，夹紧弹簧夹（或关闭活塞），再加入少量的水，直至形成液面差时，停止加水，观察水柱高度保持不变，说明该装置不漏气（注意：加水的量一定是在漏斗颈的中部，这样才能发现微小的漏气的情况），如图 4-66 所示。

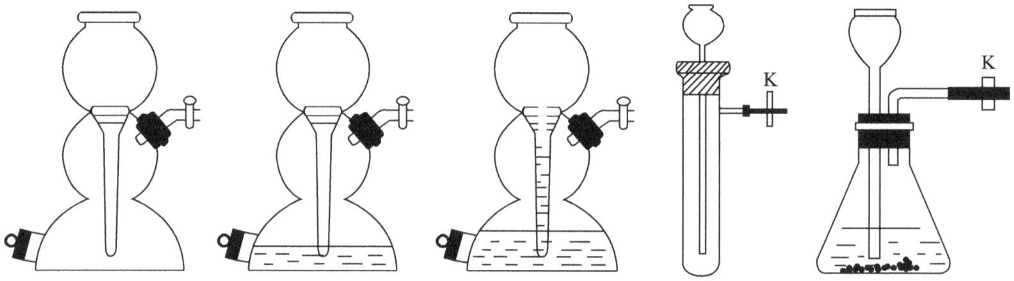

图 4-66　注水法检查气密性

3. 充气或抽气法

充气或抽气法通常用于加液的仪器，如漏斗的实验装置气密性的检查。

检验原理：通过增加或减小装置内气体的量，增大或减小压力，使容器中导管水柱上升，或使气体通过漏斗进入容器。

检验方法：封住装置的其他出口，然后从漏斗注入一定量的水封住漏斗口，将出气的导气管与注射器吸入口连接起来，以使装置密封，外拉（或向内推）注射器活塞。当向外拉注射器时，如果装置不漏气，由于装置内气体的量减少，气压减小，因而可以观察到漏斗口有气泡[图 4-67（a）]；当向内推注射器时，如果装置不漏气，装置内气体的量增加，导致气压增大，可以观察到漏斗管内形成一段稳定的水柱[图 4-67（b）]。

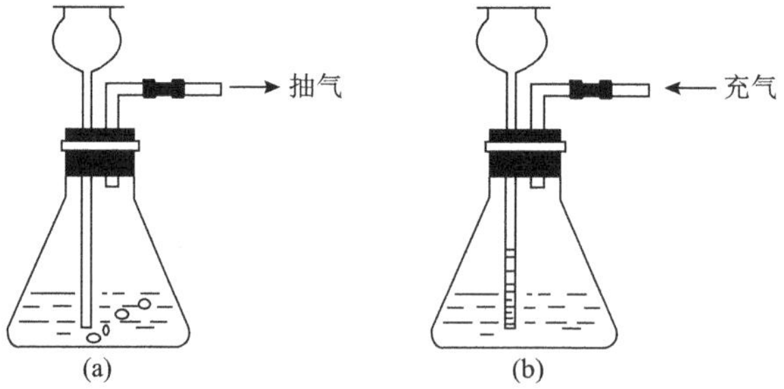

图 4-67　充气（抽气）法检验气密性

第三节　化学实验装置的绘制方法介绍及教学策略

绘制化学仪器和实验装置图是用以表示仪器的形象、用途、装配、组合形式和实验操作方法。通常一幅准确完整、图形逼真的仪器装置示意图，既能表明化学实验的步骤顺序、化学反应原理及反应条件，又可传授实验技能，帮助学生理解和掌握有关的化学知识，使实验进行得有条不紊，步骤正确、结果良好。因此，作为教师应当掌握这一技能，同时还需要掌握好传授这一技能的教学方法。

一、常见仪器图的种类

在化学教学中，仪器装置图的绘制最常见的有：平视图（或称平面图）和立体图（以集气瓶为例），如图4-68所示。由于立体图在绘制时比较麻烦，在必要时才用这种绘制方法，一般情况下仪器及装置的绘制多采用平视图。

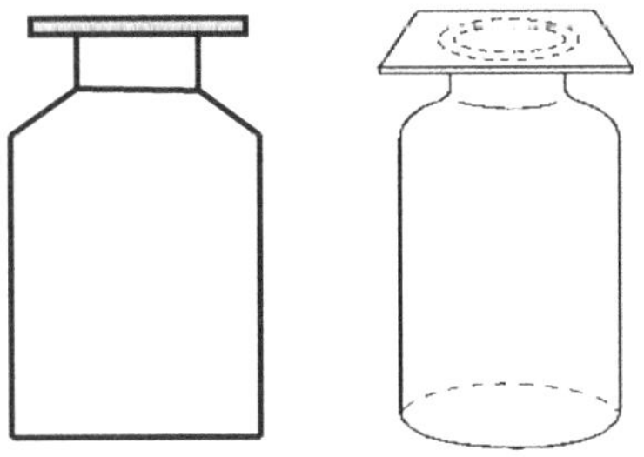

图4-68　平视图和立体图

二、绘制化学仪器和实验装置图的基本方法

（一）仪器绘制技巧

化学实验中所用的仪器大多是轴对称的“旋转体”，造型多是由简单的几何形体组成。例如，烧杯是由空心圆柱体组成；试管是由空心圆柱体和空心半球体组成；圆底烧瓶、平底烧瓶、蒸馏烧瓶、容量瓶、烧瓶、干燥管、分液漏斗等是由空心圆柱体和空心球体组成；漏斗、锥形瓶、滴定管等是由空心圆柱体和空心圆锥体组成；等等。绘制时，要抓住这些几何体的主要点和线，根据它们的比例大小，把轮廓线连接起来，就可以绘制出仪器的平视图。

绘图时，按照先画左、再画右、再封底、最后封口的顺序，就可以画出它们的图形。

绘制仪器的主要线条有实线和虚线两种。

实线：主要用于绘制仪器的轮廓和液面。要求均匀、光滑、纤细。

虚线：是长短不一的断线，主要是绘制液体。断线的上下空隙要错开，靠近液面的断线应短而密，远离液面的断线可以稍长和稀疏些。

（二）单件仪器的绘制方法和步骤

化学仪器的绘制方法可根据仪器形体结构的简单与复杂，大致分为以下几种。

1. 简单单件仪器的绘图方法

绘制单件仪器的方法和步骤是根据其几何特征，先用虚线确定其对称轴和轮廓，再仔细画出仪器的形状。画法上有以下技巧。

（1）先轮廓后细描：如画圆底烧瓶，先画烧瓶的空心球，再轻轻画出它们的轴心线（对称中心线)、烧瓶的上颈部的轮廓，最后深描画出整个仪器的形体。其顺序如图4-69所示。

（2）先上面后下部：如画短颈漏斗，应先画上面的空心圆锥体，后画下部的空心圆柱体。其顺序如图4-70所示。曲管、酒精灯及长颈漏斗的绘制方法也属于这类，如图4-71所示。

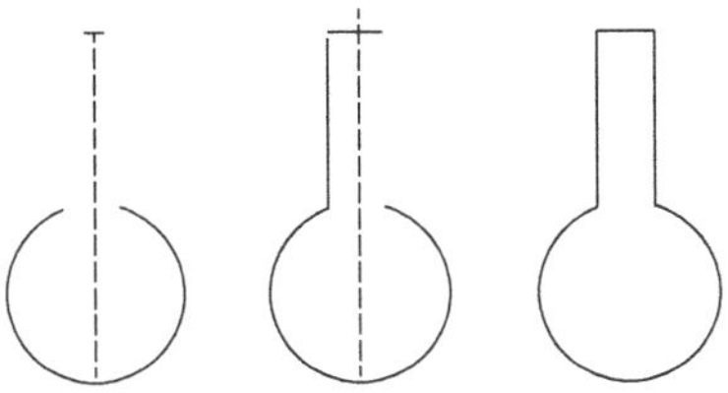

图4-69　烧瓶的绘制方法及步骤

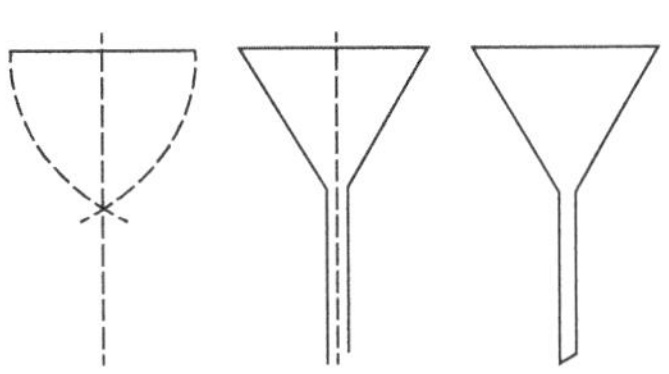

图4-70　漏斗的绘制方法及步骤

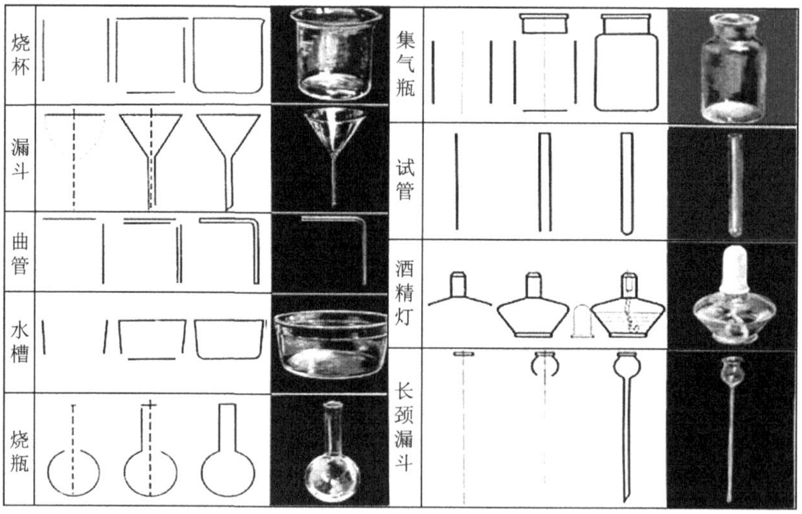

图 4-71　仪器的绘制方法图集 1

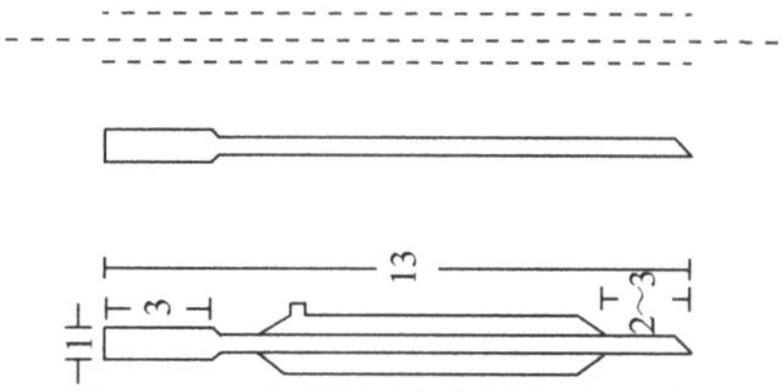

图 4-72　冷凝管的绘制方法及步骤

（3）先竖线后横线：如画烧杯，同样先用虚线在竖直方向确定对称轴，再在对称轴的两侧对称地画两条直线，然后依次画出烧杯的底和上沿。其步骤如图 4-71 所示。其他的仪器如水槽、试管和集气瓶等，其步骤如图 4-71 所示（绘制图时按照图中数字比例进行描绘）。

（4）先里后外：对于稍微复杂的化学仪器，如冷凝管，首先要确定轮廓，然后按照先里后外的顺序进行绘制，其步骤如图 4-72 所示。

其他实验器材如瓶塞、石棉网、导管、铁夹和铁架台等的绘制方法见图 4-73。

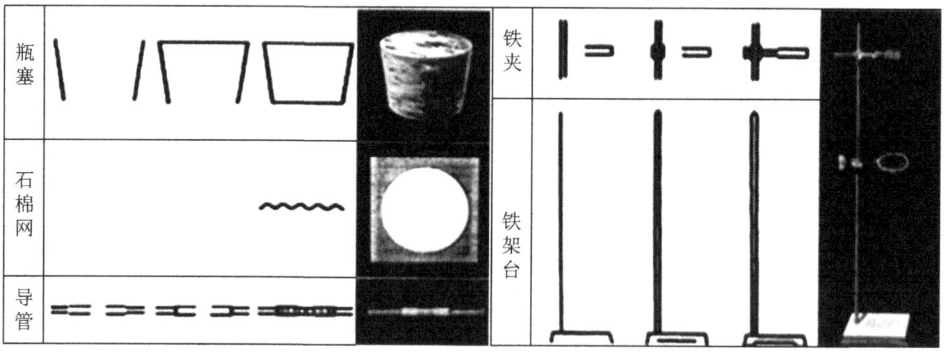

图 4-73　仪器的绘制方法图集 2

2. 复杂仪器的绘图法

绘制比较复杂的仪器如启普发生器、干燥器、干燥塔、洗气瓶等时，可按下列三步进行。

（1）观察分析：观察分析就是观察仪器外形的高宽度，估计出各部分的大小比例，分析它们的几何形体的组成部分。例如，启普发生器是由球形漏斗、容器和导管三部分组成。球形漏斗的几何形体基本上是由空心球体和空心圆锥体组成；容器部分是由空心球体和半空心球体组成。球形漏斗的空心球体部分约占整个仪器高度的 3/8，而容器部分的球体和半球体分别约占总高度的 3/8 和 2/8。启普发生器的高宽之比约为 8∶5。

（2）测点定位：根据上一步的观察分析，选择出仪器的主体部分并确定出轮廓外形的各个主要点的位置。

（3）起稿描画：用铅笔将确定外形轮廓的各点连接起来，勾出图形的大体轮廓，画出草图。复杂仪器图除了参照上述有关步骤外，还应遵循先画主体仪器，后画辅助器件分步完成的原则。完成草图后，再描深轮廓线。起稿作图线、辅助线以及对称图形中的轴心线，在图形画成后立即擦掉，如图 4-74 所示。

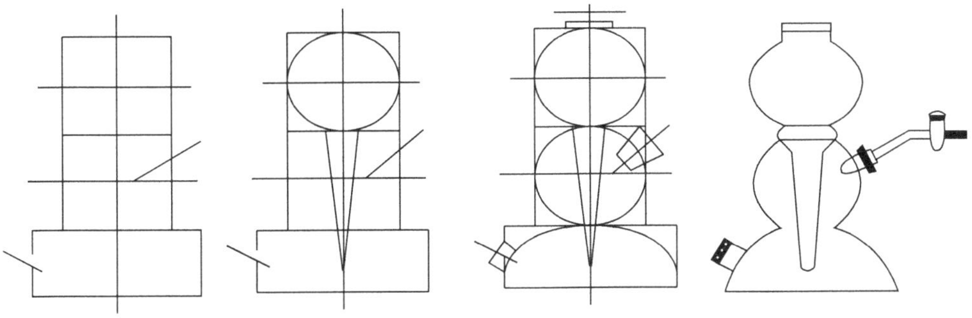

图 4-74　复杂仪器的绘制方法

（三）化学实验装置图的绘制方法和步骤

绘制整套仪器装置图，除要示意出仪器的外形，还要表达出它们所处的位置和作用。应先考虑整体上的布局，然后分开画各组成部分，绘制时还要注意主要线段和次要线段的粗细、虚实应有别。一般绘制仪器可分为以下三步。

（1）观察分析：先观察仪器的外形高度和宽度，估计各部分的大小比例，再分析它的几何形体的组合性质，最后注意装配方法和外形构造特点，对酒精灯来说要注意画灯帽。

（2）测点定位：分析主次，选择其中最典型的部分，决定轮廓外形的各个主要点的位置。

（3）起稿描深：用轻而细的线连接各相应测点，勾出图形的大体轮廓。然后认真地勾深，描绘所画对象的图形。

绘制仪器装置图，应遵循下列原则：先画主体仪器，再画辅助仪器，最后进行连接。常见的仪器装置图从组成结构上分为两种情况：上下结构和左右结构。具体绘制步骤可根据仪器装置的结构组成情况来确定。

案例 4-1　实验室制取氯气装置图的绘制

实验室制取氯气装置的主体仪器由分液漏斗、圆底烧瓶和酒精灯组成。绘制时依次由上到下分别画出，主体仪器绘制完后，再绘制铁架台确定整个画面的水平线，然后画集气瓶、烧杯，最后用导管连接，如图 4-75 所示。

案例 4-2　实验室制备氧气装置图的绘制

实验室制备氧气装置的主体仪器由大试管、酒精灯和木垫板组成。绘制时，首先由上至下绘制主体仪器：大试管、酒精灯和木垫板，然后确定水平面，再依次画出铁架台、集气瓶、水槽，最后绘制出胶塞和导气管，如图 4-76 所示。

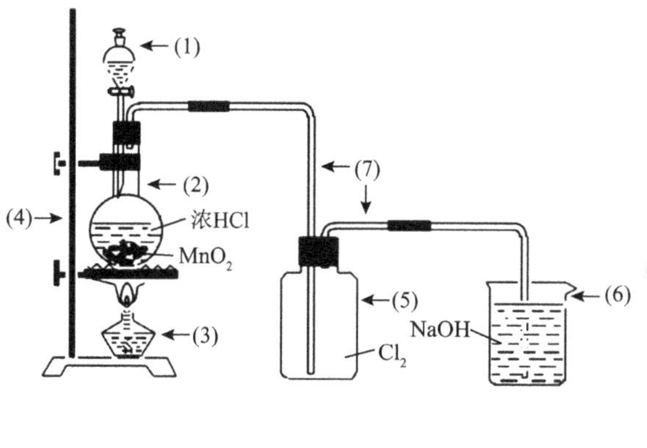

图 4-75　氯气制备装置绘制顺序

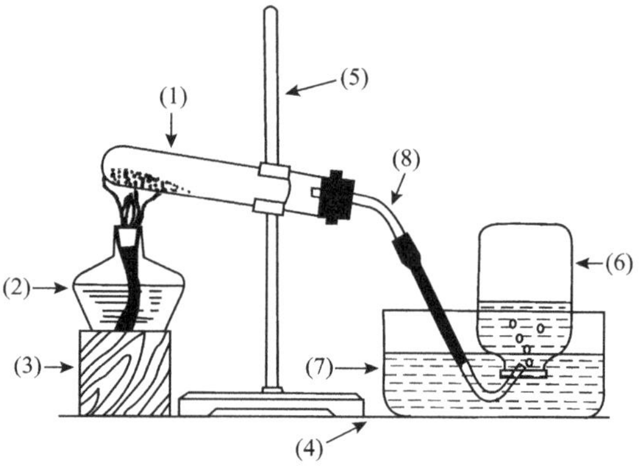

图 4-76　氧气制备装置绘制顺序

三、用计算机自带绘图软件绘制化学实验装置图的方法和步骤

目前用计算机绘制化学仪器图，常用的绘图工具有化学金牌、ChemDraw 软件、嘉科化学专家、化学绘图板-Word 版等。由于自身设计的缺陷，有的绘图软件用起来并不快捷，操作不够方便，有的软件画出来的图不太漂亮，或多或少都有一定的局限性。为了解决用计算机绘制化学实验仪器或装置图的这些问题，喜欢绘画的学生可以采用 Windows 画图板绘制一些单个的化学实验仪器图或常用的仪器组合图，并以图片的格式复制到一个 Word 文档中分类保存起来，使用时再按需要调集出来，把它复制到 Windows 画图板中重新组合。

（一）单个仪器的绘制方法和步骤

1. 直角导气管的绘制方法

首先打开画图板→选择“圆角矩形”按钮画出一个圆角矩形→根据导管的粗细在这个矩形框中再画一个圆角矩形→用“选定”按钮将不要的部分选定后删除（或用“橡皮擦”擦去），就得到需要的导管。具体的绘制方法和步骤如图 4-77 所示。

图 4-77　直角导气管的绘制方法

2. 集气瓶的绘制方法

同上，首先选择“圆角矩形”按钮画出一个圆角矩形→用橡皮管擦掉上面的直线→用“直线”按钮依次画出广口瓶瓶身和瓶口→用“矩形”按钮画出一个很扁的矩形作瓶口的檐→集气瓶即完成。具体的绘制方法和步骤如图 4-78 所示。

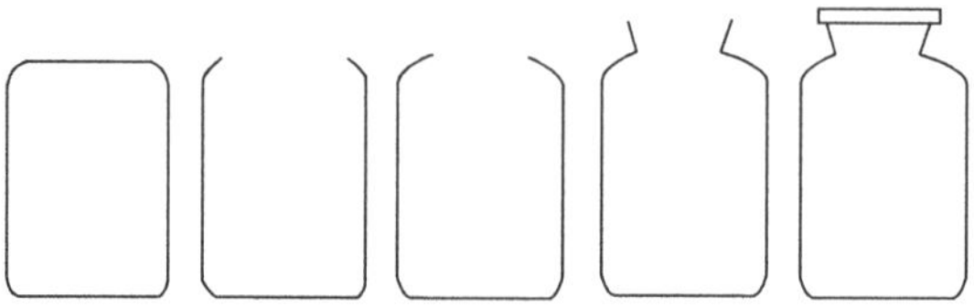
图 4-78　集气瓶的绘制方法

3. 分液漏斗、烧瓶和锥形瓶的绘制方法

分液漏斗、烧瓶和锥形瓶的绘制：依照前面的方法，选择需要的按钮进行绘制。方法和步骤如图 4-79 所示。

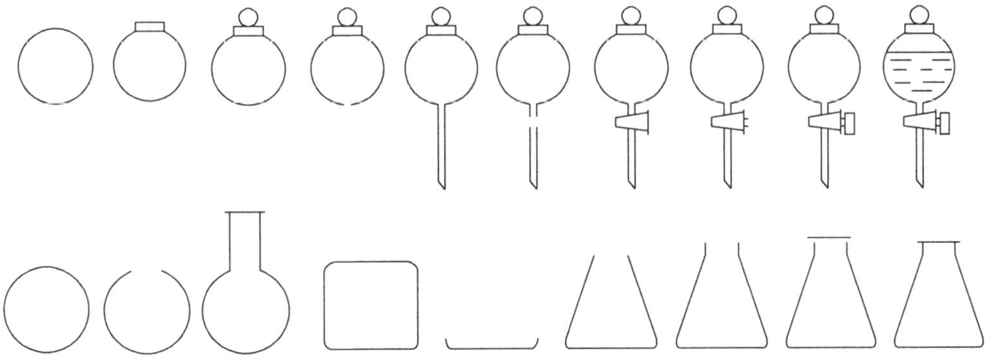

图 4-79 分液漏斗、烧瓶和锥形瓶的绘制方法

4. 干燥管和酒精灯的绘制方法

干燥管的绘制方法：选择“椭圆”按钮画两个同心圆→用“选定”按钮选定上边一半并删除（或用“橡皮擦”按钮擦去）→用“直线”按钮绘制出干燥剂，即完成（图 4-80）。

酒精灯的绘制方法同前述方法，最难部分是灯芯。其绘制方法是：用“曲线”按钮自上而下画出一条斜线→用光标在曲线中部的左侧点一下使其先向左侧弯曲→将鼠标放在曲线的右下部并按住鼠标左键拖动鼠标直到把曲线拉成灯芯的自然弯曲状为止→按同样方法画同样一条曲线并与上一条曲线走向一致→用“直线”按钮画出灯芯线的螺旋缠绕效果即完成（图 4-80）。

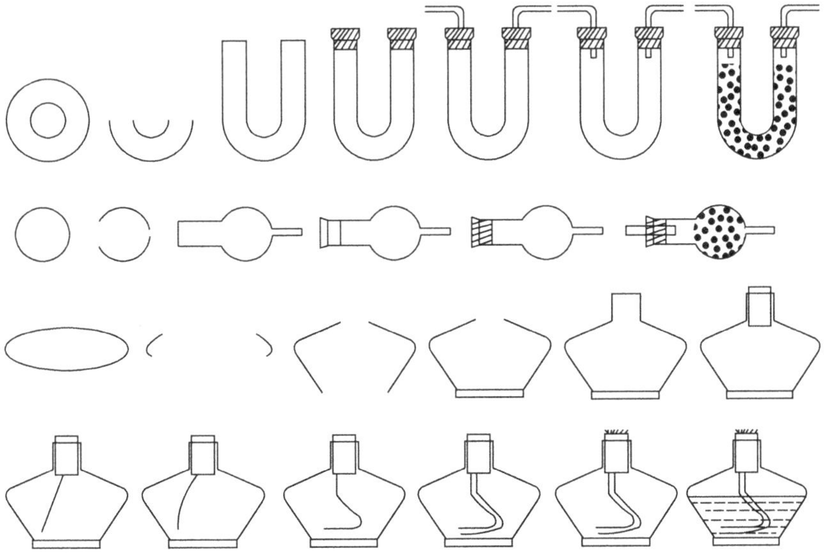

图 4-80 干燥管和酒精灯的绘制方法

（二）实验装置的组合方法

实验仪器装置的绘制可以通过将单一的仪器根据需要在绘图板中组合起来。

1. 集气瓶和洗气瓶仪器装置的绘制方法

在图库中将前面绘制的广口瓶和导管分别复制到“绘图板”中→用“直线”按钮画出胶塞→根据需要用“选定”按钮选定后移动到广口瓶胶塞的相应位置→用“矩形”按钮（也可用“直线”按钮）画出瓶内直角弯管的长管→用“直线”按钮绘制出液体。绘制步骤和方法如图 4-81 所示。

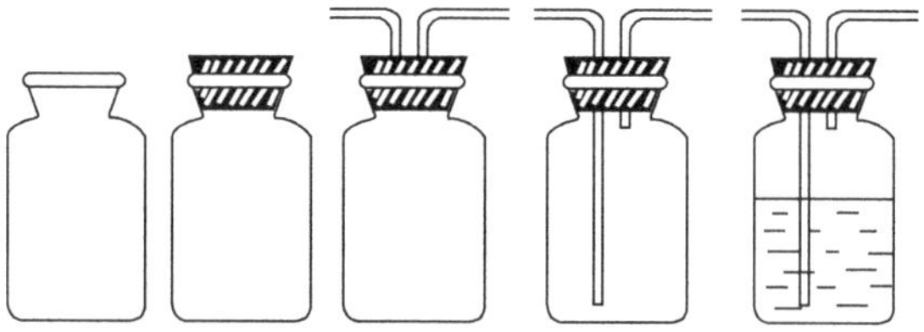

图 4-81　集气瓶和洗气瓶的绘制方法

2. 固-液（液-液）反应装置的绘制方法

固-液（液-液）反应装置的绘制：同样用上面的方法组合绘制，如图 4-82 所示。

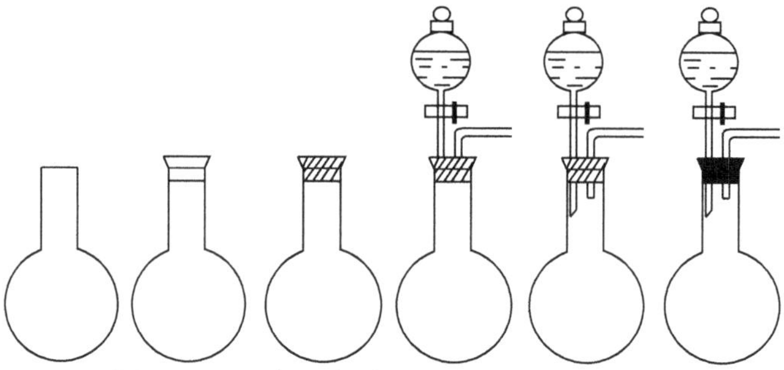

图 4-82　固-液（液-液）反应装置的绘制方法

安装分液漏斗和直角弯管时瓶内部分和瓶外部分要分别组装，否则选定区域会相互遮挡。应当先绘制分液漏斗，再安装直角弯管，最后画胶塞。胶塞可以绘制成阴影的梯形，也可画成全黑的梯形，中间用橡皮擦擦出一条白线（瓶沿反光处），使效果更逼真。

实验仪器图库建立要注意的问题：

（1）绘制好的单个仪器以图片形式分类储存在同一个 Word 文档中，组成化学实验装置图库，如反应装置（图 4-83）、洗气装置（图 4-84）、量气装置（图 4-85）、防倒吸装置（图 4-86）。

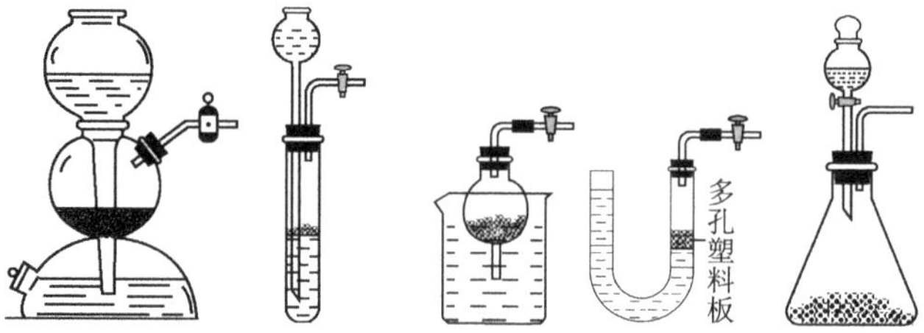

图 4-83　反应装置

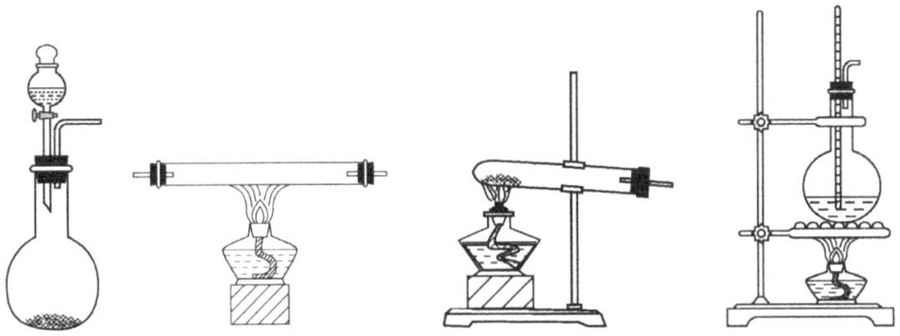

图 4-83（续）

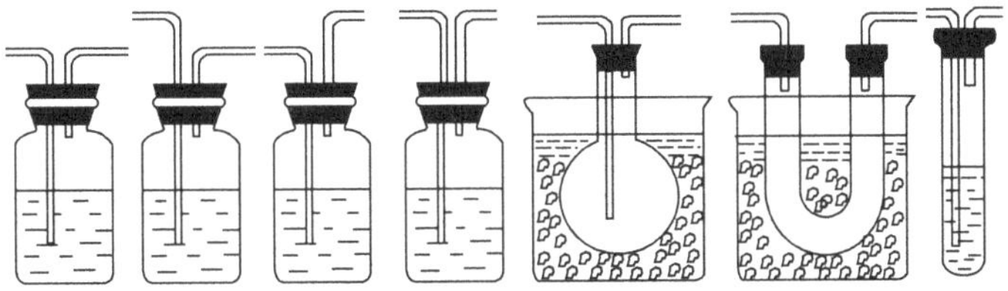

图 4-84　洗气装置

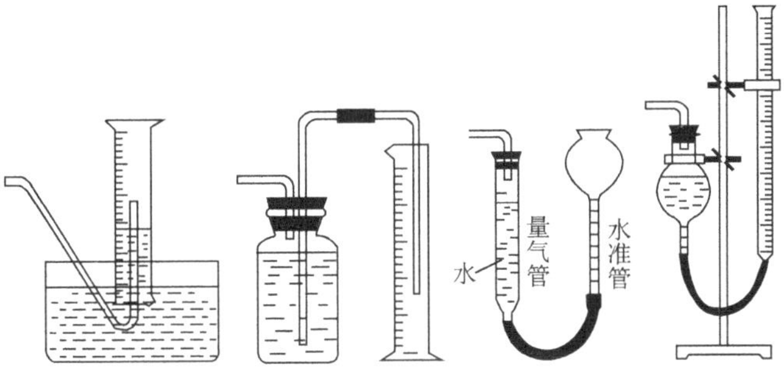

图 4-85　量气装置

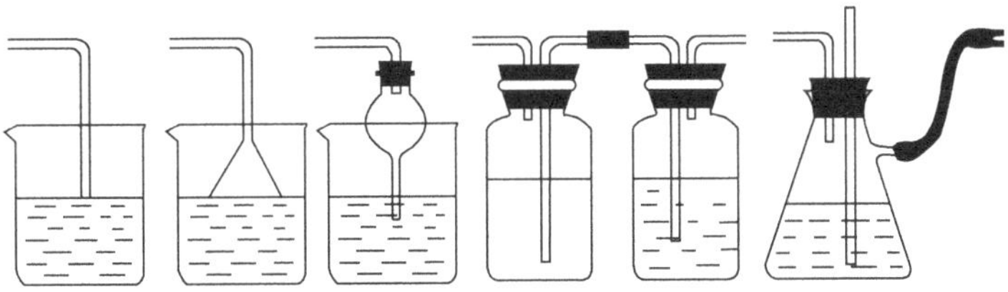

图 4-86　防倒吸装置

（2）所有仪器都要符合实物的大小比例，最好对照实物或教材上的标准图片进行绘制。

（3）为了使用方便，常用的仪器的图片都最好画成组合图。例如，将广口瓶、双孔塞、直角弯管组合成洗气瓶，烧瓶、分液漏斗、双孔塞、直角弯管组合成固-液（或液-液）反应装置。使用时只需用“直线”按钮，选择较粗的线条画出乳胶管，将各仪器图片连接起来即可。

（4）各接口的高度、宽度要统一。根据需要可以设计成不同高度接口的洗气瓶，这样在需要连接不同高度接口的仪器时可以根据需要来选择用哪种仪器，如图 4-87 所示。

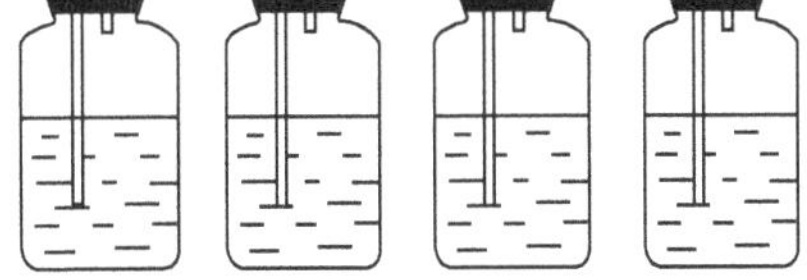

图 4-87　不同高度接口的洗气瓶

四、绘制仪器装置图的基本要求

1. 比例合理，画法一致

比例合理要求单件仪器各部分和整套装置中各件仪器大小比例合理；所画图形与仪器实物的大小比例合理。例如，一般圆底烧瓶的上颈与下球两部位的高度比例以 1∶1 为宜，而颈的口径与球体的直径以 1∶3 为宜。又如，一般试管的口径与长度的比例以 1∶6～1∶7 为宜；而大试管的口径与长度以 1∶10 为宜。整套装置中各件仪器和配件的大小要协调、适中，要给人以美感。画法统一要求同一个装置图的画面里不能出现两种或两种以上的投影画法。

2. 仪器规范，图形正确

仪器规范主要是指要显示仪器的特性。例如，用来配制溶液的容量瓶应是带有磨口瓶塞的细长颈、颈上有标线的梨形的平底玻璃器皿。因此，在绘制容量瓶时，一定要把它的特征绘制出来。

图形正确是指仪器的放置（正放、倒放、横放或倾斜一定角度）、各件仪器的连接和布局的相对位置及彼此间的比例、连接仪器使用的导管的长短和弯曲度、塞子塞入容器口、导管插入溶液或器皿中的深度、热源加热的部位、气体或液体产物的收集方法、蒸馏装置中温度计插入的部位、试管夹或烧瓶夹固定试管或烧瓶的部位、遮挡的部位不能画出等，都应准确无误。例如，图 4-88 的装置就出现了图形违反科学原理的错误：①按照立体几何知识与构图原理，图中 A 处不应该画出铁架台的铁杆，因为那部分是被试管挡住的；②试管夹的位置明显大于距管口 1/3；③加热固体物质，试管口应向下。

绘制仪器装置图不是剖面图而是平视图，在绘制时要清楚。例如，氢气的制备装置，锌粒装在启普发生器的中间球的下部，若从正面看是不能看到漏斗管的，而在图 4-89 中，出现了构图原理错误，A 处的玻璃管应是被锌粒挡住的，不应该露在外面。

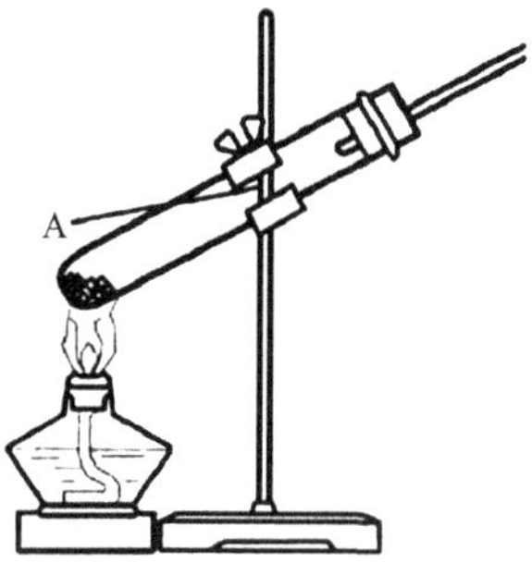

图 4-88　违反科学原理的图形

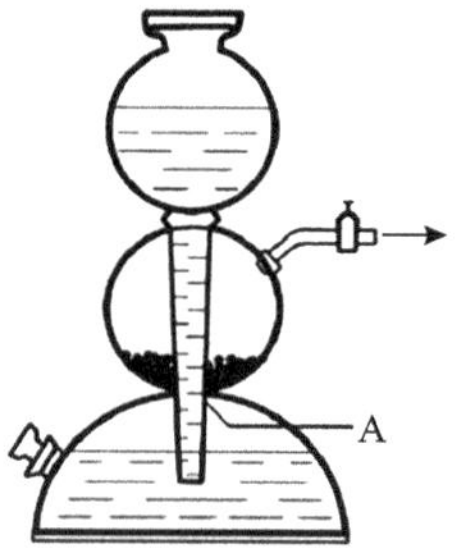

图 4-89　构图原理错误的图形

3. 画图完整，示意合理

画图完整是指在绘制单件仪器或整套实验装置图中，应有的附件或辅助器具不要有失误或疏漏。例如，画图时反应器皿中溶液和固体物质的量、水槽中水的量、酒精灯中酒精的量、洗气瓶中气体洗涤液的量等，这些量的多少要合乎实际要求。

示意合理是指要根据具体实验所用装置，正确地指示出实验选择的最佳装置。例如，实验中用的酒精灯中的酒精量一定要按照装酒精的正确量进行绘制，不能多于 2/3 或少于 1/4。

4. 线条清晰，画面整洁

所画线条要横平竖直，清晰可见，粗细均匀；粗实线、细实线、虚线的使用要恰当；导管的弯头和接头要光洁圆滑。所绘制的图面要整齐、清洁、无乱涂乱改的痕迹。

五、学生化学实验仪器绘制技能训练的教学策略

化学实验仪器及实验装置图表达仪器形象、装配与组合形式及实验操作方法。绘制典型的实验仪器装置图的能力是教师实验教学能力的一个重要方面。绘制规范、美观的化学实验仪器装置图是化学实验的基本技能之一。在教学中，通过实验仪器装置图的绘制方法的教学，学生绘图能力得以提高，具备一项较好的化学实验基本功。同时，通过绘制学习过程中对仪器实物的观察和绘图，学生又能够加深对仪器构造与用途的了解，巩固对装置组合原理与应用的认识，强化相关实验操作知识，促进观察能力和形象思维的发展，训练心、眼、手的配合，激发学习化学的兴趣。因此，在教学中，教师要结合教学内容，根据学生的知识和能力水平，遵循有关原则，采用灵活的、有效的教学方法训练学生绘制化学仪器装置图的能力。

1. 化学实验装置图绘制的教学原则和方法

对学生进行仪器装置绘制的教学时，要遵循直观性、渐进性、渗透性原则，并依据此原则来确定教学方法。

（1）直观性：观察、理解仪器的构造，丰富感性认识。装置图绘制教学要遵循直观性原则。首先，要引导学生观察仪器和装置的外观与内部结构，指导学生通过观察，丰富感性认识，理解仪器的构造原理；然后引导学生分析、总结出仪器的共同性和特殊性。共同性：一般化学实验仪器都是由简单的几何形体组成；特殊性：试管是由空心圆柱和空心半球体组成；烧瓶、干燥管是由空心圆柱体和空心球组成；漏斗、锥形瓶、滴定管是由空心圆柱体和空心圆锥体组成。明确仪器的对称性、各部分切面的几何图形、曲线走向和直线与曲线自然过渡方式，抓住几何体的主要点和线就可绘制出它们的图形。

（2）渐进性：由简到繁、由局部到整体，注重引导。装置图绘制教学要遵循渐进性原则。教学时，要注意先从单个、简单的仪器着手进行方法介绍，然后介绍装置图的绘制方法和组合步骤，即由简单到复杂、由局部到整体，引导学生扎扎实实、循序渐进地掌握制图的基本程序、方法和技巧。

（3）渗透性：多模式、多途径教学，润物无声。仪器图的绘制技能不是一朝一夕就能练就的，要遵循渗透性原则。在教学中，除采取专题教学形式引导学生入门外，更重要的方法是将此技能的训练教学穿插和渗透在其他化学教学内容之中，采用边讲边画图的方法，这种语言和图形结合的方法形象直观，是培养学生绘图能力的一种有效措施，能使学生经常受到技能训练，在不断训练、巩固中提高能力。

2. 化学实验装置图绘制的教学步骤和方法

对学生进行化学实验仪器绘制技能训练教学，根据教学原则来确定训练的内容和步骤。可以将训练内容确定为简单仪器和复杂仪器的训练，进行分步训练。教学方式应该多种多样，不拘于一种形式，可以是学生在理解实验原理和步骤的基础上由教师先在黑板上示范，学生临摹，然后本着科学、规范、美观的原则共同总结、提炼出方法；也可以请具有一定美术功

底的学生上台绘制，然后大家评价、提出修改意见，最终总结出绘制方法。

3. 化学仪器绘图板的制作

为了提升学生的绘图技能，提高效率，节省绘图时间，并使仪器图形规范化，符合科学道理和整洁美观的原则，可以让学生自己制作化学仪器绘图板。用较硬的塑料板、有机玻璃板、硬纸板等，将常用的仪器画在板上，然后用刀子按照图上所划的线条进行雕刻，将所有绘制有仪器（或标有编号的部位）的部分挖空去掉，就可制得一块化学仪器绘图板。图 4-90 和图 4-91 就是两种格式的绘图板，图 4-90 稍简单，图 4-91 稍复杂，图形更多。利用自制的绘图板，就可以方便学生绘制实验仪器图。

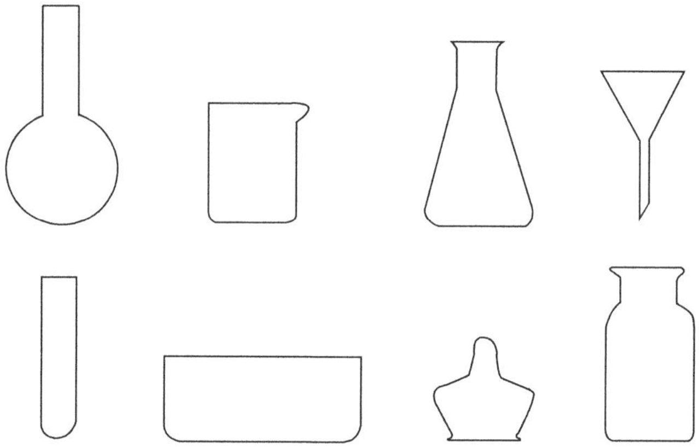

图 4-90　化学仪器绘图板 1

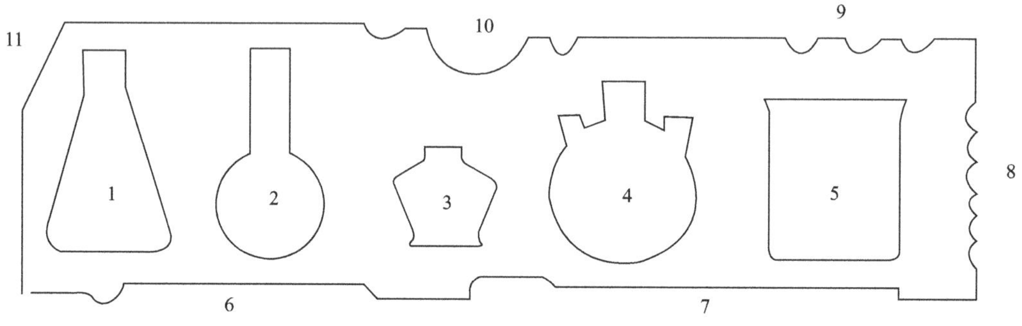

图 4-91　化学仪器绘图板 2

【思考与讨论】

（1）正确的实验操作对实验和实验教学有什么意义？若不按正确的操作，会对实验或实验教学产生怎样的影响？

（2）如何快速地记住正确的实验操作方法？

（2）实验装置图在教学中有怎样的作用？如何快速地在纸上绘制实验装置图？在教学中如何引导学生正确、快速地绘制实验装置图？

（3）在计算机中可以通过哪些方式快速地绘制实验装置图？

（5）选择中学化学教学中某一实验装置，思考在纸上、黑板上和计算机上如何快速、规范地进行绘制，并实际操作。

【学习资源】

崔书华，于金秀. 2009. 利用化学实验图库绘制实验装置图[J]. 化学教育，(11)：53-55.
梁永锋. 1997. 化学实验仪器和装置图的画法[J]. 化学教育，(5)：35-36.
刘昌荣. 2008. 艾宾浩斯曲线在电力安全事故分析与教育中的应用[J]. 大众用电，(8)：35-36.
乔金锁，郭彦青. 2015. 绘制化学实验仪器与装置图应注意的几个问题[J]. 化学教育，(19)：69-70.
魏兵，张秉. 2001. 绘制化学仪器和实验装置图的原则和方法[J]. 阴山学刊，(5)：47-49.
肖富林，陶杰. 2001. 运用 PPT 绘制化学装置图[J]. 实验教学与仪器，(S1)：72-74.

第五章　中学化学实验基本操作教学能力训练

📖 学习目标

（1）了解化学实验操作技能的构成要素。
（2）掌握学生化学实验操作技能的形成过程及教学策略。
（3）体验化学实验基本操作教学的过程，训练教学技能。

📖 内容要目

（1）化学实验的操作技能与教学策略。
（2）化学实验基本操作技能模块的教学训练。

📖 学习重点

化学实验基本操作技能模块的教学训练。

📖 学习难点

在训练中运用化学实验操作教学策略。

第一节　化学实验的操作技能与教学策略

实验操作是进行化学实验的基础和前提，实验操作是否规范、准确，关系到实验过程是否安全和实验结果是否可靠；实验操作是否熟练，关系到整个实验过程是否协调、顺利。作为化学教师，重视和规范实验操作技能的训练对于做好化学实验和搞好实验教学有着重要的意义。

一、操作技能的构成要素

化学实验操作技能是指人们顺利完成实验活动的能力。在这一活动中，主要表现为脑、手腕、手指、手臂协调配合进行的活动。从外表看，手是关键；从内部机制看，脑的活动起着核心的作用，如仪器的选用和安装、试剂的取用等都离不开思维对操作的支配作用。操作技能由以下几个要素构成。

（1）认知成分：指学习者需要了解动作的目的要求和方法。一般来说，动作越复杂，认知成分越丰富，越需要了解与动作相关的知识并作进一步的计划。

（2）知觉成分：知觉成分是指学习者必须正确、敏锐地辨别需要作出反应的线索。

（3）协调能力：与认知技能的学习不同，操作技能的学习不只是靠大脑的分析与理解，更重要的是靠肌肉的协调性。

（4）个性和气质特征：不同的人具有不同的个性和气质特征，如保持冷静和放松对操作技能的形成具有重要的作用。

二、学生化学操作技能的形成过程及教学策略

化学操作技能的形成过程大致分为：动作认知阶段、动作模仿阶段、动作整合阶段和动作熟练阶段等。教师在教学中应根据各阶段学生的心理特征和实验操作技能的特征，有针对性、有重点地对将要进行的实验教学从教学目标、重难点的确定，教学方法、教学内容和教学环节的组织上精心设计，以使学生在实验的过程中学会和巩固相应的实验操作的基本技能。

（一）动作认知阶段

认知阶段是指学生对所学的操作技能知识的了解阶段，包括对某一技能的要求、特点、顺序和方法，以及有关的结构、性能和使用等知识的了解。动作认知阶段是形成化学实验操作技能的一个重要环节。因此，教师在教学中要注意讲清有关操作技能的基础知识，让学生明白“要做什么”“该怎样做”“为什么要这样做”以及掌握操作技能的关键是什么，使学生领会操作技能的基本要求和有关知识。在教学中应当注意“讲解”“示范”等环节。

1. 讲解环节

在进行实验操作技能的教学时，教师要简要、明确地说明该项技能的培训目的、操作原理，讲清实验操作的方法和注意事项，以便学生对该实验技能有一个较全面的了解，做到心中有数。例如，在培训使用仪器的技能时，要先对刚接触的仪器及装置说明它的名称、性能、用途、使用范围及方法、注意事项等，让学生做到心领神会，以便模仿操作。

2. 示范环节

为了便于学生仿效特定的动作方式，需要教师进行规范、正确的动作示范，使学生在头脑中形成正确的动作映像，才能顺利地进行模仿练习。在示范操作时，必须注意以下几点。

（1）示范动作的正确性：示范操作是学生模仿的范例，是学生借以形成动作映像的重要来源。如果示范操作不正确，使学生形成错误的动作映像，就会影响动作技能的形成及水平。

（2）控制示范速度：示范之初要注意降低示范速度，由于学生在观察不熟悉的动作时，注意的范围及知觉的广度一般较小，操作过快会给学生观察及分析动作特点带来困难。

（3）整体示范与分解示范相结合：整体示范有助于学生了解活动方式的全貌及整个动作的操作程序；分解示范有助于学生了解各个动作的幅度及力量等方面的特点。

（4）示范与讲解相结合：在示范时简明扼要地向学生讲解一些操作原理，特别是讲清动作要领，提示学生明确观察要点，提高学生对操作的认识水平，了解操作的规则和原理。

（二）动作模仿阶段

模仿阶段是指学生仿效、再现特定动作的阶段。动作模仿是学生掌握操作技能的一种学习方式，是形成操作技能的必然途径。在此阶段，学生的学习活动有遗忘、肌肉的运动强度控制不当、操作速度慢等特点。因此，在教学中教师要遵循此阶段的学习特点，合理安排学习内容，实施有效的教学方法帮助学生形成正确、流畅的实验操作技能。

1. 遗忘

人的学习是一个信息保持与遗忘的过程，这是由人的生理与心理的特性决定的。德国心理学家艾宾浩斯对此过程做了系统的研究，并用一曲线来描述，称为艾宾浩斯遗忘曲线，也称艾宾浩斯保持曲线。它的纵坐标代表信息保持量，横坐标为时间，如图 5-1 所示。曲线表明了遗忘发展的一条规律：信息输入大脑后，遗忘也就随之开始了。遗忘率随时间的流逝先快后慢，特别是在刚刚识记的短时间里，遗忘最快，以后逐渐变慢，到了相当长的时间，几乎就不再遗忘。

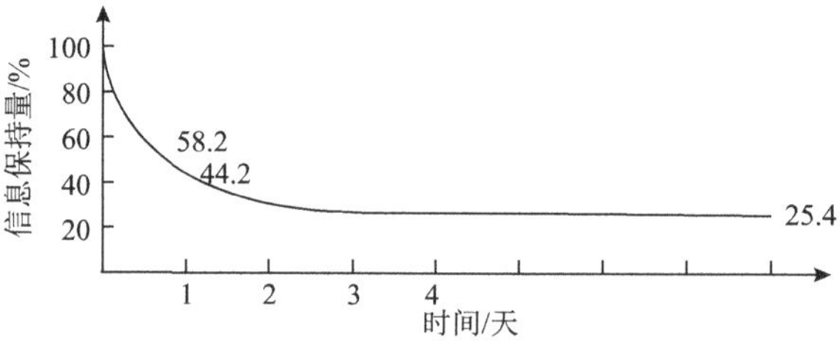

图 5-1　艾宾浩斯遗忘曲线

根据艾宾浩斯遗忘曲线的基本原理，为了较好地巩固学生实验操作记忆，防止消退，必须及时加强复习，强化所保持的操作技能。在教学中，教师要引导学生以“听、看、想、练”相结合的方式学习实验的操作技能，使多种感觉系统协同活动，这对提高识记、减少遗忘起着积极的作用。

2. 肌肉的运动强度控制不当

在实验操作技能模仿阶段，由于学生初学，注意范围比较狭窄，精神和全身肌肉紧张，动作忙乱、呆板、不协调、不连贯，出现多余的动作，不能察觉自己动作的全部情况，难以发现错误和缺点。从神经生理学角度看，这是大脑皮层兴奋中心扩散的结果，即许多不必兴奋的区域未受到应有的抑制，导致不相关的肌肉也参加了运动，或者是肌肉的运动强度控制不当。

在这一阶段，教师要注意多观察，及时纠正学生的错误操作和不良的操作习惯，指导学生对复杂的化学实验操作活动进行分解，把注意力集中在遇到困难的环节上，并对这一环节进行练习、领会和体验其要领，直到基本学会才继续下一环节的练习。例如，对过滤操作的练习，就可分解为滤纸的折叠技能、过滤器的安装技能、固体物质的溶解技能、烧杯中滤液及不溶物的倾倒技能等。这些都可能是关键性局部技能，需要在基本动作阶段加以练习和掌握，必要时还可以对它们作进一步的分解。

3. 操作速度慢

由于学生对实验的操作不熟悉，完成某一实验操作的动作时通常都要考虑是否正确，还要考虑下一步该怎样做，因此在操作动作的模仿阶段，学生完成动作的速度大多会比较慢。第一，教师要有耐心；第二，在设计训练学生的操作技能内容时要循序渐进、由易到难、由简单到复杂，使学生的操作技能在训练中得到熟练化；第三，可以在加强指导和示范的同时，运用直观教具或多媒体演示操作步骤、绘制操作示意图，形象化地说明操作要点，便于学生理解和记忆。

（三）动作整合阶段

整合阶段是指学生通过反复练习，使某一操作技能的各个动作之间建立联系，形成一个连贯技能的整体。在这一阶段，学生逐步将掌握的单一动作联系起来，但各个动作的结合还不紧密。

学生会在反复的练习过程中，随着动作的紧张性逐步消失，动作的视觉控制逐步减弱，动觉控制则逐步增强，动作间的互相干扰和多余动作逐渐减少直至消失，动作的准确性、协调性、稳定性和灵活性逐渐增强，逐渐形成整体的协同动作，初步学会操作技能。例如，在学习中和滴定操作时，学生在分解练习左手控制酸式滴定管活塞和右手旋转摇动锥形瓶的基础上进行动作合成练习时，一开始目光总是紧张地在滴定管活塞、锥形瓶身以及滴定管口等处来回注视，不敢向别处稍作转移，通常疏忽锥形瓶中溶液变色情况、滴定管中液面是否下降到刻度之下，甚至滴定速度的观察，以至于手忙脚乱，导致操作失败。经过几次练习，熟练程度增加之后，这种疏忽情况就逐步减少，直至能协调、得心应手地进行操作。在这个阶段，学生的动作方式都受认知阶段形成的动作映像的引导和调节。同时，它们又使这种动作映像得到检验、巩固、校正并进一步充实。当两者发生矛盾或者动作困难时，通常需要反复观察示范、了解要领等，以此来强化或修正动作的映像。

从神经心理学角度看，练习能使大脑皮层的运动中枢和视听中枢之间建立进一步的暂时神经联系。在动作阶段，当局部动作逐渐向连贯、协调、正确的操作转变时，意识的调节作用和视觉的控制作用逐渐减弱，而肌肉运动的自控能力逐渐提高，动作间的相互干扰减少，紧张程度减弱，多余动作趋于消失。

因此，在动作整合阶段，教师应当注意观察学生从局部操作向完整操作转化的过程中出现的问题，并针对出现的问题及时给予指导和提示。对于学生出现的共同问题，应当及时进行演示和纠正。

（四）动作熟练阶段

熟练阶段是指学生掌握的操作技能比较熟练，具有较高的准确性、敏锐性、灵活性，达到得心应手、操作自如的程度。该阶段是整合阶段的继续，是操作技能形成的最后阶段。在该阶段操作的紧张情绪已经消失，意识调节和视觉控制已经大大降低，而肌肉运动感觉已经占主要的地位，注意力已经从操作转移到实验过程和现象的观察上。在此阶段，教师要引导学生的思维，使学生能够将注意力集中到创新实验上，发挥聪明才智，进行创造性的学习和应用。

【思考与讨论】

（1）化学实验操作技能由哪些要素构成？

（2）化学实验操作技能形成要经历哪些阶段？在不同的阶段教学时要注意什么问题？

（3）根据艾宾浩斯遗忘曲线，在进行学生实验操作技能训练时应该如何安排训练内容？如何强化学生的实验操作技能？

【学习资源】

蔡亚萍. 2005. 中学化学实验设计与教学论[M]. 杭州：浙江教育出版社.

段纪东. 2008. 化学实验技能训练策略探讨[J]. 教学与管理，(15)：143-144.
顾见. 2012. 如何有效地进行初中化学实验操作技能教学[J]. 教书育人，(9)：109-110.
韩建娣. 2015. 初中化学实验基本操作教学的几点尝试[J]. 中国教育技术装备，(1)：109-110.
隗建勋. 1985. 谈初中化学实验操作技能的教学[J]. 中学化学教学参考，(6)：26-28，15.
陶于富. 2017. 化学教学中如何培养学生的实验操作技能[J]. 科学咨询(科技管理)，(10)：85-86.
王秀梅，李德前. 2014. 初中化学实验基本操作教学设计[J]. 中国现代教育装备，(16)：57-59.

第二节　化学实验基本操作技能模块的教学训练

训练一　“药品的取用”和“试管使用”操作训练及教学体验

【训练目标】

（1）复习“药品的取用”和“试管使用”方法，知道正确的操作方法。

（2）能够非常流畅地讲清楚“药品的取用”和“试管使用”操作方法，并能进行正确的操作示范。

（3）体验“药品的取用”和“试管使用”的教学过程。

【训练步骤】

一、课前准备

（1）阅读第四章第一节有关“药品的取用”和“试管使用”方法的相关内容，了解正确的操作方法，特别注意试管的使用方法。

（2）阅读初中化学教材（上册），了解“药品的取用”和“试管使用”在教材中的地位和作用，思考增设“试管使用”操作对初中学生实验操作技能训练有何作用，以及相关操作在教材中是如何呈现的。

（3）阅读第三章“化学实验教学设计的方法及案例”的全部内容和本章第一节中的“学生化学操作技能的形成过程及教学策略”，了解教学设计的内容方法以及进行学生实验操作训练的教学策略。进行“药品的取用”和“试管使用”教学片段的教学设计，并在训练前熟悉教学设计的内容，进行试讲，熟悉教案。

二、课堂训练

1. “药品的取用”和“试管使用”操作训练

（1）固体药品的加入及溶解：用纸槽取 1 药匙的食盐于试管中，加入约 2 mL 水，振荡使食盐溶解。

（2）液体试剂的取用与滴加：在试管中倒入约 1 mL $CuSO_4$溶液，滴加几滴稀 NaOH 溶液，振荡；再滴加几滴稀 HCl 溶液至沉淀溶解。

实验注意事项： （1）折叠纸槽的纸要有一定的硬度，折叠的纸槽要比试管稍长。

（2）用纸槽取药品时要将纸槽放在试剂瓶的瓶口处，以避免药品撒落在台面上。
（3）训练用试剂瓶往试管中倒试剂时，要学会估量，并按照要求取到相应量的试剂，可以先用水做练习。
（4）用滴管滴加溶液时，注意滴管不能深入试管中，更不能接触试管壁；滴管不能横着加液，尽可能训练垂直滴加试剂，拿滴管的手法最好与拿试管的手法一致。
（5）实验完毕的废液倒入指定容器中回收再利用。

2. “药品的取用”和“试管使用”操作教学体验

（1）在教学训练室 2 人一组，进行“药品的取用”和“试管使用”操作讲授的训练，要求边讲授边示范，并进行视频录制用于课后反思。

（2）注意对操作的关键点进行强调、演示和板书。

三、课后反思

回顾训练和教学过程，根据同组同学的意见并结合观看视频对自己的操作训练和教学设计进行反思。总结训练的优点和不足，写出教学反思和训练报告。

教学反思内容可参见第一章第二节中的“实验教学评价能力”。主要从教学设计、演示实验的操作、指导学生观察、语言（语言的组织、语速、语调、音量、普通话等）、教态（面部表情、肢体语言、是否面对学生等）、板书（板书的设计、逻辑性、符号、字体、主副板书的利用等）等方面进行。

【思考与讨论】

（1）“药品的取用”操作涉及固体试剂的取用和液体试剂的取用，固体试剂取用为什么要用纸槽？纸槽的折叠要注意什么问题？

（2）“液体试剂的取用”操作包含哪些操作的知识点？每个知识点的讲授重点是什么？在讲这些知识点时应该给学生强调哪些注意事项？你打算如何讲授以引发学生的注意？

（3）“试管使用”加入的溶液体积为什么最好在 1/3 以内，不能超过 1/2？

【学习资源】

韩建娣. 2015. 初中化学实验基本操作教学的几点尝试[J]. 中国教育技术装备，(1)：109-110.
王秀梅，李德前. 2014. 初中化学实验基本操作教学设计[J]. 中国现代教育装备，(16)：57-59.

训练二　“加热”和“过滤”操作训练及教学体验

【训练目标】

（1）复习“加热”和“过滤”方法，知道正确的操作方法。

（2）能够非常流畅地讲清楚“加热”和“过滤”的操作方法，并能进行正确的操作示范。

（3）体验“加热”和“过滤”的教学过程。

【训练步骤】

一、课前准备

（1）阅读第四章第一节有关“加热”和“过滤”方法的相关内容，了解正确的操作方法。

（2）阅读初中化学教材（上册），了解“物质的加热”和“水的净化”中实验 4-2 有关“过滤”的操作在教材中的地位和作用，思考初中教材实验 4-2 中的滤纸折叠方法有无问题。

（3）阅读本章第一节中“学生化学操作技能的形成过程及教学策略”相应的内容，进行“加热”和“过滤”教学片段的教学设计，并在训练前熟悉教学设计的内容，进行试讲并熟悉教案。

二、课堂训练

1. “加热”和“过滤”操作训练

（1）试管的加热：在试管中加入约 2 mL 水，用试管夹夹持在酒精灯上加热至沸。

（2）烧杯的加热：用小烧杯取 1/3 药匙的淀粉，加少量冷水调成糊状；在 50 mL 烧杯中加入约 10 mL 水，将其放在铁圈上的石棉网上加热至沸，将调成糊状的淀粉倒入沸水中，搅拌，并加热 0.5～1 min 至溶液澄清。

（3）取少量泥沙于小烧杯中，加适量水搅拌，折叠滤纸，进行过滤操作训练。

> 实验注意事项：
>
> （1）注意试管夹的使用方法、加热时试管与火焰的角度、高度及加热的位置。
>
> （2）注意滤纸的折叠方法和放入漏斗中的位置（一定记住三层滤纸一边要撕角），形成水柱的方法。
>
> （3）过滤时要注意：
>
> （i）“一贴”：滤纸紧贴漏斗的内壁。
>
> （ii）“二低”：滤纸的边缘低于漏斗口；漏斗内的液面低于滤纸的边缘。
>
> （iii）“三靠”：漏斗下端的管口紧靠烧杯内壁；用玻璃棒引流时，玻璃棒下端轻靠在三层滤纸的一边，烧杯尖嘴紧靠玻璃棒中部。
>
> （4）配制好的淀粉溶液回收到指定位置，再利用。

2. “加热”和“过滤”操作教学体验

（1）在教学训练室 2 人一组，进行“加热”和“过滤”操作讲授的训练，要求边讲授边示范，并进行视频录制用于课后反思。

（2）由于时间有限，可将讲课训练分成“加热”和“过滤”两个内容进行训练，每个内容控制时间在 10 min 以内。

三、课后反思

回顾训练和教学过程，根据同组同学的意见并结合观看视频的情况反思自己的教学，总结优点和不足，写出教学反思和训练报告。反思内容同前。

【思考与讨论】

（1）“加热”操作除初中教材中的“液体的加热”操作外，还有“固体的加热”操作，其操作方法与液体加热有什么不同？加热时应该注意什么问题？

（2）滤纸的折叠要注意什么问题？为什么折叠好的滤纸放入漏斗前还需要撕一个小角？

（3）过滤操作的重点是什么？在讲这些操作时应该给学生强调哪些注意事项？你打算如何讲授以引发学生的注意？

【学习资源】

韩建娣. 2015. 初中化学实验基本操作教学的几点尝试[J]. 中国教育技术装备，(1)：109-110.
刘士如. 2006. 中学化学实验加热操作探究[J]. 实验教学与仪器，(9)：30.
王秀梅，李德前. 2014. 初中化学实验基本操作教学设计[J]. 中国现代教育装备，(16)：57-59.

训练三 “蒸馏”操作训练及教学体验

【训练目标】

（1）复习用“蒸馏”的方法分离混合物的化学原理，知道正确的操作方法。

（2）能够熟练地进行“蒸馏”的基本操作。

（3）能够非常流畅地讲清楚用“蒸馏”的方法分离或提纯物质的原理和操作方法，并能进行正确的操作示范。

（4）体验高中化学教材（必修1）中“蒸馏”的教学过程。

【实验原理】

自来水通常是用氯气来进行消毒，因此自来水中含有较多的氯离子，通过蒸馏的方法可以除去氯离子和其他的杂质。将水加热至沸腾，使水变成水蒸气挥发出来，然后将水蒸气冷凝，使其成液态水，从而将不挥发的固态物质保留下来与水分离制得纯净的蒸馏水。由于盐溶液的浓度不同，电导率也不同，因此可以通过测定和比较自来水和蒸馏水的电导率来评价蒸馏提纯的效果。在中学可以只检验得到的蒸馏水是否含有氯离子来评价蒸馏提纯的效果。

【训练步骤】

一、课前准备

（1）阅读第四章第一节有关“蒸馏”方法的相关内容，了解正确的操作方法。

（2）阅读初中（上册）“水的净化”和高中化学教材（必修1）“化学实验基本方法”，了解“蒸馏”在教材中的地位和作用；了解“蒸馏”实验的内容、实验原理以及操作方法。

（3）依据本章第一节中“学生化学操作技能的形成过程及教学策略”相应的内容，进行“蒸馏”教学片段的教学设计（初中或高中学段），并在训练前熟悉教学设计的内容，进行试讲并熟悉教案。

二、课堂训练

1. “蒸馏”操作训练

（1）自来水中氯离子的检验：在试管中加入少量自来水，滴加几滴稀硝酸（1 mol/L），然后加入 1～2 滴 $AgNO_3$（0.1 mol/L）溶液，观察、记录现象。

（2）蒸馏：在 100 mL 圆底烧瓶中加入 40～50 mL 自来水，再加入几粒沸石（或碎瓷片），按照图 5-2 安装装置，向冷凝管中通入冷水。加热烧瓶，注意观察温度变化，弃去开始馏出的部分液体，当温度达到 100 ℃时，用锥形瓶收集，待收集到约 10 mL 蒸馏水时，即停止加热，稍后关闭冷凝水。

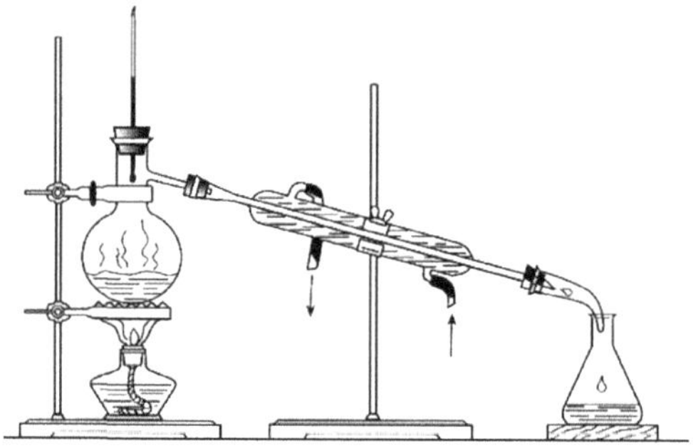

图 5-2　蒸馏自来水装置

（3）检验：将收集到的蒸馏水取少量于试管中，用前面的方法检验收集到的蒸馏水中是否含有氯离子。

> 实验注意事项：
> （1）注意温度计插入的位置及装置的气密性检查。
> （2）加药品时，要注意烧瓶的支管朝上，避免液体从烧瓶的支管流出。
> （3）加入沸石（或碎瓷片），防止暴沸。

2. “蒸馏”操作教学体验

在教学训练室 2 人一组，进行“蒸馏”操作讲授的训练，要求边讲授边示范，控制时间在 10 min 左右，并进行视频录制用于课后反思。

【思考与讨论】

（1）进行“蒸馏”实验操作应注意哪些问题？“蒸馏”和“蒸发”两种方法有何不同？

（2）“蒸馏”操作的重点是什么？在讲授时你准备重点强调哪些操作？

（3）初中教材和高中教材中都有用蒸馏的方法制取蒸馏水的实验，两个实验的教学目标是否相同？检验蒸馏水的方法有什么不同？

【学习资源】

陆建源. 2007.《化学实验基本方法》教学设计[J]. 中小学教学研究，(4)：44-45.

王新文. 2011. “蒸馏”教学设计[J]. 化学教学，(3)：31-32.

王叶思，严西平. 2010. 硬水软化的教学设计[J]. 化学教与学，(1)：41-43.

训练四　“萃取”操作训练及教学体验

【训练目标】

（1）复习用萃取的方法分离混合物的化学原理和正确的操作方法。

（2）能够非常流畅地讲清楚用萃取的方法分离或提纯物质的操作方法，并能进行正确的操作示范。

（3）体验高中化学教材（必修 1）中“物质的分离——萃取”的教学过程。

【实验原理】

碘在四氯化碳溶剂中的溶解度是水中的 85 倍，且两种溶剂互不相溶，利用萃取方法（利用物质在互不相溶的溶剂中溶解度的不同，可用一种溶剂把物质从它与另一种溶剂所组成的溶液中提取出来的原理提取物质的方法），用四氯化碳可以将碘从水溶液中提取出来。

【训练步骤】

一、课前准备

（1）阅读第四章第一节有关“萃取”方法的相关内容，了解正确的操作方法。

（2）阅读高中化学教材（必修 1），了解“萃取”在教材中的地位和作用；了解萃取操作的实验内容、实验原理。

（3）思考本操作模块中的关键点，进行“萃取”教学片段的教学设计，并在训练前熟悉教学设计的内容，进行试讲练习。

二、课堂训练

1. “萃取”操作训练

（1）用量筒量取 10 mL 碘水，倒入分液漏斗（已经检查，确定不漏液）中，然后注入 4 mL 四氯化碳，塞好玻璃塞。

（2）按照萃取的正确操作进行碘的萃取。然后将分液漏斗放在铁架台上，静置。

（3）待液体分层后，将分液漏斗颈上的玻璃塞打开（或使玻璃塞上的凹槽对准漏斗上的小孔），再将分液漏斗下面的活塞拧开，使下层液体慢慢沿烧杯壁流下。用小烧杯接收，将含碘的四氯化碳溶液回收到指定的器皿中。

> 实验注意事项：
>
> （1）分液漏斗在使用前，需要用绳子将玻璃塞和漏斗连接在一起，以免失落或摔坏。
>
> （2）振荡分液漏斗时，玻璃塞的小槽应与漏斗口侧面小孔错位封闭塞紧；分液时，要将小孔与玻璃塞的小槽对齐。
>
> （3）在进行萃取前一定要检查分液漏斗是否漏液；萃取的过程中要注意放气。
>
> （4）实验完毕，分液漏斗洗干净后若烘干要把活塞拿出来，不要塞在分液漏斗里面；长期不用分液漏斗时，应在活塞与漏斗口之间夹一纸条防止粘连（这是所有磨口仪器保存的方法）。

2. “萃取”操作教学体验

（1）在教学训练室 2 人一组，进行“萃取”操作讲授的训练，要求边讲授边示范，并进行视频录制。

（2）讲课训练要思考“萃取”操作的关键有哪些，哪些需要演示，哪些需要板书。

【思考与讨论】

（1）进行“萃取”实验操作应注意哪些问题？

（2）萃取溶剂要满足哪些条件才能将碘从水溶液中萃取出来？

（3）实验得到的碘的四氯化碳溶液回收后，要重新得到单质碘和四氯化碳溶剂，可以采取什么方法、采用什么装置？

（4）“萃取”操作教学的重点是什么？需要重点讲授哪些内容？

（5）本次训练中你的收获和不足有哪些？

【学习资源】

龚源. 2013. 对萃取拓展延伸的案例分析[J]. 实验教学与仪器，(9)：23-24.
陆余平，赵拯. 2011. 对萃取概念教学的探讨[J]. 化学教育，(4)：38-39.
覃宇. 2012. 浅谈液-液萃取操作中的几个技巧[J]. 工业设计，(2)：163-164.

训练五　“气体的制备、收集”实验操作及教学训练

【训练目标】

（1）复习“气体的制备”和“气体的收集”实验操作，明确实验的教学目的。

（2）通过操作训练，掌握“气体的制备”和“气体的收集”实验的操作技术和示范技能。

（3）通过训练，学习“气体的制备”和“气体的收集”实验的教学方法和教学技能。

【实验原理】

见第四章第二节中的“常见气体的制备方法”。

【训练步骤】

一、课前准备

（1）阅读第四章第二节中“气体的制备”和“气体的收集”的内容和本实验的所有内容，思考以下问题：

（i）启普发生器的结构、原理、使用方法和注意事项。

（ii）不同形态的反应物制备气体所用的装置结构、原理和特点，不同的装置适合制备哪些气体？

（iii）根据制备出的气体的特点，应该如何选择收集方式？

（iv）不同的实验装置应该如何检验装置的气密性？并将所查阅的各种装置检验气密性的方法进行比较、归纳，总结出不同类型的装置检验气密性的方法。

（2）阅读本章第一节中的“学生化学操作技能的形成过程及教学策略”等内容，思考以

下问题：

（i）各种制备气体的装置有什么特点？教学中应当如何引导学生认识不同的气体制备装置？如何认识不同装置的使用性和特点？如何进行讲授和示范操作？

（ii）如何在教学中引导学生比较各种装置的特点、原理和合理地选择装置进行实验？

（iii）在实验操作的演示过程中，如何引导学生根据提供的装置检验气密性？如何利用气体的物理性质来引导学生选取收集方法？

（3）根据以上思考，进行“气体的制备和收集”演示实验的教学设计，思考以下问题：

（i）采用怎样的教学程序和教学方法更有利于达到教学目标？

（ii）如何指导学生理解和运用各个实验装置？

（4）写出实验操作训练的教学设计，熟悉实验的操作方法、熟悉教案，为讲课训练做好准备，并提前将教学设计和实验预习报告交教师审阅。

二、课堂训练

（一）实验操作训练

1. 氢气的制备与收集（块状固体与液体作用，不加热）

（1）安装装置。如图 5-3 所示安装装置。

（2）检验气密性。从漏斗上口加少量水淹没漏斗下口，关闭活塞后，再向漏斗中加水，观察是否能加进去水，若水流不进去或形成稳定水柱或空气柱，则装置气密性好。反之，则需查明原因，处理后才能使用。

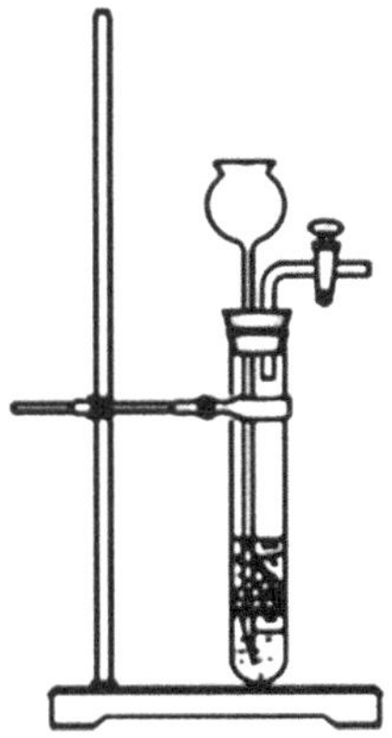

图 5-3　简易启普发生器

（3）装填药品和制备气体。小心拔掉带漏斗的胶塞，从试管口处加入约 30 g 锌粒；塞上胶塞，打开活塞，从漏斗口加入 1∶4 的硫酸直至刚好淹没锌粒，关闭活塞待用。

（4）氢气收集及气体纯度检验。打开活塞，排净容器中的空气后，用排水法收集一小试管氢气后，关闭活塞，用拇指捂住试管口，管口向下移动到酒精灯的火焰上方，点燃。若只有轻微的“噗”声，说明气体已经纯净，可进行收集或点燃实验；若有尖锐的爆鸣声，说明气体不纯净，需继续排空气，用另一支小试管或用拇指捂住试管口一会儿后（请思考：为什么？）再收集，直至纯净为止。气体可采取排水法和排空气法收集。

> 实验注意事项：
>
> （1）加入酸时，一定要先打开弹簧夹，否则不能很好地控制酸的加入量。
>
> （2）要控制氢气制备的速度适中，导管口出来的气泡是连续的，收集一小试管气体只需要几秒钟，若太慢要增加锌的用量或加大酸的浓度。
>
> （3）使用启普发生器要远离火源，关闭导气管活塞，防止点燃不纯的氢气而引起爆炸。
>
> （4）若用止水夹代替活塞，乳胶管一定要从弹簧夹中穿过（图 5-4），这样方便使用，将胶管折叠后再用弹簧夹夹住是错误的操作。

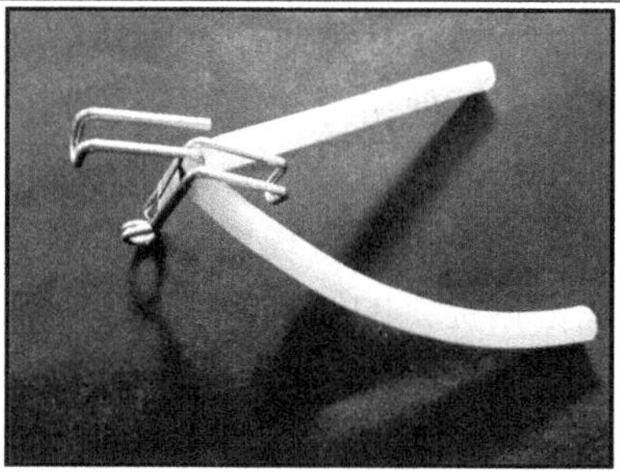

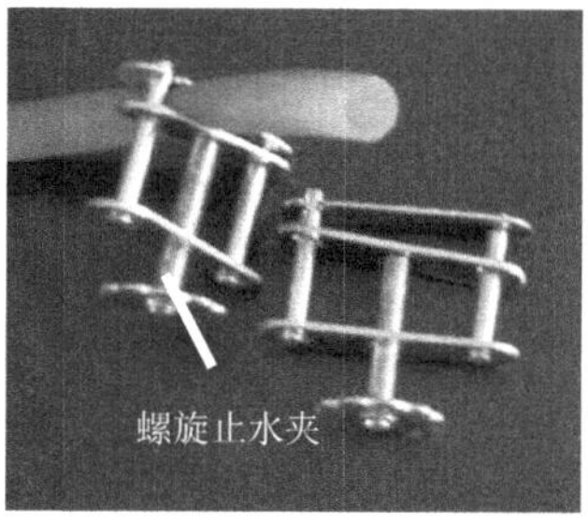

图 5-4　止水夹的使用

（5）组装简易启普发生器时注意：橡胶垫圈的位置不能太高，否则会消耗过多的酸，造成浪费，同时可能造成在不需要气体时，压回漏斗中的酸量过多而溢出。

（6）拆卸装置要先倒出溶液，再倒出固体物质，具体方法如下。

液体反应物的取出方法：先用弹簧夹将出气端的胶管夹住，使液体全部压回漏斗中。然后用手握住试管，将漏斗靠近烧杯，让废液缓缓流出后，再将弹簧夹打开，让试管中的酸全部流出，并将酸倒入指定容器中。

固体反应物的取出方法：小心将连接漏斗的塞子取下、慢慢往上提，将漏斗口靠近烧杯口倒出锌粒，将锌粒用水洗干净，控干水后倒回回收容器中。

（7）检验氢气的纯度，最好用排水法收集气体。若用排空气法收集气体，则再次收集气体时需要更换试管或用拇指捂住试管口一会儿后再收集，以防试管中有安静燃烧的火焰，点燃不纯净的气体，引发爆炸事故。

（8）检验氢气不能用中号试管，要用小试管（15 mm×100 mm）收集氢气，因小试管收集的氢气量小，即使不纯净，爆炸也有限，不会炸坏试管、炸伤实验者。

（9）检验气体纯度时，要让试管在火焰上呈45°，因氢气密度较空气轻，在试管中不易倒出来，为了使氢气出来被点燃，则需要大于等于45°。

（10）当氢气量低于4%时，在点燃时可能听不到尖锐的爆鸣声，若直接点燃导气管口的气体则会发生爆炸危险。因此，遇此情况还需要配合观察是否有火团和水雾产生来证明氢气是否纯净。

2. 氧气的制备与收集（固体与固体作用）

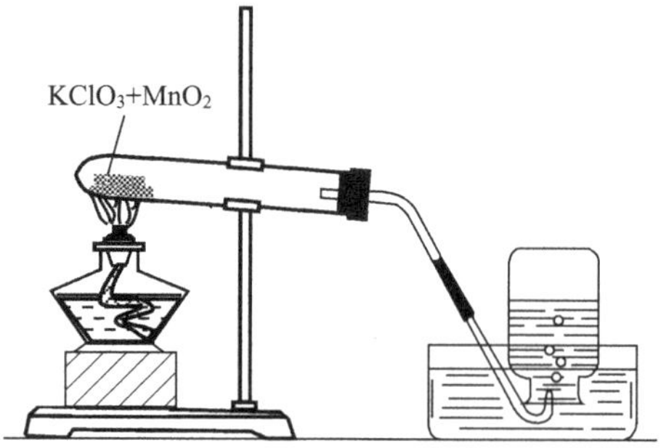

图 5-5　氯酸钾分解制取氧气装置

（1）安装装置。按照图 5-5 安装用氯酸钾（或高锰酸钾）分解制备氧气的装置（注意：将铁夹夹在离试管口 1/3 处，避免挡住加热操作；且铁夹内应垫上软布或纸条，避免夹坏试管）和收集装置。

（2）检验气密性。如图 5-5 所示的装置，用手捂住试管，观察插入水下的导管口有无气泡放出。若无说明气密性不好，需查明原因，重新装配后再检查直至不漏气。

（3）装填药品制备和收集气体。取 9 g 氯酸钾、3 g 二氧化锰分别压（研）细后再小心混合均匀（请思考：为什么？），然后装入图 5-5 中的试管中（已经检验过气密性），斜铺在试管底部，塞上单孔塞。点燃酒精灯，预热，然后将灯固定在固体反应物的前端加热，待前端反应完后再将酒精灯往后移动，继续加热。待试管中的空气排净后，用排水法收集氧气（收集方法见图 5-5），收集好氧气的集气瓶用毛玻璃片（毛玻璃片的毛面朝向集气瓶的毛面）盖好后放在桌上备用。

实验注意事项：

（1）氯酸钾是强氧化剂，若混有少量的可燃物质，在加热或摩擦时都可能引起爆炸。因此，在称量氯酸钾时不能用一般的纸，而要在表面皿或塑料薄膜上进行称量。二氧化锰中可能混有一些可燃物质，因此在使用前要放在蒸发皿中炒制，以除去可燃物。在制备氧气的过程中，若发现有火星应立即停止加热，重新处理和更换药品后再做实验。

（2）制取装置中，试管口必须向下倾斜 25°～30°。若倾斜角度太小，加热时药品中所含的水分变成水蒸气，到管口处冷凝成水后易倒流致使试管破裂；若倾斜角度太大，试管底部的药品会滑到试管的中前部,过于分散无法集中加热而影响氧气产生的质量和速度。

（3）用固体加热制备氧气时，酒精灯应先放在药品的前端，然后慢慢移向后端，这样有利于药品充分反应，若先放在试管底部，产生的气体会将前端的药品冲散，而使药品不能充分利用。

（4）停止反应时，要先将导管从水中取出，再拆酒精灯，避免水倒吸而使试管炸裂。

3. 氯气的制备与收集（固体小颗粒与液体作用）

（1）如图 5-6 所示安装装置，检查气密性。

（2）在烧瓶中加入适量二氧化锰，在漏斗中加入浓盐酸再缓缓滴入烧瓶中。

（3）点燃酒精灯小火加热，排尽空气。

（4）用向上排空气法收集氯气，尾气导入吸收剂饱和的氢氧化钠溶液中。

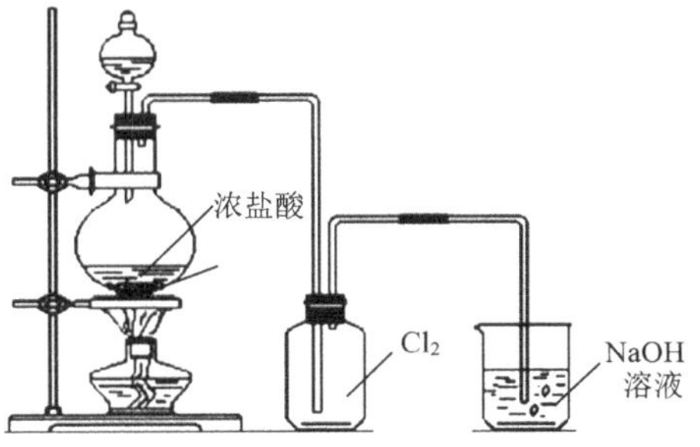

图 5-6　氯气的制备与收集装置

实验注意事项：

（1）装置要注意由下到上、由左到右进行组装。

（2）浓盐酸要缓慢滴入，不要一下就全部加进去，尽可能用滴液漏斗。

（3）实验完后废液回收到指定容器中，回收再利用。

（4）氯气是有刺激性的有毒气体，实验中防止氯气泄漏，要用饱和的氢氧化钠。

（二）实验教学训练

（1）实验操作训练完毕，整理好实验所需用品，在讲课教室进行教学训练，并录制训练视频。

（2）可将“气体的制备与收集”分成“固-液（不加热）型气体制备装置的学习”“固-固（加热）型气体制备装置的学习”“固-液（加热）型气体制备装置的学习”“气体的收集方法的探究”等模块进行教学训练。

（3）每个模块的教学训练的时间控制在 10 min。

【思考与讨论】

（1）检验氢气纯度时，若需要连续检验，为什么需要更换试管，或要用拇指捂住试管口一会儿再使用？

（2）如何在教学中引导学生对实验装置及反应物的形态总结出各种制备装置的特点和可以制备哪些气体？

（3）如何通过实验演示和讲授，让学生总结出选择气体的收集方式应该依据气体的哪些性质？

【学习资源】

一、资源链接

启普发生器的使用方法：

（1）安装装置：使用前需将仪器的各部分洗干净，擦干后，在漏斗颈与半球的磨口处薄薄地涂上一层凡士林，将漏斗装上并旋转至凡士林均匀透明，以防止漏气，为防止锌粒掉到半球形底部，需在漏斗颈插入半球形的口处垫上有小孔的橡皮垫（图 5-7）。

（2）检验气密性：开启导气管上的活塞（简易启普发生器则打开弹簧夹），从球形漏斗口注入水至刚好淹没漏斗管的下口时，关闭导气管活塞。继续加入水，待水从漏斗管口上升到漏斗管内一定高度后，停止加水（图 5-7）。静置约 1 min，如水面不下降，证明不漏气，可以使用。反之，则需查明原因，处理后才能使用。

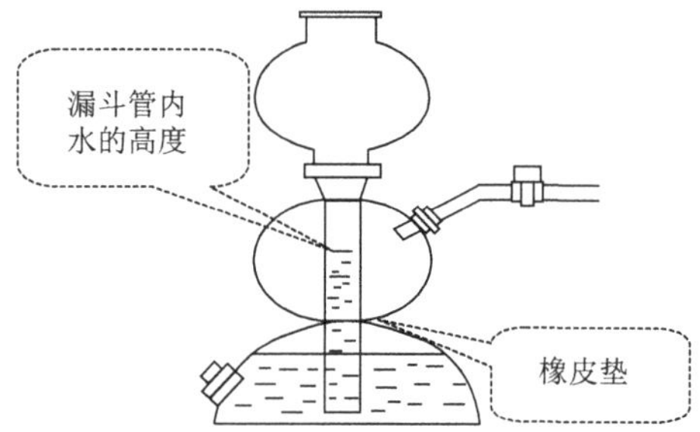

图 5-7　气密性检验

（3）装填药品和制备气体：拔掉带活塞的胶塞，从侧口处加入约 30 g 锌粒；塞上胶塞，打开活塞，从漏斗口加入 1 : 4 的硫酸直至刚好淹没锌粒；关闭活塞待用。

（4）清洗装置：实验完毕，从下口倒出废酸，从中间球的侧口倒出锌粒。将仪器清洗干净后在磨口处垫上纸片，防止磨口粘接（对所有磨口仪器都适用）。

二、文献资料

化学课程教材研究开发中心. 2012. 义务教育教科书·化学（九年级　上册）[M]. 北京：人民教育出版社.
卢一卉. 2015. 化学实验教学研究[M]. 北京：科学出版社.
马建峰. 2006. 化学实验教学论[M]. 北京：科学出版社.
王磊. 2009. 中学化学实验及教学研究[M]. 北京：北京师范大学出版社.
西南师范学院化学系. 1986. 中学化学教学法[M]. 北京：高等教育出版社.

第六章　中学化学演示实验教学能力训练

📖 学习目标

（1）了解演示实验教学的概念和作用。
（2）掌握进行演示实验教学的要求、技能和策略。
（3）通过训练学会进行课堂演示实验的教学技能和教学方法。

📖 内容要目

（1）中学化学演示实验教学实施策略。
（2）中学化学演示实验教学能力训练。

📖 学习重点

（1）中学化学演示实验教学实施策略。
（2）中学化学演示实验教学能力训练。

📖 学习难点

在训练中运用演示实验的教学策略。

第一节　中学化学演示实验教学实施策略

一、演示实验教学概述

（一）演示实验教学

演示实验教学是由教师（或学生代表）在课堂教学过程中进行实验的表演和示范操作，并指导学生进行观察、思考、模仿的课堂实验教学。它是目前化学教学中应用较为广泛的直观教学方法之一。

（二）演示实验的作用

演示实验可应用于各种教学环节，其作用如下：

（1）提出问题，引发探究。通过演示实验引出问题，激发学生想要去了解和解决问题的兴趣，探究引起新问题的原因。对于教学中师生提出的假说，在学生能力、教学时间和学校财力不足时可以通过演示实验来进行验证，使学生通过演示实验获取结论，形成观察、推理和判断能力。

（2）获取新知识、启迪思维、训练综合能力。演示实验可以为学生提供直观、丰富的感性知识。学生通过对实验和现象的观察，认识物质的外部特征、物质的变化条件，获取物质及其变化的规律，形成化学概念，理解物质及其变化的本质。通过对实验现象的分析、归纳得出结论的过程，启发学生思维、理解新知识，促进对知识的理解和记忆，有助于学生形成分析问题和解决问题的能力。

（3）形成正确、规范的实验操作技能和良好的实验品质。通过实验演示，学生受到科学过程和科学方法的熏陶，可以通过观察、模仿形成正确、规范的操作方法，掌握具体实验的操作技能。同时通过对教师实验全过程的观察，形成节约、环保、严谨求实的实验态度和良好的实验习惯。

二、演示实验的教学要求

（一）充分准备，确保成功

演示实验在教学中有着非常重要的作用。因此，演示实验一旦失败，将严重地影响教学的效果。为了保证实验的成功，教师必须做到以下几点：

（1）做好实验前的预备实验。在进行演示实验之前，一定要进行预备实验。通过实验，探究出实验成功的条件和关键，找到可能导致实验失败的原因及实验的有关注意事项；检查准备的试剂等有无问题，保证实验的顺利进行。

在预试时，注重对实验条件进行探究，如仪器规格的大小，药品的纯度、浓度和用量，实验时的温度、压力、湿度，反应时间的长短、正常现象和反常现象等，都需要进行掌握，做到心中有数。

（2）准备好实验所用仪器、药品及材料。仪器的准备要根据预备实验的结果进行准备，并列出实验所需仪器、药品和材料的清单，在列举清单时要注意：①仪器要考虑种类、规格、数量、是否需要干燥等；②药品要考虑固体、液体、浓度、用量等（药品应当与预备实验时所用的是同一瓶，避免临时配制）；③材料要考虑到收集废物的容器、擦桌子的抹布、点火用的火柴（打火机）等。准备好的仪器、药品及材料等清点齐备后，要统一放在一个盒子里，避免上课时遗漏，并将清单放在盒子里，以便上课前再次清点。

（二）目的明确，重点突出

在教学中教师进行演示实验一定要明确目的，即通过演示实验要达到什么目的，解决什么问题，突出什么现象，重点示范什么操作，重点讲授哪些内容，说明什么问题，有哪些具体要求，揭示什么化学原理，培养哪些实验操作技能和方法，演示过程要引导学生观察什么、思考什么、从哪个角度了解、领悟实验方法……教师要做到心中有数，不能让学生只是看了一个实验，要通过演示实验提高课堂教学的效率。

案例 6-1　“镁条燃烧”实验

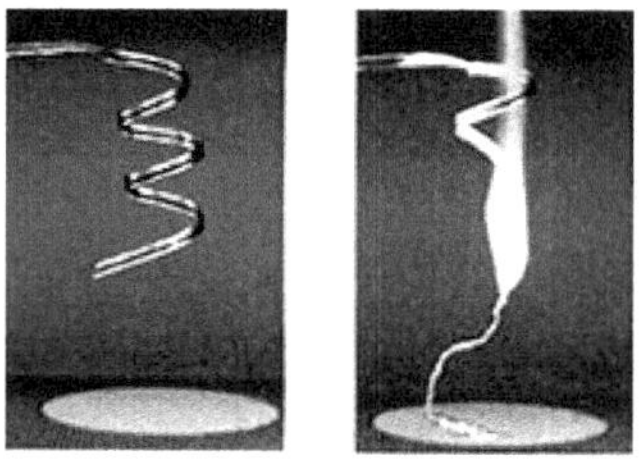

图 6-1　镁条燃烧

【实验目的】通过实验的观察让学生得出“有新的物质生成”的结论，形成“化学变化”的概念。

【实验现象】实验现象见图 6-1，镁条燃烧发出耀眼的白光，放出大量的热，有白烟和很脆的白色固体产生。

【指导学生观察的重点】“有白烟产生”“有很脆的白色固体产生”。

（三）规范操作，保证安全

演示实验必须确保安全，不允许任何有可能伤害学生和教师的事故发生。保证实验的安全要注意以下两点：

（1）严格按照实验操作程序进行操作，防止事故发生，给师生身体和心理上造成伤害。

案例 6-2　氢气还原氧化铜实验操作要求

（1）在进行实验前，必须检验氢气是否纯净，确保气体纯净后才能够点燃。

（2）氢气与氧化铜反应一定要遵循：通氢气→点灯加热→拆灯→继续通氢气直至冷却这样的步骤才能保证实验的安全和取得较好的效果。

案 例 分 析

氢气在空气中的体积分数为4.1%～74.2%时，遇火源就会爆炸。为了安全，在点燃氢气之前必须检验纯度。氢气还原氧化铜实验第一步"通氢气"是为了排出实验装置内的空气，避免发生爆炸；"继续通氢气直至冷却"是因为铜在高温条件下极易被氧化成氧化铜，使实验失败，为了防止铜在高温时被氧化，所以要一直通氢气，防止氧化。

（2）在进行预备实验时必须树立安全、环保的意识，选择好实验方案，控制好实验条件，改进实验装置和实验方法，消除不安全因素，避免人身伤害，防止有毒物质的泄漏等。

案例 6-3　"氢氧混合气体的爆鸣"实验方案的选择

【方案 1】用金属筒收集氢气，然后点燃气体，如图 6-2 所示。

【方案 2】用小塑料杯代替金属筒收集氢气，然后点燃气体，方法同方案 1。

【方案 3】用矿泉水瓶的上部收集氢气，然后点燃气体，如图 6-3 所示。

【方案 4】将氢气通入肥皂水中，再点燃肥皂泡。

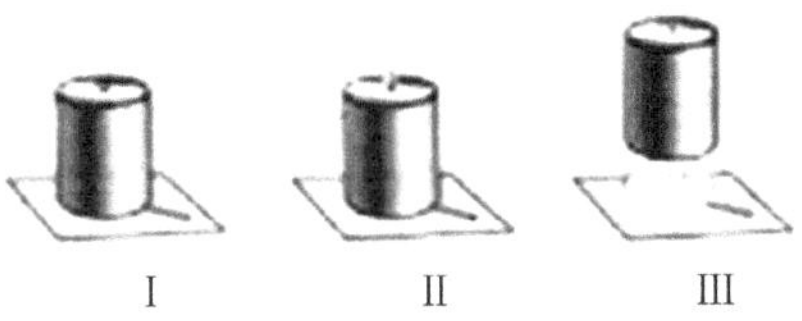

图 6-2　氢氧混合气体爆鸣实验方法

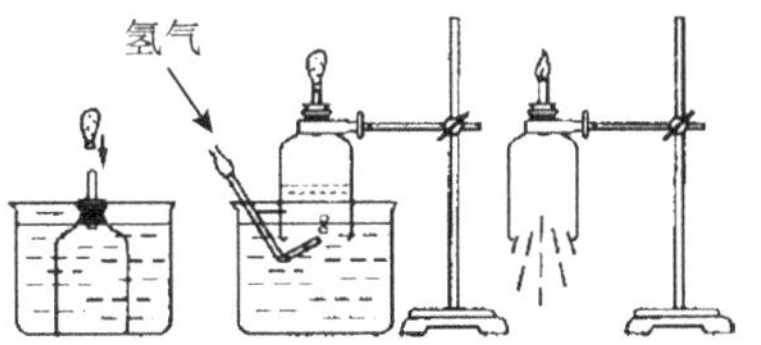

图 6-3　氢氧混合气体爆鸣实验改进方法

案 例 分 析

方案 1 存在不安全的因素。用金属筒作反应器，一方面在爆炸后金属筒弹起后掉下的过程有可能会伤及学生和教师；另一方面会给学生造成恐惧心理，使之对学习化学产生厌倦和恐惧。

从安全的角度，方案 2 消除了不安全因素，但是实验产生的爆炸声仍然较响，对于初上讲台的年轻教师，特别是女教师来说可能会有一定的恐惧或在操作时感到手忙脚乱；另外从安全的角度，气体的收集量比较少，这样不便于学生观察氢气先安静燃烧后发生爆炸的现象。

方案 3 克服了方案 1 和方案 2 的不足，使实验能够安全进行，简化操作，提高观察的直观性。由于容器较大，收集的气体较多，能够让学生观察到氢气安静燃烧；同时由于反应是在开放的体系中进行的，实验能够保证在安全的条件下进行。

方案 4 克服了方案 3 操作麻烦的不足，既能听到爆鸣声，又能看到火光，使实验既安全，操作又简单。

（四）现象直观，便于观察

1. 演示实验要注意直观性

演示实验作用之一就是为学生提供直观、感性的认识，因此所进行的演示实验要现象鲜明、易于观察，能够准确、直接地说明有关问题。为此，在选择和设计演示实验时，要尽量选择反应中有颜色变化、气体生成、沉淀析出、物质溶解、发光、发热、燃烧、爆炸等现象鲜明的实验。

案例 6-4　认识“酸与碱反应生成盐和水”反应规律实验方案的设计

方案 1：用 H_2SO_4 与 NaOH 溶液的反应，说明“酸与碱反应生成盐和水”这一反应规律。

方案 2：用 H_2SO_4 与 $Cu(OH)_2$ 固体反应，说明“酸与碱反应生成盐和水”这一反应规律。

案 例 分 析

从反应原理上看，两种方案都能够说明“酸与碱反应生成盐和水”这一反应规律。但是从演示实验的直观性来看，方案 1 不够好。因为 H_2SO_4 和 NaOH 溶液两者都为无色溶液，而反应产物 Na_2SO_4 也为无色溶液，在反应中观察不到明显的现象。虽然可以在溶液中加入指示剂观察溶液反应前后颜色的变化来说明反应的发生，但是对于初中学生来说就会使实验结果的分析变得复杂，同时仍然观察不到生成物的任何现象。

而方案 2 从直观性上考虑就优于方案 1。它在选择反应物时考虑到反应物的颜色和形态及生成物的形态，$Cu(OH)_2$ 蓝色固体与无色的 H_2SO_4 溶液反应生成蓝色的 $CuSO_4$ 溶液。这样便于学生直观地观察到反应发生。

2. 尽可能提高观察的可见度

对于某些不易观察的实验现象，应采取措施增强实验的观察效果。

（1）加背衬。一般浅色物质（如乳白、淡黄、肉红沉淀等）用黑色的背衬；深色物质和透明溶液可用白色的背衬。

（2）采用对比对照的方式。例如，用石蕊试液检验 NaCl 溶液的酸碱性时，可以用蒸馏水作对比，这样可以让实验更有说服力。

（3）若室内光线太暗时，可以用强光照射。

（4）用实物展示台或用摄像头放大实验的观察部位，或将需要观察的容器放到盛水烧杯中，利用凸透镜放大的作用将微弱的现象放大进行观察。

（5）对于一些无颜色变化或变化不明显的实验现象的观察，可将反应观察的对象转化成可见或更鲜明的现象。例如，有一氧化氮生成的实验，产生的一氧化氮为无色气体，观察不到气体的产生，可以将其转化成二氧化氮来观察。又如，演示“蜡烛在氧气中燃烧”实验时，学生很难看到瓶壁上有水雾产生的现象，可事先在瓶壁上撒少量的高锰酸钾细粉末，蜡烛燃烧生成的水使高锰酸钾溶解在其中，将水染成鲜艳的紫红色，沿瓶壁流下，使全班学生都能清楚看到。

（6）对于实验现象不太明显又无危险的实验，在仪器容易拿动的情况下，要尽可能拿到学生中走动，让学生观看；对于不易拿动的仪器，可让学生代表上台观看，然后把观察到的现象告诉其他同学。

（7）对于反应变化太快或太慢的实验现象的观察，有条件的学校可将实验录制下来慢放或快放让学生观察。

（五）关注学生，注重细节

教师的演示实验要让全体学生都能够很好地观察，因而在操作时要注意以下几点。

（1）实验仪器的安装要有利于学生的观察。

演示实验是学生观察的实验，而仪器的安装也是学生观察的一部分，因而实验仪器的安装要有利于学生观察，按照学生的观察习惯进行安装。仪器的常规安装顺序通常是：从下到上，从左到右，若按照这样的顺序安装仪器，学生观察的顺序就是从右到左了，所以教师在安装仪器时，仪器一定要面对学生（包括铁架台），安装顺序为：从下到上，从右到左，拆卸仪器则相反。

（2）演示实验的现象要有利于学生观察。

在演示实验时要使学生很好地观察到反应的变化，要注意仪器的大小和药品的用量有利于学生对现象的观察，即演示实验所用的仪器的大小、药品的多少，要使全班学生都能够看清楚。因而，进行演示实验要选择适当大的仪器，所使用的药品用量要适当多。

（3）实验仪器和装置的摆放与安装要有利于学生观察。

为了便于学生观察，进行演示实验时，仪器和装置的摆放与安装要注意以下问题：

（i）演示的台面要高于学生坐立的高度，能够让所有学生都能够看到台面上的仪器，若讲台太矮，可通过在讲台上垫木箱或凳子来解决。另外，讲台一般都有边沿，通常会挡住学生的观察，要注意所有仪器的安装都应高于边沿。同时，教师站立的位置及操作时的手臂也不能挡住学生的观察视线。

（ii）演示时，台面上仪器和装置的摆放要突出主体，不用或暂时不用的物品不要摆放在台面上，要求学生重点观察的仪器要放在前面，不重要的物品放在后面，以免挡住学生视线或分散注意力。

（iii）化学仪器的摆放还要注重和谐有序，仪器的大小、高低、长短要协调，布局合理，仪器和台面干净整洁，给学生美的享受，同时让学生养成严谨、一丝不苟的科学态度。

（六）操作规范，注重示范

演示实验具有“言传身教”“潜移默化”的作用。因此，教师要注重实验操作的规范，养成良好的实验习惯。为此，教师必须做到：每次实验都要规范操作，严格遵守实验操作程序，注重台面的干净、整洁，言传身教地对学生进行正面的影响。

（七）把控时间，提高效率

课堂教学中，演示实验只是其中的一部分，若太慢则会影响教学任务的完成。同时，演示实验又可以为学生提供操作的模仿和现象的观察，若太快则学生无法观察和模仿。一般来说，演示实验的时间最好控制在3～5 min。对于一些实验时间较长的实验，可以在课前做一些准备，如搭建实验装置，将一些反应物预热，将实验中的一部分内容在课前准备好，在课堂上演示关键部分实验。对于反应较慢的实验，可以让学生课后再观察结果或通过课前录制实验视频，在课堂中快放以达到既节约时间又能很好地观察到现象的目的。

（八）注重引导，得出结论

演示实验的最终结果是要获得一定的结论。如何从实验过程中宏观可见的实验现象得出物质变化的微观本质？不同的教学方法体现出不同的教育理念。先进的教育理念要求以学生为中心，让学生通过实验现象，归纳、推理得出实验结论。在此过程中，教师要引导学生认真分析实验现象，从现象到本质引导学生进行科学抽象，推理判断，得出结论。这一过程也是培养学生逻辑思维能力和科学方法的重要过程。教师应在引导学生进行分析、归纳、推理上下功夫，不应直接告诉学生演示实验的结论。

（九）合理设计，演讲配合

实验演示要做好，更要与讲授配合好。讲到什么地方做演示？是先讲后做、边讲边做，还是先做后讲？怎样引出问题，通过什么过程说明问题得出结论？哪些地方要向学生交代，哪些地方要提醒学生注意？哪些仪器的装置要仔细地讲解，而另一些部件的作用却可以不讲？这一系列问题都需要课前结合教材内容的特点仔细考虑好，课堂上才能层次清楚、主次分明地讲好做好，才能发挥演示的作用，调动学生的积极性和主动性，收到讲课和演示有机配合的效果。这就要求教师在备课时不仅注意演示的直观性和可行性，而更重要的是如何引入、讲解、分析、启发和总结。实验演示是课堂教学的有机组成部分，不能孤立地考虑，以致与讲课脱节。

三、演示实验的教学策略

（一）正确确定演示实验的呈现形式

演示实验的呈现形式有：先实验后讲解、先讲解后实验、实验和讲解并进三种形式。

1. 先实验后讲解

对于化学原理不太复杂、实验装置和操作都比较简单、现象比较鲜明的实验，可采取“先实验后讲解”这种形式。“先实验后讲解”这种形式符合由具体到抽象的认知规律，适合于概念教学。

案例6-5　“氢气还原氧化铜”演示实验教学设计

【提出问题】前面实验我们知道了氢气的物理性质，那么氢气具有什么样的化学性质呢？今天我们通过实验来说明氢气的化学性质。

【实验探究】进行“氢气还原氧化铜”演示实验（实验过程：略）。

【分析归纳】黑色的氧化铜与氢气，在加热的条件下反应生成了一种红色的物质。同学们能猜一下这红色的物质是什么呢？我们前面学过红色的物质有Cu、Fe_2O_3，反应物是氢气和氧化铜，运用质量守恒定律分析这种红色的物质是什么。

【得出结论】因为反应物中没有铁元素，所以红色物质应该是铜。

【总结提升】氢气夺取了氧化铜中的氧，结合生成水，氧化铜失去了氧，最终变成了金属铜：

$$H_2 + CuO \xlongequal{\triangle} Cu + H_2O$$

氧化铜被夺去氧变成铜，被还原。氢气是使氧化铜还原为铜的物质，因此氢气具有还原性，是还原剂。我们称含氧化合物中的氧被还原性物质夺去的反应是还原反应。

案 例 分 析

本实验教学就是选择“先实验后讲解”方式进行教学设计的。通过实验演示、分析、得出结论，掌握“还原反应”的概念。这种方式为学生形成抽象的概念提供了感性知识，符合由感性上升到理性的认识过程。

2. 先讲解后实验

对于实验原理、操作或装置比较复杂、现象不易观察的实验，可以采取“先讲解后实验”的方式。通过实验前的讲解，学生可以了解实验操作或装置的特点、明确观察的内容和如何进行观察。例如，“氨催化氧化”实验，如不先讲清楚实验原理、各部分仪器的作用，学生没有一个初步的整体概念，在进行实验演示时，学生对实验的观察和思考都不能深入。若教师边实验边介绍原理、介绍实验装置的作用，则会使整个演示实验烦琐、零碎、重点不突出，干扰学生的思维，降低实验的教学功能。

3. 实验和讲解并进

这种形式主要通过展示感性经验以帮助学生进行抽象思维，并保持学生的注意力。这种形式的优点是可以随时将实验中出现的现象、问题讲解清楚，生动直观，学生容易接受。例如，在进行“二氧化碳的制备”实验时，有的学生会说“酸中产生了气体”，针对这样的错误，教师要及时引导学生观察，气体是在碳酸钙和酸的接触面上产生的。及时纠正学生的概念性错误或不规范的语言，使学生能够正确地描述实验事实。

在实际的教学中，教师应根据实验的内容和学生的认知水平确定选择哪种形式的演示实验。一般情况下，简明易懂或学生认知不足的实验应先演示，比较复杂且学生不熟悉的实验可先讲解再实验，介于两者之间的则可以讲解和实验同时进行。

（二）教会学生实验观察的方法

能否正确观察实验是能否达到演示实验教学目标的关键之一。因此，教师在实验教学中，要教会学生如何去观察实验。这就要求教师在实验过程中，要注意有目的、有针对性地指导学生进行实验的观察，并同时引导学生进行思考，学会实验观察的方法，知道“观察什么”“怎样观察”。

1. 化学实验的观察方法

（1）全面观察法。根据实验目的，从实验事实出发观察实验对象变化的全过程。在全面观察过程中，要求学生考虑反应条件、反应速率、反应现象、反应装置与实验原理、实验观察内容的关系，注意全面捕捉反应现象和仪器仪表的变化以及实验环境的变化，以形成正确的判断和结论。

案例 6-6　“钠与水的反应”演示实验指导观察的内容

【指导学生观察的方法】眼看、耳听、鼻闻、手摸。

【指导学生观察的内容】①金属钠的颜色、软硬度；②钠与水的密度比较，哪个大；③钠表面产生气泡；④反应时钠的运动、发出了什么声音；⑤钠与水反应前后状态是否一致；⑥溶液的颜色变化过程怎样；⑦烧杯温度怎样。

案 例 分 析

“钠与水的反应”演示实验的目的是要通过实验观察，对现象的分析、归纳，得出金属钠的物理性质，即钠的密度比水小、钠的质地很软、钠的颜色是银白色、钠的熔点很低，以及“钠与水的反应”的化学性质，即反应放热、反应产物是氢氧化钠和氢气。因此，在实验过程中必须指导学生对实验的所有现象全面地进行观察。

（2）重点观察法。根据实验目的的不同，对某一实验条件或实验现象的典型性、代表性进行重点观察，力求排除一些表面实验现象，抓住问题实质。在进行重点观察时，要让学生明白如何在复杂现象中抓住说明本质问题的实验现象，即在观察时要分清主次，哪些是主要的实验现象，哪些是实验的次要现象，这样在观察时才不会忽略了主要的现象。

案例 6-7　“甲烷的取代反应”演示实验指导学生观察的内容

【甲烷取代反应操作】如图 6-4 将试管插入饱和食盐水中，并固定在铁架台上；在试管中用排水法分别收集 5 体积的氯气，再收集 1 体积的甲烷，总体积不超过试管的 1/3；点燃镁带照射试管。

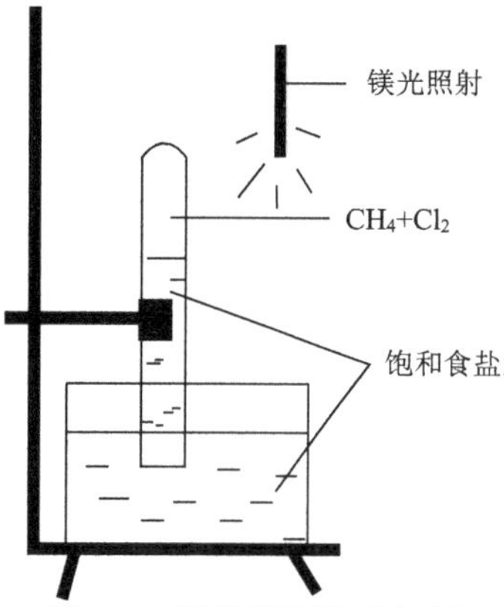

图 6-4　甲烷的取代反应装置

【实验现象】镁带点燃发出强光；液柱先下降，再升高；有“嘭”的爆鸣声；液面上升到距试管底部 0.5～1 cm 的位置，液面和试管底部有油状物质。

【指导观察的内容】气体收集的顺序以及体积；听声音；液面上升；油状物质。

案 例 分 析

“甲烷的取代反应”演示实验的目的是通过现象观察和对现象的分析、归纳得出结论：甲烷与氯气能够发生取代反应，其产物主要是四氯甲烷、三氯甲烷等。而在实验中有很多现象是与实验目的没有关系的，若不指导学生观察重点内容，就有可能分散学生的注意力，使其不能观察到应该观察的现象，就不能很好地依据现象分析、归纳得出结论，不能理解反应的实质。例如，镁带点燃发出强光，学生的观察视线可能会被它耀眼的强光吸引，而忽略了重点观察的内容；而液面下降是因为反应物气体膨胀，迅速上升是因为气体产物反应后生成了氯化氢气体，而氯化氢气体极易溶于水，所以液面迅速上升，若不重点指导学生观察，则看不到液面下降和上升的过程，就不能很好地分析、归纳得出取代反应的产物，理解取代反应的实质。

（3）对比观察法。根据实验内容不同，用相似的化学反应物质或用同一化学反应物质，通过改变不同的反应条件，利用类比的方法，使不易分辨或不易观察的细微反应现象在对比中得到明显化。在对比观察法中，注意掌握对比条件的选择和确定，以排除因对比条件掌握不准确而引起的干扰，致使出现错误的观察结果。例如，“盐类水解”实验在氯化钠溶液中滴加石蕊呈紫色，学生观察不明显，可另外用水作对比，这样就能很好地说明氯化钠溶液显中性这个实验事实。

（4）重复观察法。对于典型的重点实验或学生在观察实验现象时容易发生错误的实验，教师可以重新操作，让学生重复观察，以获得正确的观察结论。例如，银氨溶液的配制，要引导学生重点观察硝酸银中滴加氨水时溶液的变化情况，即溶液产生白色沉淀、沉淀逐渐增多、沉淀逐渐溶解，直至沉淀消失。

2. 化学实验观察的顺序

在演示实验教学中，要训练学生的观察能力，要求学生学会既全面又分清主次地观察，除了掌握上述的观察方法外，还应掌握观察的顺序。

一般来说，实验的观察可以遵循以下顺序：

（1）由低级到高级：物质的物理性质→物质的化学性质。

（2）先观察实验所用的仪器，后观察实验反应的变化过程，即装置→反应物→物质变化的过程→生成物。

（3）由近到远，由上到下。

（4）由全面到局部。

3. 实验观察的主要内容

在进行演示实验时，要指导学生观察以下内容：

（1）化学实验仪器和装置。对化学实验仪器，要观察其形状、大小、比例、尺寸和构造等；对化学实验仪器装置，要求从上到下、从左到右进行整体观察，在此基础上再找出中心部位，进行重点观察，必要时还要对构成装置的仪器各个部位进行详细的观察。

（2）化学实验操作方法和步骤。观察化学实验仪器的握持方法和使用方法；观察实验装置的安装方法；观察实验操作步骤和操作方法。

（3）反应前后物质的状态和变化。对于物质的状态，要从物质的颜色、状态、气味、挥发性、溶解性等物理性质方面进行观察；对于物质的变化，要从熔化、沉淀、气体产生、放热、燃烧等化学性质方面进行观察。

案例 6-8　“钠与水的反应”实验指导学生观察的学案

在进行“钠与水的反应”演示实验时，观察和思考的主要内容如下：

（1）钠浮在水面上还是沉在水底？思考原因。

（2）钠反应是怎样运动的？

（3）钠的状态有何变化？思考原因。

（4）有没有听到声音？思考原因。

（5）滴有酚酞的水的颜色有何变化？思考原因。

案 例 分 析

实验前提出问题，使学生带着问题进行实验观察，明确观察的主要内容，使实验观察有目的性。

（三）指引观察与思维引导结合

进行演示实验时既要实时地指导学生对实验进行观察，又要不断地提出问题引导学生思考。实验证明：在观察过程中，参与积极的思维活动，可以增进对事物的理解程度。因此，教师在演示过程中应不失时机地指引学生观察与思考，围绕实验提出符合理性思维的问题。

案例 6-9　“钠与水的反应”实验教学片段记录

钠与水的反应现象小结：“浮、熔、游、红、响”。

师：钠为什么会变成小球？

生：因为它与水反应，外面的钠被消耗了，均匀地被消耗。

师：（演示）切一小方块钠投入水中，迅速成小球在水面游动。

生 1：是尖角处消耗的多，所以最后被“削”成小球了。

生 2：好像不是被“削”出来的，似乎特别圆而且光滑。

师：不是被“削”出来的话，会不会是自己“撑”出来的？荷叶上的露珠为什么是个小球？

生 1：表面张力……难道钠成液体了？

师：是成液体啦！为什么钠由固态变成液态了？

生：是反应放出的热将它熔化了吗？我刚才看到钠球周围有水雾。

师：对，反应时放出的热使钠熔化了。反应时烧杯中的水是否沸腾？说明钠的熔点怎样？

生：水没有沸腾，说明钠的熔点很低。

……

案 例 分 析

学生在教师的指导下对实验现象进行观察，在观察的基础上思考教师提出的问题，通过观察、思考，最终得出钠的熔点低的物理性质。通过肉眼看到银白色的小球，就知道是“熔”出来的，这是需要理性思维的。如果课堂上不顾学生的认知与思维，将“熔”字轻易端出，则没有充分发挥实验的教学功能。因此，在教学中要将学生的观察与思维结合起来。

四、演示实验的教学技能

演示实验的教学技能一般由引入演示、介绍媒体、实验演示、指引观察、整理分析等要素构成。在进行演示实验教学训练时，一定要把握好各个要素。

（一）引入演示

引入演示的作用就是要激发学生的兴趣和动机，明确演示的内容和目的，把学生注意力集中于教师的演示上。引入演示实验的方式一般有创设问题情境引入实验、直接引入实验两种方式。

（1）创设问题情境引入实验。这种引入方式主要是通过提出问题或创设问题情境，让学生发现问题，然后引出实验演示。这类方法具有探究性，一般是进行探究性教学时运用较多。

（2）直接引入实验。直接引入实验的方法就是没有任何铺垫，直奔主题，验证性实验常用此方法。

案例 6-10　引入实验的两种方法

方法一

从上面的实验我们知道了氯气容易与金属反应，那么它是否能与非金属的氢气反应呢？下面我们通过实验来探究一下。

方法二

氯气容易与金属反应，氯气也能与氢气在强光照下发生爆炸性的化学反应，生成氯化氢并放出大量热。下面就让我们用实验来验证一下。

案 例 分 析

上述两种引入方法，方法一带有探究性，结论并不事先告诉学生，而是设问激疑、激趣，把学生的兴趣、注意力集中于演示结论的探索上；方法二带有验证性，演示的结论事先告诉学生，学生在心理上得以满足，注意力集中于演示结论的验证上。两种方式的引入都应让学生明确实验目的，让学生知道教师演示实验的内容，以防个别学生分心后不知演示内容。

（二）介绍媒体

介绍媒体就是在引入需要进行的实验之后，介绍演示实验所需的试剂、仪器、装置等名称或结构、使用方法等，以便为演示操作服务。

介绍仪器、装置主要是介绍实验中新出现的仪器、装置，常见的可从简。例如，“物质的量浓度溶液的配制”实验，可主要介绍容量瓶的构造和使用。

介绍媒体一般随演示操作的展开而进行，药品、仪器、装置应随演示的进程而逐一介绍。不应一开始就把所有物品堆集于讲台上，以防引起学生的无意注意，分散学生的注意力。有些不易观察的仪器或构造，如容量瓶上的温度、体积标记、刻度线等，可拿到学生中让学生看清楚。配套的实验装置应分别从各部分的构造、作用等方面进行介绍。例如，氯气的实验室制备装置，应分别对气体发生装置、收集装置（根据实验需要，前面可能还有气体净化装置）、尾气吸收装置进行构造、作用的介绍。

（三）实验演示

实验演示就是教师根据一定的实验目的，规范地进行实验操作，人为地创造、控制某些条件，排除干扰，突出主要因素，使某种或某些物质实现预期的化学变化，呈现预期的实验现象，以便进行观察和研究，从而达到认识物质的组成、性质、变化、制取或应用的目的。实验演示要达到两个目的：①示范的效果；②预期的实验效果。

示范的效果主要取决于：①实验操作的正确性；②整体示范与分解示范结合实施；③示范与启发讲解结合。这就要求教师在演示实验时一定要规范操作，且注意操作与讲解结合。

预期的实验效果取决于：①对实验条件的充分掌握；②实验操作的正确性；③实验现象的清晰可见性；④实验快捷、安全、环保。这就要求教师在演示实验前对实验成败的关键、实验中不安全因素充分掌握，这样才能有目的地控制条件，在演示实验中科学、规范地操作。

（四）指引观察

指引观察就是在演示实验的过程中，不失时机地引导学生有目的、有计划、有针对性地去观察、思考实验的现象或操作，并对观察结果进行必要的记录。刺激学生的视觉、听觉、味觉、触觉等多种感官共同参与学习，准确、全面地获取实验结论所需的现象，形成鲜明的操作表象，培养学生的观察能力。

观察是实验的基础，是获取一切知识的首要步骤。观察是人们有效地探索世界、认识事物的一种极为重要的心理素质。因此，指引观察自然成为演示技能重要的构成要素。

学生观察演示实验需要教师不断地引导，从观察的内容、部位、顺序、重点等着手。在引导学生进行实验观察时，要注重教会学生观察的方法，让学生通过不断地观察学会观察的方法。

指引观察应从演示实验的目的、观察的目的出发，有目的、有计划、有针对性地进行。常用的方法有如下几种：

（1）先指导，再实验。对于化学反应速率较快、现象变化快或现象繁杂的实验，一般在化学反应进行之前就要有目的、有对象地进行观察指引，可以在实验之前引导学生从哪些方面进行观察，或布置观察的任务，这样学生才知道观察的对象和内容，才能有目的地进行观察。例如，为了说明钠与水反应的剧烈情况及反应生成物、钠熔点低、比水轻的性质，要观察钠投入水面的实验现象。在实验之前应指引学生从如下几方面观察：①钠是浮或沉于水面；②钠的形状；③钠的行动；④反应的声音；⑤反应的剧烈情况；⑥滴入酚酞的水溶液颜色等。又如，铁在氧气中燃烧的实验，为说明反应放出大量的热，事先就应指引学生注意观察铁丝在剧烈燃烧过程中会有什么状态的东西掉落于瓶底。

（2）边演示，边指导。在反应过程中，针对实验目的，有计划地及时指引学生观察，即应注意引导学生观察反应前、反应中、反应后物质在颜色、状态、气味等方面的变化情况及变化所需条件。在有重点观察的前提下，注意引导学生全面观察。例如，铜丝在氯气中燃烧的演示实验，为说明铜丝在点燃的条件下极易与氯气反应及反应产物的生成，开始时应指引学生观察红色的铜丝以及铜丝的灼热过程；灼热的铜丝放入氯气瓶中后，及时指引学生观察铜丝在氯气中剧烈燃烧的情况，以及瓶中充满棕黄色烟的现象；接着引导学生观察放入少量水于瓶中后溶液的颜色。

（3）结合问题指引观察。这种方法一般是结合演示进程，边操作边指引观察，同时结合提出的问题进行引导思维，即观察与思维相互结合。例如，氢气与氧化铜反应的演示操作，在装配反应装置和操作过程的同时提出如下问题来指引学生观察思考：①试管口为什么要稍向下倾斜？②氢气的导气管为什么要伸入接近试管底部？③加热氧化铜前为什么要先通一会儿氢气？反应结束时为什么撤灯后还要通一会儿氢气？这种结合问题指引观察的方法不仅能强化观察与认识，而且给观察带来理性成分，有利于观察与思维能力的培养。在教学中，也可以先提出问题，再进行实验演示，让学生带着问题进行观察，这样有目的、有思考地观察，可以使学生的观察更用心、更有目的。例如，乙酸乙酯的制备实验，在实验前教师先提出问题：①装置有什么的特点；②试剂的添加顺序是怎样的；③碎瓷片的作用；④长导管的作用；⑤导管口为什么在液面以上；⑥收集的试管中饱和碳酸钠的作用。让学生带着问题进行实验观察，能够很好地指示学生观察的要点，同时让学生边观察、边思考，提高实验教学的效率。

（五）整理分析

整理分析就是引导学生对观察所得的现象，联系反应的原理进行整理、分析、归纳，抽象出本质的东西，得出实验的结论。这是演示实验中感性认识上升为理性认识的重要元素，是学生思维方法学习和思维能力培养的重要步骤。让学生通过这个过程学会运用综合、归纳、演绎、推理等逻辑思维方法去认识和研究事物，从而把握概念本质的内涵和外延，正确科学地掌握所学知识，并巩固记忆，展开想象，开发智力。

根据不同教学模式，演示实验中的整理分析常用的方法有两种，模式不同，方法不同。

1. 对于探究性演示实验的整理分析

对于探究性演示实验的整理分析，一般是从实验条件和现象出发，联系反应物的组成、结构及反应性质，依据反应原理，从现象到本质，引导学生分析抽象出物质的性质或反应的生成物，或引出某一概念等，得出实验的结论，完成反应的化学方程式。这种探究性演示实验的整理分析方法通过对实验现象的分析、归纳，最后得出结论，有利于学生抽象思维能力和创造性思维能力的培养，也有利于学生主体作用的发挥。

案例 6-11　根据实验现象引导学生得出结论的教学设计

师：通过实验观察，铜与浓硫酸的反应需要在什么条件下进行?

生：铜与浓硫酸反应需要在加热的条件下进行。

师：反应开始后有什么物质生成? 溶液发生了什么变化? 说明产生的气体具有什么性质? 硫酸溶液由无色变成蓝色溶液，说明有新物质生成，这种物质可能是什么?

生：产生的气体使石蕊试剂先变红后褪色。石蕊在酸性溶液中显红色，产生的气体使润湿的石蕊试液变红，说明这种气体具有酸性；变红的石蕊试液褪色，说明这种气体具有漂白性；溶液变成蓝色，说明有二价铜离子生成，反应物中只有铜和硫酸，因此生成的新物质应该是硫酸铜。

师：产生的气体使品红溶液褪色，加热后恢复红色，那么这种气体是什么物质?

生：二氧化硫能够使品红溶液褪色，生成不稳定的无色物质，在加热条件下会恢复红色，生成的这种气体应该是二氧化硫。

师：铜与浓硫酸在加热的条件下发生反应，生成了硫酸铜和二氧化硫，铜由零价变成正二价，硫由正六价降为正四价，说明发生了什么反应，大家根据实验结果写出反应的化学反应方程式。

生：发生的是氧化还原反应，其反应方程式是

$$Cu + 2H_2SO_4(浓) \xlongequal{\triangle} CuSO_4 + SO_2\uparrow + 2H_2O$$

案 例 分 析

本教学设计是学生在教师引导下通过对实验现象的整理，在教师的引导下联系硫酸和铜的组成，结合前面所学知识，分析、抽象出产物气体是二氧化硫，蓝色溶液中含有二价铜离子，溶液应为硫酸铜溶液。这个分析过程有利于学生抽象思维能力和创造性思维能力的培养，也有利于学生主体作用的发挥。

2. 对于验证性实验的整理分析

验证性实验：在实验前学生已知道实验的结论或提出了假设或猜想，故实验现象已不再是学生探求反应发生和反应生成物的依据，而是根据实验现象确定是否如假设或猜想的那样发生反应或有预设的反应物生成，是对实验的整理与分析应联系预先知道的或猜想的生成物性质加以对照、确认。例如，案例 6-11 中的铜与浓硫酸反应，若以验证性演示实验整理分析应从二氧化硫和硫酸铜的性质出发，引导学生对照实验现象一一加以验证确认。这种整理分析的立足点是对结论的证实。

五、课堂教学中演示实验常用类型

中学化学教学的特征就是以实验为基础，这一特征决定了中学化学教学中演示实验的内容丰富，形式多样，因而有不同类型的实验演示技能。从演示实验的认识方式看，演示实验常用的类型有：示范性演示、验证性实验演示、探究性实验演示。

（一）示范性演示

示范性演示是通过教师对仪器、试剂的规范操作示范与说明，并引导学生观察，让学生形成清晰而又规范的操作表象来学习实验的基本操作和实验方法的一种演示类型。示范性演示主要用于学生实验基本操作训练的教学，演示实验的操作（如演示滴定、过滤等）和实验方法（如演示容量瓶的使用、托盘天平的使用等）。

示范性演示的一般活动程序如下：

提出演示主题——介绍媒体——操作示范与指导观察——操作强化

案例 6-12　“容量瓶的使用”演示过程教学设计

【引入演示】今天，我们来学习一种用于配制较准确浓度溶液的仪器——容量瓶，并学习用其配制一定浓度溶液的方法。

【板书】容量瓶的使用。

【介绍媒体】展示 50 mL、100 mL、250 mL、1000 mL 容量瓶，并引导学生观看其形状、结构、刻度线、体积与温度的标号，并加以说明。

【示范与观察】

（1）容量瓶是否漏水检验的方法示范与观察：用食指顶塞、五指托瓶→倒转→旋塞 180°→倒转。

（2）配制溶液方法、步骤的示范与观察：称量→溶解→移液→洗涤→振荡→定容→摇匀→转移。

【操作强化】

（1）重点操作强调：

（i）提问学生：为什么溶解物质要在烧杯中溶解，不能直接在容量瓶中溶解?

（ii）引流操作：二靠（玻璃棒下端紧靠瓶颈刻度线以下内壁、烧杯口紧靠玻璃棒）、一离（玻璃棒离开瓶口内壁）。

（iii）定容操作：眼平视刻度线，凹液面与刻度线相切。

（2）学生演示：由两名学生上讲台分别演示引流操作和定容操作，其他学生评价其操作的正误。

（二）验证性实验演示

验证性实验演示是“在教师讲授有关化学知识之后，或者在学生阅读教材后，了解了有关化学知识和化学实验的叙述，再由教师演示实验，用来证实某些化学事实、物质的某些性质、某些变化规律和所得的结论”的一种演示，或者是为了验证教师或学生提出的假设或猜想进行的实验演示。

验证性实验演示的一般活动程序如下：

提出理论——演示实验——现象分析——印证结论

案例 6-13　氯气与非金属作用验证性演示实验微型教学设计

【提出理论】氯气是一种活泼的非金属，它不仅能与活泼金属直接化合，也能与许多不活泼金属反应。例如，红热的铜就能在氯气中剧烈燃烧，生成氯化铜。下面就让我们来观察铜与氯气反应生成氯化铜的实验。

【板书】$Cu + Cl_2 \xlongequal{点燃} CuCl_2$

【演示实验】将灼热后的铜丝放入盛有氯气的集气瓶中，指引学生观察瓶中的现象，反应后注入少量水，观察溶液颜色。

【实验现象板书】红热的铜丝剧烈燃烧；瓶中充满棕黄色的烟；溶液呈绿色（或蓝色）。

【整理分析】绿色（或蓝色）溶液证实含有Cu^{2+}，棕黄色的烟是$CuCl_2$小颗粒。

【结论板书】实验证实：$Cu + Cl_2 \xlongequal{点燃} CuCl_2$。氯气在一定条件下可与不活泼金属发生化学反应生成氯化物。

验证性实验演示虽能从感性认识的角度来说明、强化理论知识，有利于知识的学习与巩固，但它在发挥学生主体作用、发展学生的求异思维能力和探索精神上显得不足。验证性实验演示一般用于物质的制备，有时也用于物质的性质实验。

为了能够发挥学生的主体作用，在进行教学设计时，应该将教学过程设计成探究性的教学，让学生发现问题、提出假设或猜想，这样就可以发挥验证性实验的作用。

（三）探究性实验演示

探究性实验演示是教师不事先告知实验结论，而是通过演示引导学生在实验和观察的基础上，自己通过科学抽象和逻辑思维，归纳、概括得到理性认识的一种演示方式。探究性实验演示一般是问题、实验在前，化学概念的形成、规律性的认识在后。

探究性实验演示活动常用的程序有两种，分别如下。

探究性实验演示的活动程序Ⅰ：

提出理论 — 实验探究 — 收集证据 — 科学抽象 — 得出结论

模式中的“科学抽象”是指在人的思维中，排除认识对象的非本质属性，而抽取其中共同的、本质属性的一种科学方法。进行科学抽象，需要运用比较、分类、归纳和概括等逻辑方法。

案例 6-14　氯气与非金属作用探究性演示实验微型教学设计

【提出问题】我们知道氯气可与活泼金属如钠反应，那么氯气能否与不活泼金属发生化学反应呢？下面就让我们来看铜在氯气中的实验。

【板书】$Cu + Cl_2 \longrightarrow ?$

【实验探究】

（1）铜丝不灼热时伸入氯气瓶中。

（2）灼热的铜丝立即伸入氯气瓶中。

（3）反应完成后向瓶中注入少量水，用玻璃片盖住瓶口，振荡。

指引学生观察上述实验现象。

【实验现象板书】

（1）不灼热的铜丝未见现象变化。

（2）灼热的铜丝在氯气中燃烧，瓶中充满棕黄色的烟。

（3）注入少量水后，溶液呈绿色（或蓝色）。

【科学抽象】引导学生分析，抽象出结论：

（1）灼热的铜丝能与氯气发生化学反应。

（3）绿色或蓝色溶液说明溶液中含有 Cu^{2+}。

（3）因反应物是 Cu 和 Cl_2，故棕黄色的烟应是 $CuCl_2$ 小颗粒。

【结论板书】引导学生写出化学方程式，得出结论：$Cu + Cl_2 \xlongequal{点燃} CuCl_2$

氯气在一定条件下能与铜等不活泼金属发生化学反应。

探究性实验演示的活动程序Ⅱ：

提出问题 — 收集资料 — 提出假设 — 验证假设 — 得出结论

模式中的假设是指根据已知的实验事实和科学理论，对未知的自然现象及其规律所做的一种推理和解释。假设的形成一般要经过提出假设和验证假设两个阶段。假设的验证包括实验验证和理论验证。实验验证是最直接、最可靠的方式。

案例 6-15　氯气漂白原理探究性演示实验微型教学设计

【提出问题】氯水可以使有色物质漂白，这是大家已知的事实，而氯水是一种混合物，到底起漂白作用的是什么物质呢？

【收集资料】引导学生收集如下已知的事实：

（1）氯水含有的物质有 Cl_2、H_2O、HClO、HCl。

（2）$Cl_2 + H_2O \xlongequal{} HCl + HClO$。

（3）盐酸与水无漂白性。

【提出假设】引导学生进行猜想与假设：

（1）Cl_2 具有漂白性。

（2）HClO 具有漂白性。

【实验探究】引导学生设计如下实验对上述两种假设进行检验：

将经过浓硫酸干燥的氯气，先通过干燥的有色物质，后通过湿润的有色物质，观察观象。

【实验现象收集】干燥的有色物质不褪色，湿润的有色物质褪色。

【解释】引导学生对实验现象进行分析解释：

（1）氯气通过湿润的有色物质，发生了如下化学反应：$Cl_2+H_2O \xlongequal{} HCl+HClO$。

（2）HClO 与有色物质发生了反应，使有色物质漂白。

【得出结论】氯水的漂白原理是：Cl_2 与 H_2O 反应生成了 HClO，HClO 具有漂白性。

探究性实验演示技能，因问题在前，结论在后，重视知识的形成过程和探究过程，故能激发学生的求知兴趣，有利于学生主体作用的发挥，同时也有利于发展学生的探索精神和科学方法的训练，有利于培养观察、推理和直觉思维等能力，是值得提倡的一种演示技能。

六、演示实验与学生实验的区别与联系

（一）演示实验与学生实验的区别和各自的作用

1. 演示实验与学生实验的教学方法不同

（1）演示实验与学生实验的最大区别在于实验操作人不同。演示实验是教师动手进行实验，而学生实验是由学生自己动手完成的实验。

（2）学生实验前教师需要交代实验的相关注意事项等，而教师演示实验则不需要，只有特殊的注意事项需要交代。例如，氢气的点燃，需要特别强调爆炸极限和检验纯度的操作等。

（3）学生的学案有所不同，主要表现在：学生实验要有实验注意事项、实验观察的主要内容、观察的部位、需要记录的表格或如何记录的指导等提示和强调，而教师的演示实验可以不用，只需教师在实验过程中用语言引导学生观察即可。

（4）演示实验一般都是装置、操作相对复杂，或实验成本相对较高，或实验有一定危险的实验；而学生实验一般是装置、操作相对简单，实验的安全性较好，实验成本相对低，实

验现象相对明显的实验。

（5）实验的时间不同。演示实验只是课堂教学的一部分，实验的时间一般要求控制在 3～5 min，特殊情况最多不超过 10 min；随堂实验也只是课堂教学的一部分，因学生能力的限制，时间要长于演示实验；实验课实验则是利用 40 min 整堂课的时间由学生进行实验。

（6）演示实验与实验课实验的板书内容不同。演示实验因是课堂教学的一部分，板书的内容和板书的时间要根据课堂教学程序和内容来确定，讲到什么内容，板书什么内容，板书的内容与讲授内容同步；而实验课实验可以与随堂实验一样，随着教学的进行同步板书，也可根据教学内容事先书写在黑板或小黑板上临时展示。

2. 演示实验与学生实验的作用不同

演示实验不同于实验课实验，两者的教学目的和作用各不相同，演示实验与学生随堂实验有相同之处和不同之处。

演示实验是由教师在课堂教学过程中进行实验的表演和示范操作，并指导学生进行观察、思考、模仿的课堂实验。演示实验的作用是帮助教师在教学中解决如下问题而进行的实验活动。

（1）提出问题，引发探究：通过演示实验引出问题，激发学生去了解和解决问题，探究引起新问题的原因。

（2）传授新知识，启迪思维，训练能力：通过演示实验为学生提供直观、丰富的感性知识，启发学生思维、理解新知识，促进对知识的理解和记忆，有助于学生形成分析问题和解决问题的能力。

（3）验证假说：通过演示实验对学生提出的猜想或假说进行验证，帮助学生获取结论，形成观察、推理和判断能力。

（4）形成正确、规范的实验操作能力：通过实验演示让学生通过观察、模仿形成正确、规范的操作方法，掌握具体实验的操作步骤和操作方法。

学生实验分为实验课实验和随堂实验，其各自的作用在第七章第一节中将详细讨论，在这里不赘述。在学习完第七章第一节相关内容后再与演示实验做比较，明确各自的作用。

（二）演示实验与随堂实验的教学方法的相同之处

（1）实验的引入方法和由对现象分析归纳得出结论的过程和方法是相同的。

（2）引导学生对实验观察的内容相同。

（3）两类实验都可以用探究性和验证性的教学模式进行教学。

（4）板书的内容和格式几乎相同。

（5）演示实验和随堂实验的方案设计均可以是教师与学生一起共同完成，也可以是教师自己在课前设计好，或按照教材中的方法进行。

七、演示实验教学训练的要求及注意事项

从上面的分析比较可以看出演示实验与学生实验的区别和联系，因而两种类型的实验的教学方法和程序有所不同。

1. 依据实验的类型进行教学设计

进行教学设计时，要注意演示实验与学生实验教学方式及讲授内容的异同来设计教学内容和方式。在训练中要注意以下几点：

（1）演示实验是课堂教学中的一个片段，而不是完整的一节课，训练内容是一节课中的一部分。在进行教学设计时，一定要注意教学目标的确定只是与实验教学相关的内容，不能以真实课堂一节课的内容来设置教学目标；教学训练内容：提出问题，引出演示实验→进行实验演示，引导学生观察→根据实验现象引导学生分析得出结论。

（2）进行教学设计时，要思考如何承上启下地进行实验教学。实验前，应该设计什么问题，引出实验；实验中，应清楚实验的目的、重点，根据实验的重点，有目的地指导学生观察；实验后，应如何引导学生分析、归纳、得出结论。

（3）对于参考的教学设计，不能完全照搬照抄，只能参考吸取优点，且根据训练要求和时间进行设计。

（4）教学设计一定要体现“以学生为主体，教师为主导”的教育思想，切忌整堂课都是教师讲、学生听的现象。备课时，一定要将拟进行教学的内容所包含的知识点一一细分并设置成有层次、有梯度的问题，让学生在教师的引导下利用已有的知识和经验解决问题、自主地建构知识。

2. 根据学生已有的认知与能力确定讲授和演示的内容

演示实验一般不对实验的具体操作进行专门的操作示范，只是对一些有一定危险的操作加以提示。但是，对于学生完全没有学过的实验操作，或虽然学过但是该操作难度大或有一定危险或很长时间没有接触过的操作，就需要教师进行必要的讲解和操作示范。例如，教材中作为新课进行的实验基本操作训练（初中和高中），就需要教师边讲解边示范；高中的粗盐提纯实验中的过滤操作，因实验操作机会较少、时间相对较久远，对滤纸的折叠，学生会有遗忘，则需要教师重新进行讲解和示范。

3. 重视讲课训练前的实验准备

无论什么类型的实验教学，教师都必须精心准备，避免在课堂上出现意外或实验不能很好地进行下去的情况。因此，要求教师在课前做好实验前的准备。作为师范生进行讲课训练时更应重视讲课训练前的准备，应做好以下工作：

（1）探究出最佳的条件，为学生呈现最佳的观察效果。实验条件不同，物质的状态、性质和变化就不同。例如，乙醇与浓硫酸的反应在 130～140 ℃时生成乙醚，在 160～170 ℃时生成乙烯。因此，教师在进行实验教学前，都要进行预备实验，了解实验的最佳条件。探究最佳的实验条件不仅仅是保证实验成功，得到应有的现象，作为演示实验还需要给学生呈现最直观、最明显的实验现象，有利于学生的观察。因此，在实验操作训练时，不仅仅是做实验，更重要的是总结、记录实验所需要的条件，在讲课训练中严格按照预备实验的条件进行。

（2）掌握实验的步骤，明确实验的注意事项。通过预备实验，教师可以熟悉实验操作步骤，了解每一步骤的目的和作用，总结出实验的注意事项，避免实验中出现问题导致实验失败，更应避免出现安全事故发生意外。

案例 6-16　“氢气的燃烧”实验在实验准备期间需要明确的问题

1.“氢气的燃烧”实验必须明确它的注意事项和各操作步骤的目的和原理。

（1）氢气点燃前应该注意什么问题？

由于氢气与空气的爆炸极限是 4%～74.2%，必须气体纯净后才能点燃，一定要明确的注意事项是：点燃氢气前一定要检验纯度，纯净后才能点燃，纯净的标准是：用小试管收集气体，点燃时听到“噗”的声音表示纯净，尖锐的爆鸣声说明不纯净（注意：当氢气量低于 4%时也听不到尖锐的爆鸣声，则还需要配合观察是否有火团和水雾产生来证明氢气是否纯净）。

（2）检验纯度的操作是怎样的？为什么要这样做？

纯度检验的操作步骤是：用小试管收集气体用拇指捂住→呈 45°靠近酒精灯火焰→放开拇指点燃气体→听到“噗”的声音表示纯净（尖锐的爆鸣声表示不纯净，还需继续纯度检验操作）。

2. 操作训练要明确的问题。

（1）为什么用小试管收集氢气？

小试管收集的氢气量少，即使不纯净爆炸也有限，不会炸坏试管、炸伤实验者。

（2）为什么要让试管在火焰上呈 45°？

氢气密度较空气轻，在试管中不易倒出来，为了使氢气出来被点燃，则需要使试管口与火焰的角度大于等于 45°。

（4）为什么“噗”的声音表示纯净，尖锐的爆鸣声不纯净？

氢气点燃时发出的声音是：氢气与空气混合达到爆炸极限而发出的爆炸声。当氢气中混的空气不多或氢气过少时，爆炸威力不大，声音小（甚至没有声音），反之亦然。实验中试管中纯净的氢气被点燃时，大量的氢气和试管口少量的空气混合被引燃发出爆炸声，因空气量太少则发出轻微的“噗”的声音，反之则发出尖锐的爆鸣声。

（5）在检验氢气纯度时没有听到“噗”或尖锐的爆鸣声就表示气体纯净了吗？

在点燃气体时由于氢气燃烧的颜色是淡蓝色，几乎看不到火焰。当氢气的含量很低时，试管靠近酒精灯的火焰并未被点燃，因而没有声音。若这时点燃氢气，可能刚好达到爆炸极限，就会发生爆炸。所以，没有声音不代表氢气一定纯净了，一定是有“噗”的声音才表示气体纯净了。

（3）准备好实验需要的仪器和药品。在进行实验教学时，绝不允许出现缺少仪器和药品，或药品浓度和用量有问题，或缺少其他材料如打火机等情况。对于师范生的讲课训练更是如此，要养成认真进行预备实验、清点好实验用品的好习惯。

思考与讨论

（1）演示实验在化学教学中有什么重要作用？

（2）进行演示实验时应该注意什么问题？进行演示实验时如何引导学生观察实验？

（3）进行演示实验有哪些教学程序？如何设计以学生为主体的演示实验教学？

（4）进行演示实验教学时如何依据不同实验和不同的学生，选择不同的教学方法和教学方式？

（5）演示实验与随堂实验有哪些相同之处和不同之处？

📖 学习资源

蔡亚萍. 2005. 中学化学实验设计与教学论[M]. 杭州：浙江教育出版社.
顾见. 2012. 如何有效地进行初中化学实验操作技能教学[J]. 教书育人，(9)：109-110.
卢一卉. 2015. 化学实验教学研究[M]. 北京：科学出版社.
马建峰. 2006. 化学实验教学论[M]. 北京：科学出版社.
明新启. 2007. 化学实验的类型及采取的教学方法[J]. 职业教育，(1)：24-26.
王海燕. 2012. 谈谈物理教师的演示实验技能[J]. 中学物理，30(2)：59-60.
王磊. 2009. 中学化学实验及教学研究[M]. 北京：北京师范大学出版社.
王倩. 1999. 用微格教学模式训练师范生化学演示实验技能[J]. 青岛大学师范学院学报，16(2)：90-92.
文庆城，许燕红. 2007. 化学课堂教学技能训练教程[M]. 2 版. 南宁：广西教育出版社.
郑长龙. 2009. 化学实验课程与教学论[M]. 北京：高等教育出版社.

第二节　中学化学演示实验教学技能实作训练

训练六　“氧气的实验室制取及性质”实验操作及教学训练

【训练目标】

（1）了解“氧气的实验室制取及性质”实验在教材中的地位和作用，明确实验的教学目的。

（2）通过操作训练，掌握“氧气的实验室制取及性质”实验的操作技术。

（3）通过讲课训练，学习“氧气的实验室制取及性质”实验的演示技能和教学技能。

【实验原理】

氧气的制备有以下几种方式：

（1）氯酸钾在二氧化锰催化下分解制取氧气

$$2KClO_3 \xlongequal[MnO_2]{\triangle} 2KCl + 3O_2\uparrow$$

（2）高锰酸钾分解制取氧气

$$2KMnO_4 \xlongequal{\triangle} K_2MnO_4 + MnO_2 + O_2\uparrow$$

（3）过氧化氢在二氧化锰催化下分解制取氧气

$$2H_2O_2 \xlongequal{MnO_2} O_2\uparrow + 2H_2O$$

【训练步骤】

一、课前准备

（1）实验前，认真阅读第四章第二节有关气体制备、收集与净化的操作，复习和回顾气体的制备、收集和装置气密性的检验的方法及注意事项，熟记正确的操作方法和操作步骤。

（2）阅读人教版初中化学教材（上册）及相关的内容，查阅相关的教学参考资料，梳理出实验室制取氧气的方法（课堂教学和实验课教学）。掌握各种制备方法的实验原理、装置原理、实验步骤以及注意事项等。

（3）在查阅资料的基础上，思考以下问题：

（i）几种制备方法各自的优点和缺点，以及实验中的注意事项（重点从实验的安全问题和实验的效果等方面进行思考），作为演示实验用什么方法制备氧气较为方便和环保？

（ii）根据“氧气的制取及性质”演示实验的实验教学目的，思考：进行木炭、硫、铁丝和蜡烛在氧气中燃烧的实验时燃烧的产物是什么？在收集气体时，分别用什么方式收集气体？进行这几个实验时，在物质的用量、集气瓶的大小和操作上应分别注意什么问题？

（iii）“氧气的制取及性质”课堂实验与实验课实验在教学重点和教学方式上应该有什么区别？

（4）根据实验所需气体体积，计算出所需要的反应物的质量（氯酸钾与二氧化锰的比例为 3∶1～4∶1 时产气速率较合适）。实验中至少需要制备多少毫升氧气？需要反应物分别是多少？

（5）阅读本章第一节中“演示实验的教学要求”“演示实验的教学策略”“演示实验的教学技能”“课堂教学中演示实验常用类型”等内容，思考进行演示实验的教学要求和进行演示实验的方法及注意事项等问题。

（6）根据直观、简单、安全、可靠的原则，进行“氧气的制取及性质”演示实验的教学设计。教学设计要特别注意：①明确本实验中的“安全”主要指哪些方面；②明确演示实验的教学目的，在演示过程中应该如何指导学生进行实验的观察、实验观察的内容、顺序和观察的重点；③语言的组织，实验演示前、演示过程中的主要内容及演示后根据实验现象引导学生进行分析、归纳最后得出结论等方面的语言的组织内容。

（7）根据以上思考，完成以下任务：

（i）写出“氧气的制取及性质”实验操作训练的预备报告。

（ii）分别写出“氧气制备”“氧气的性质”实验课堂教学的教学设计（包括板书设计），在课前交指导教师审阅，并在训练前熟悉教案。

二、课堂训练

（一）实验操作训练

1. 氧气的制备操作训练

（1）用氯酸钾分解制取氧气。按照图 6-5 安装制备氧气的装置和收集装置，按照第四章第二节中“气密性的检验”方法检验装置的气密性。

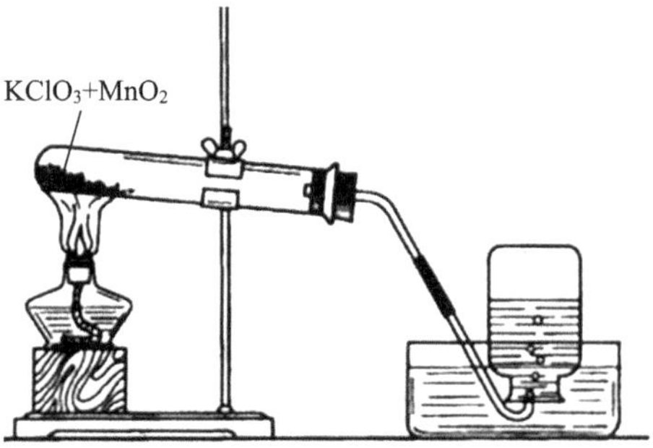

图 6-5　氯酸钾分解制取氧气

取 9 g 氯酸钾、3 g 二氧化锰分别压（研）细后再小心混合均匀（请思考：为什么？），然后装入图 6-5 中的试管中，斜铺在试管底部，塞上单孔塞。点燃酒精灯，预热，然后将酒精灯固定在固体反应物的前端加热，待前端反应完后再将酒精灯往后移动，继续加热。待试管中的空气排净后，用排水法收集氧气，收集好氧气的集气瓶用毛玻璃片（毛玻璃片的毛面朝向集气瓶的毛面）盖好后放在桌上备用。

实验注意事项：

（1）氯酸钾是强氧化剂，若混有少量的可燃物质，在加热或摩擦时都可能引起爆炸。因此，在称量氯酸钾水不能用一般的纸，而要在表面皿或塑料薄膜上进行称量；大颗粒的氯酸钾晶体必须放在研钵中用研杵轻轻压碎，切忌研磨或敲打。二氧化锰中可能混有一些可燃物质，因此在使用前要放在蒸发皿中炒制，以除去可燃物。在制备氧气的过程中，若发现有火星应立即停止加热，重新处理和更换药品后再实验。

（2）制取装置中，试管口必须向下倾斜 25°～30°。若倾斜角度太小，加热时药品中所含的水分变成水蒸气，到管口处冷凝成水后易倒流致使试管破裂；若倾斜角度太大，试管底部的药品会滑到试管的中前部,过于分散无法集中加热而影响氧气产生的质量和速度。

（3）安装装置时，将铁夹夹在离试管口 1/3 处，避免挡住加热操作；且铁夹内应垫上软布或纸条，避免夹坏试管。同时注意装置安装要面对学生，满足学生的观察习惯。

（4）用固体加热制备氧气时，酒精灯应先放在药品的前端，然后慢慢移向后端，这样有利于药品充分反应，若先放在试管底部，产生的气体会将前端的药品冲散，而使药品不能充分利用。

（5）停止反应时，要先将导管从水中取出，再拆酒精灯，避免水倒吸而使试管炸裂。

（6）收集的气体可能会有白烟，白烟的成分主要是氯化钾和氯酸钾的混合物，出现此现象的原因是部分氯酸钾和氯化钾气化后在气相中凝固，随着氧气一起被带出来。所以，反应时要控制反应速率（催化剂用量、加热温度），集气瓶中留少量水，盖上毛玻璃片后振荡集气瓶，再静置，即可将白烟消除。

（7）水槽中的水要适当多一些，避免收集气体时集气瓶的口露出水面，进入空气。

（2）用过氧化氢分解制取氧气。如图 6-6 安装装置，用注水法检验气密性（检验方法：见第四章第二节中“气密性的检验”）。

在锥形瓶中加入 2 g 二氧化锰，塞上带有漏斗的单孔塞。在漏斗中加入 30 mL 5%过氧化氢。连接好装置后，打开滴液漏斗的活塞（注意：将漏斗口上的孔与活塞上的凹槽对齐，使其与大气连通），缓慢地滴加过氧化氢，待锥形瓶中的空气排净后用排水法收集氧气，收集好氧气的集气瓶用毛玻璃片盖好后放在桌上备用。

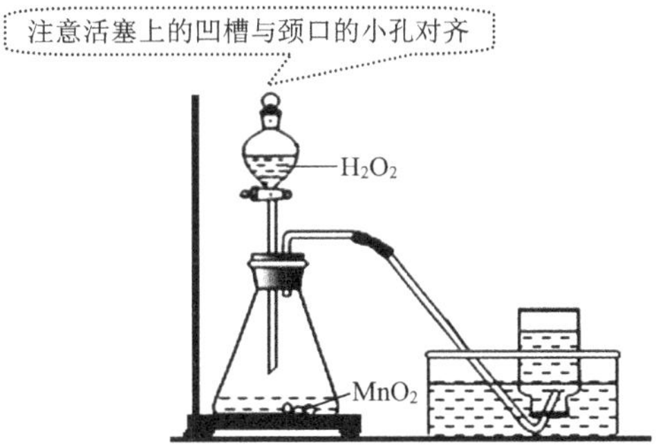

图 6-6　过氧化氢分解制取氧气

实验注意事项：

（1）过氧化氢具有较强的腐蚀性，配制稀的过氧化氢溶液时，要避免弄到手上或实验台面上，若不小心弄到手上要及时用水冲洗，配制完毕及时洗手并擦干净台面。

（2）反应装置一定要固定在铁架台上，避免实验时翻倒损坏仪器，导致实验失败。

（3）为防止产气过程中锥形瓶中气压过大影响过氧化氢的加入，可改用恒压滴液漏斗替换滴液漏斗。

（4）实验完毕，将二氧化锰用清水洗净，静置，回收到指定容器，避免污染环境。

（3）用高锰酸钾分解制取氧气。如图 6-5 安装装置，检查气密性后，取 3～4 g 高锰酸钾装入大试管中，管口塞上一块蓬松的脱脂棉，塞上单孔塞。点燃酒精灯，预热后固定加热，待试管中的空气排净后，用排水法收集氧气。

> 实验注意事项：
>
> （1）实验完后的废物要回收到指定容器，避免污染环境。
>
> （2）用排水法收集氧气时，制备气体装置中试管的高度要以导气管的管长部分为准，导气管的下端必须在水槽里，离水槽底 1 cm 左右，且导管口必须在水面下 3～4 cm 处，避免乳胶管折叠使气体不能通过导管出来，使胶塞被冲出；事先将集气瓶灌满水倒扣在水槽中，毛玻璃片毛面朝上放在水中，方便取出集气瓶。
>
> （3）用排空气法收集氧气，要注意将导气管伸入集气瓶的底端，然后慢慢将导气管朝外移动，避免收集的氧气中混有空气。
>
> （4）气体收集完毕用毛玻璃片盖住集气瓶口时，要注意将毛面朝向瓶口。
>
> （5）注意连接导管的乳胶管，在不影响操作的情况下长度要适度。
>
> （6）根据物质在氧气中燃烧后的产物，决定气体收集是用排水法还是排空气法。

2. 氧气的性质实验

（1）木炭在氧气中燃烧。用镊子夹住一小块木炭在酒精灯火焰上烧红，并用嘴吹旺后放在燃烧匙里，然后将其缓慢地伸入盛有氧气的集气瓶中[图 6-7（a）]，观察、记录、比较木炭在空气和氧气中燃烧的现象；取出燃烧匙后立即向瓶中倒入适量的（为集气瓶体积的 1/6～1/5）澄清石灰水，振荡，观察、记录现象。

（2）硫在氧气中燃烧。取绿豆大小的硫粉于燃烧匙中加热到燃烧，观察硫在空气中燃烧的现象，然后将燃烧匙伸进盛有氧气的集气瓶中[图 6-7（b）]，观察、记录、比较硫在空气和氧气中燃烧的现象；取出燃烧匙将其放入盛水的烧杯中，在集气瓶中加入少量水，滴加几滴石蕊试液，记录现象。

（3）铁丝在氧气中燃烧。取一截细铁丝，用砂纸除去铁锈，然后将其绕成螺旋状，将燃烧匙倒过来，将螺旋铁丝一端系在燃烧匙的柄上，另一端插入一根火柴梗或木条。将火柴梗或木条引燃，待将燃烧完时，立即伸进盛装氧气的集气瓶中[图 6-7（c）]（注意集气瓶在收集氧气时应留有一些水，或装入一些河沙。请思考为什么？），观察、记录现象。

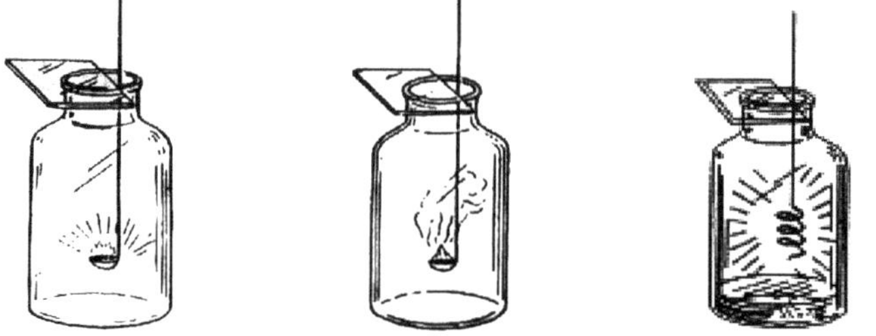

(a) 木炭在氧气中燃烧　(b) 硫在氧气中燃烧　(c) 铁丝在氧气中燃烧

图 6-7　氧气的性质实验

实验注意事项：

（1）在进行性质实验时，要注意玻璃片尽可能盖住瓶口，防止产生的气体逸出。

（2）检验木炭的燃烧产物时，石灰水要新制、饱和；加入的石灰水不能太多，并要盖住玻璃片振荡，防止气体逸出。

（3）因硫燃烧生成的二氧化硫有毒，且有刺激性气味，所以在硫在氧气中燃烧时，硫粉的用量一定不能多，实验完后立即将燃烧匙伸入事先准备好的水中，玻璃片一定要盖在集气瓶上。

（4）铁丝在氧气中燃烧，瓶底要留少量水或铺少量沙，防止生成的炙热的氧化铁损坏瓶子。

（5）不能用“带火星的木条伸进氧气瓶中燃烧”代替“木炭在氧气中燃烧”。

（二）实验教学训练

（1）总结实验操作等的注意事项，清点齐备实验所需用品，在讲课训练室进行教学训练，并录制训练视频。

（2）教学训练前思考如下问题：

（i）“氧气的制取”涉及哪些知识点？你准备如何引出实验课题？

（ii）在进行“氧气的制取”实验教学时，最好以哪种方法制备氧气？为什么？

（iii）在进行“氧气的制取及性质”实验教学，应该重点强调哪些问题？注意提示哪些操作？

（iv）“氧气的制取及性质”实验的教学目标、教学重点是什么？通过该实验学生应该获取哪些知识和技能？

（v）如何利用氧气的物理性质来引导学生选取收集方法？

（vi）如何在演示实验中引导学生观察？主要观察的内容有哪些？

（3）教学训练的要求：

（i）将训练当成正式的教学，中途无论出现什么问题都不能停下来，自己想办法解决出现的问题。

（ii）将实验教学训练分为三部分内容，分别进行训练：“催化剂及其概念的探究”“氧气的制备及收集”“氧气的性质实验”，制备实验建议选择用过氧化氢分解制备氧气的方法。

（iii）教学训练的时间控制在 10 min 内。

【思考与讨论】

（1）在集气瓶中做燃烧实验时，应该如何操作才能充分利用集气瓶中的氧气、延长反应时间？

（2）硫与铜质燃烧匙要发生反应，在实验中应该采取什么措施？燃烧的产物二氧化硫有毒，实验时应该如何避免二氧化硫气体进入空气中，污染环境？

（3）在演示实验中应该怎样训练学生的实验能力、观察能力和思维能力？采取什么方式使学生明确固体加热制取气体的关键操作和注意事项？

（4）学习氧气这部分内容的学生在化学知识和实验技能等方面有何特点？为什么本实验建议用演示实验的方式进行？若要以学生实验的方式进行，最好选择哪种方法制备氧气？

（5）在教学中如何引入氧气的性质知识点和实验？①从哪些方面让学生了解氧气的物理性质？在进行演示实验时，教师应该指导学生观察什么内容？②学生观察到物质在氧气和空气中反应的剧烈程度不同后，教师应该如何引导学生分析认识其内在原因，并归纳出氧气的化学性质？

（6）用过氧化氢制备氧气涉及催化剂的概念，在中学教材中的实验采用的是何种教学策略？

【学习资源】

一、资源链接

（一）二氧化锰对氯酸钾分解的催化作用及机理

用氯酸钾制取氧气，如不用催化剂，需要加热到约 400 ℃时才放出氧气：氯酸钾在 356 ℃时熔化，395 ℃时开始分解，如以二氧化锰作催化剂，加热到 200℃左右就能分解放出氧气。

二氧化锰对氯酸钾分解催化机理，目前有如下两种解释。

（1）反应过程中生成不稳定的七氧化二锰，七氧化二锰再分解：

$$2KClO_3 + 4MnO_2 \xlongequal{\triangle} 2KCl + 2Mn_2O_7$$

$$2Mn_2O_7 \xlongequal{\triangle} 4MnO_2 + 3O_2\uparrow$$

总反应：

$$2KClO_3 \xlongequal[MnO_2]{\triangle} 2KCl + 3O_2\uparrow$$

（2）由于制得的氧气带有氯气的气味，有文献推测反应的历程为

$$2KClO_3 + 2MnO_2 \xlongequal{\triangle} 2KMnO_4 + Cl_2\uparrow + O_2\uparrow$$

$$2KMnO_4 \xlongequal{\triangle} K_2MnO_4 + MnO_2 + O_2\uparrow$$

$$K_2MnO_4 + Cl_2 \xlongequal{\triangle} 2KCl + MnO_2 + O_2\uparrow$$

总反应：

$$2KClO_3 \xlongequal[MnO_2]{\triangle} 2KCl + 3O_2\uparrow$$

半导体催化电子理论：

ClO_3^- 中的 Cl 与 p 型氧化物活性中心形成化学键，并转变成极易分解的 ClO_2^- 盐；或者 ClO_3^- 中的 O 与 n 型氧化物活性中心相连，再逐步分解放出 O_2。根据这种解释，p 型氧化物（如 CuO、NiO）的催化性能较强，n 型氧化物（如 ZnO、TiO_2）和绝缘体（如 MgO）的催化性能较弱。

（二）用高锰酸钾制备氧气的特点

用高锰酸钾制备氧气，加热分解较快，反应平稳、安全，操作简单方便。但是，高锰酸钾制备氧气的产气率较低，理论值仅为 25%（用氯酸钾制备氧气利用率为 100%），用此法制备氧气不经济，所以一般用于学生实验。另外，加热过程中，紫色晶体会崩裂开来，混入氧气中。预防的方法是在制备装置的试管口堵上一团玻璃纤维、石棉绒或脱脂棉，并将温度控制在 200 ℃左右。

（三）铁丝在氧气中燃烧为什么会火星四射

在化学反应中，凡是在固体或液体内产生的气体，其压力能推开包围物，就可形成爆裂物。如果温度足够高，就可以看到火星四射。实验中用的铁丝不是纯净的铁，铁丝上含有一定量的碳（还有微量的硫、磷），碳的存在使铁容易燃烧。在点燃的铁丝上，在氧气能够到达的浅表面上，碳与氧气直接发生反应生成二氧化碳。稍深一点的地方，由于熔融状态物质的流动性，碳与新生成的氧化物反应生成二氧化碳，二氧化碳气体在温度较高的情况下，体积迅速膨胀，推动周围的熔化物向四周飞溅，于是看到火星四射的现象。

（四）简易储气瓶的自制与使用方法介绍

用两个小口瓶（1000～2000 mL），瓶口均装上带有长、短导管的双孔塞（图 6-8）。在短管上套一段橡皮管，配上弹簧夹以代替活塞。将两个瓶的长管间用一段稍长的橡皮管连接起来，就制成了一套简易储气装置。

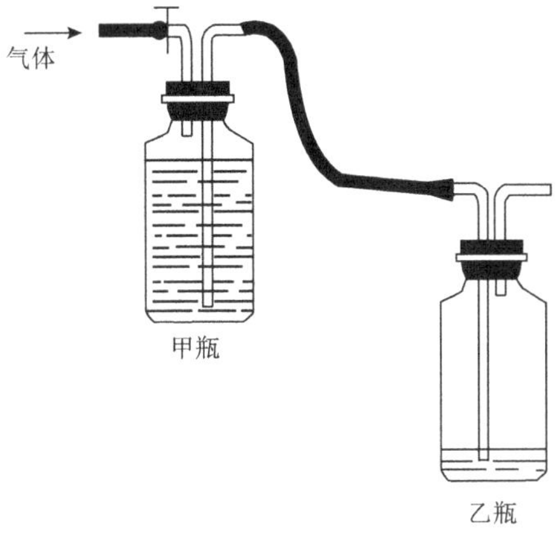

图 6-8　简易储气瓶

使用时，在其中的一个瓶里（称为甲瓶）装满水，另一个瓶（称为乙瓶）空着；然后将甲瓶的短导管与已经检验并证明已经排完了空气的气体发生装置连接。这时，由于生成的气体的压力，甲瓶中的水压至乙瓶，而气体本身存入甲瓶中，至收集满气体为止（注意：甲瓶中要留少量水，使长导管下口不露出水面），夹上弹簧夹，备用。当需要气体时，取下弹簧夹，将乙瓶提高。这时，根据虹吸原理，乙瓶中的水就会流向甲瓶。由于水的压力，就可以排出需要的气体。

如果取出的气体需定量，则需事先在甲瓶（或乙瓶）上做刻度标记。该装置适用于不与水作用的任何气体。

二、文献资源

曹健. 2012. 氧气性质教学和二氧化碳性质教学的差异[J]. 成才之路，(27)：46.
化学课程教材研究开发中心. 2012. 义务教育教科书·化学(九年级 上册)[M]. 北京：人民教育出版社.
卢一卉. 2015. 化学实验教学研究[M]. 北京：科学出版社.
马建峰. 2006. 化学实验教学论[M]. 北京：科学出版社.
王磊. 2009. 中学化学实验及教学研究[M]. 北京：北京师范大学出版社.
西南师范学院化学系. 1986. 中学化学教学法[M]. 北京：高等教育出版社.
熊言林. 2004. 化学教学论实验[M]. 合肥：安徽师范大学出版社.
袁超，彭立. 2009. 利用虚拟学习社区开展初中“氧气的制取和性质”教学研究[J]. 中小学电教，(12)：41-43.

训练七　“电解水”实验操作及教学训练

【训练目标】

（1）了解初中教材第四单元课题 3“水的组成”的知识结构。

（2）了解“电解水”实验在教材中的地位和作用，明确实验的教学目标。

（3）通过操作训练，掌握“电解水”实验的操作技术。

（4）通过教学训练，学习“电解水”实验的演示技能和运用探究性的教学模式进行教学的技能。

【训练步骤】

一、课前准备

（1）实验前，阅读人教版初中化学教材（上册）第四单元课题 3“水的组成”的内容，分析本实验在教材中的地位和作用。

（2）查阅相关的教学参考资料，阅读本实验“课堂训练”的内容和“学习资源”中提供的学习资源，了解“电解水”实验的装置和实验方法，了解实验装置的原理、实验步骤以及注意事项等。

（3）阅读本章第一节中“演示实验的教学要求”“演示实验的教学策略”“演示实验的教学技能”“课堂教学中演示实验常用类型”等内容，思考进行演示实验的教学要求和进行演示实验的方法及注意事项等问题。

（4）在查阅资料的基础上，思考以下问题：

（i）电解水的原理是什么？本实验所用仪器装置的原理和使用方法是怎样的？怎样检验产生的氢气和氧气？

（ii）用本实验装置进行实验要注意什么问题？电解水实验通常会遇到什么问题？怎样避免？

（iii）除本实验所用电解液和电极材料配套进行实验外，还可以有哪些电解液和电极材料配套使用？

（iv）本实验的电极反应是怎样的？

（v）本实验教学的重点和难点是什么？在教学中如何突出重点、突破难点？

（vi）实验中如何引导学生观察实验？观察的内容有哪些？观察的顺序是怎样的？

（vii）教学中如何将宏观和微观相结合，培养学生分析探究能力？

（5）根据以上思考，完成以下任务：

（i）写出“电解水”实验操作训练的预备报告。

（ii）写出“电解水”实验课堂教学的教学设计（包括板书设计），在课前交指导教师审阅，并在训练前熟悉教案。若需要装置图展示，请于课前准备好挂图。

二、课堂训练

（一）实验操作训练

1. 电解水实验操作训练

（1）安装装置：按照图 6-9 连接好实验装置（正极连接在带球形管的一端）。

（2）标注刻度：倒出漏斗中的溶液，将下端胶管取下，下接量筒，捏住收集氧气（球形管一端）一端的玻璃珠放出一定体积水于量筒中，用乳胶管剪胶圈套在液面位置即为氧气收集体积；用同样方法标注氢气一端的刻度。两管流出水的体积一定是 2∶1（尖嘴一端为 2，球形一端为1），体积的多少可根据实验的需要来确定。

（3）进行实验：从漏斗中装入电解液5%～10%氢氧化钠溶液（用铁作电极，事先已经预电解，使氢气和氧气在溶液中达到饱和），接通电源、调节所需电压（10～15 V），观察电极上和两管内产生的现象，当两管收集的气体为2∶1（氢气2体积，氧气1体积）时，切断电源，停止实验。

（4）检验产生的气体。

检验氧气：用带火星的木条伸进正极边的小球中，用手捏乳胶管中的玻璃球，缓慢地放出气体，观察火星复燃。

检验氢气：捏玻璃球平稳地放出气体，点燃气体，用干燥的烧杯倒扣在火焰上观察水雾的生成（也可用小试管收集气体后，再在酒精灯上点燃，听爆鸣声；或直接点燃氢气观察淡蓝色火焰）。

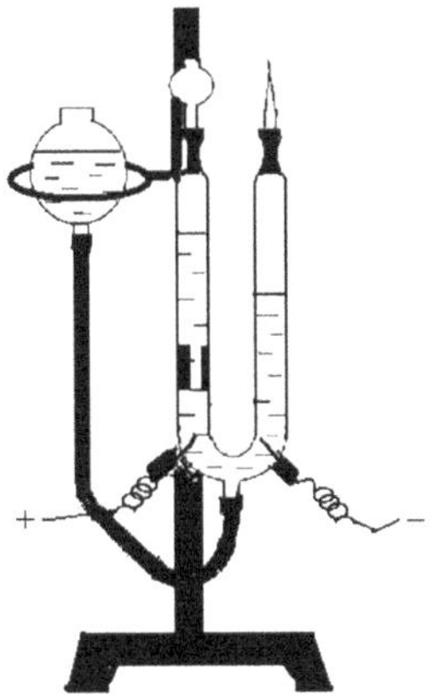

图6-9　“电解水”实验改进装置

实验的注意事项：

（1）电压不能超过36 V，一定要控制在人体安全电压以内，并且手要干燥，防止触电。

（2）实验过程中要保持电极有一定的距离，避免因电极相接触造成短路，损坏仪器设备。

（3）实验开始后不要用手去触摸两电极，防止因仪器失灵而造成触电危险。

（4）加入电解液时，一定要将装置内的气体全部排出；电解液快接近支管的胶管位置时要放慢速度，避免太快溶液全部进入胶管，若出现这种情况，在检验气体之前要将胶管上的尖嘴管（球形管）取下，用吸水纸将胶管内容的液体洗干净后，再将管子与胶管连接，以免影响气体的检验。

（5）捏玻璃珠放出气体时要缓慢，否则实验持续时间太短，不易观察，或检验氢气时不能很好地燃烧。

（6）正式讲课之前一定要预电解使两种气体在溶液中达到饱和，阴、阳电极要固定使用，否则会造成产生的气体体积比不为2∶1。

（二）实验教学训练

（1）总结实验操作等的注意事项，清点齐备实验所需用品，在讲课训练室进行教学训练，并录制训练视频。

（2）教学训练前思考如下问题：

（i）思考“电解水”实验教学中的教学重点和教学程序，采取什么样的教学方式进行教学？

（ii）演示实验应该怎样引导学生进行实验的观察、观察方法和观察顺序？

（iii）实验中怎样引导学生猜想生成的两种气体分别为氢气和氧气？怎样引导学生思考如何检验生成的氢气和氧气？

（iv）“电解水”实验结束后，怎样组织学生根据实验现象经过讨论得出正确的结论，认识水的组成？

（3）教学训练的要求：

（i）将训练当成正式的教学，中途无论出现什么问题都不能停下来，自己想办法解决出现的问题。

（ii）训练时，对整个训练过程全程录像，课后观看录像进行反思。

（iii）教学训练的时间控制在 10～15 min。

【思考与讨论】

（1）实验中，造成收集到的氢气和氧气的体积比有可能不是 2∶1 的原因是什么？应怎样避免？

（2）影响电解实验效果的因素主要有哪些？电压、电极材料、电极距离和氢氧化钠溶液的浓度等因素对电解实验效果各有何影响？

（3）影响电解水反应速率的主要因素有哪些？

（4）碳棒既不与酸反应又不与碱反应，能否作为电解水的电极？

（5）通过“电解水”演示实验教学，学生应在知识、能力、方法、态度等方面有何发展？

【学习资源】

一、资源链接

（一）电解水时为什么要加入少量电解质

从纯水的导电实验测得，在 25 ℃时，纯水中 H^+和 OH^- 的浓度等于 10^{-7} mol/L，因此实际上观察不到水的电解现象。这是因为，当 H^+在阴极上得到电子而形成氢气时，破坏了附近水的电离平衡，最终使阴极附近 OH^- 的数目相对增多，这使阴极附近的溶液带负电，它会吸引其他的 H^+并阻止 H^+继续在阴极放电。阳极的情况与此相仿。若在水中加入少量某种强电解质，由于这些强电解质在溶液中完全电离，离子数目增多，在电场的作用下分别向两极移动。这样，水在电解时阴、阳两极附近的溶液中离子的电荷得到平衡，使水的电解能够继续。例如，在纯水中加入硫酸钠，水溶液中存在 Na^+、H^+、SO_4^{2-}、OH^- 四种离子。根据它们电极电位的高低，在阳极，OH^- 放电，产物是氧气。随着 OH^- 的不断放电，如前面所述，阳极附近聚集了相对多的 H^+时，由于 SO_4^{2-} 不断迁移到阳极附近，阳极附近溶液中离子的电荷达到平衡。在阴极，H^+放电，产物是氢气。同理，阴极附近溶液中离子的电荷达到平衡。这样，水的电离平衡就不断向右移动，H^+和 OH^- 不断在两极上放电，但硫酸钠并不发生电解，它只是起着使电极附近电解质溶液的电荷迅速得到平衡，从而使水的电解能继续进行的作用。

（二）电解水实验氢气和氧气体积比不为 2∶1 的原因和解决办法

1. 体积比不为 2∶1 的原因分析

（1）在温度、压力相同的情况下，氧气在水中的溶解度比氢气的大。例如，在 20 ℃时，氧气的溶解度为 31 mL/L，而氢气为 18.2 mL/L。

（2）阳极材料被氧化要消耗一部分氧。

（3）电极产生副反应。

如用稀硫酸作电解液，有人认为有以下副反应发生：

$$H_2SO_4 = H^+ + HSO_4^-$$

在阴极：　$2H^+ + 2e^- = H_2\uparrow$

在阳极：　$2HSO_4^- - 2e^- = H_2S_2O_8$（过二硫酸）

$H_2S_2O_8 + H_2O = H_2SO_4 + H_2SO_5$（过一硫酸）

$H_2SO_5 + H_2O = H_2O_2 + H_2SO_4$

生成的过氧化氢在酸性溶液中较稳定，不易放出氧气。

2. 解决办法

（1）注意电极材料与电解液的匹配，防止电极发生反应；将两极固定使用，使阳极表面生成保护膜，在正式实验演示时仍以该极作为阳极，防止在电解过程中阳极继续被氧化而放不出足量的氧气。

（2）在正式实验前一定要进行预电解，使两种气体在溶液中达到饱和。

（3）所用的电解液如硫酸和氢氧化钠尽可能纯净，并用蒸馏水配制。

（4）电解液中加碱比加酸的误差小一些。

（三）电解水实验电极与电解液的选择原则

选择非铂材料作电极时，不是任何材料与任何电解液组合都能进行电解水实验，实验时要求电极材料与电解液必须匹配。在选择非铂材料作电极时应注意以下原则：

（1）所选的电极材料不与电解液发生反应。

（2）所选用的电解材料在电解时，阳极电极表面能形成不溶于该电解液的保护膜，避免电极材料在电解过程中不断氧化、溶解，防止不断消耗氧气的情况发生。

（四）霍夫曼电解器介绍

霍夫曼电解器是两个带刻度的、上端有活塞的 50 mL 玻璃管，下端由三通管相连通，用嵌有铂电极的橡皮塞塞紧，三通管的中间玻璃管接有一个球形漏斗管，整个装置固定在铁架台上（图 6-10）。

此电解器的优点是：有刻度易于观察，操作方便，氢气和氧气体的体积比准确。

缺点是：结构较复杂，价格比较昂贵，且仪器易碎，电极距较大，在其他条件不变的情况下，如果电压不高，电解速度慢，实验时间长，不符合实验教学的要求。

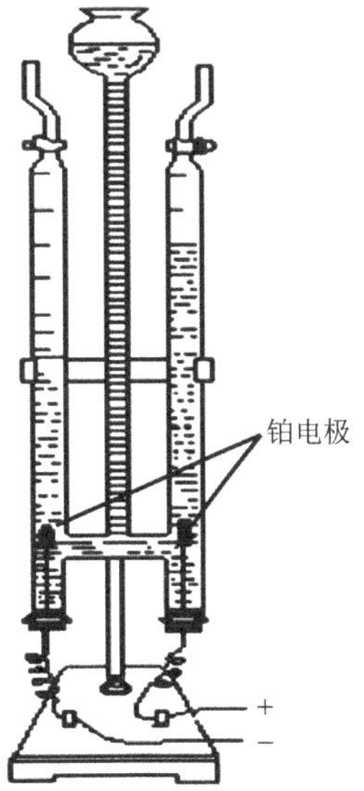

图 6-10　霍夫曼电解器

（五）霍夫曼电解器改进装置介绍

由于中学化学教材中的电解水实验装置操作不方便，而霍夫曼电解器又有一定的缺陷，因而根据霍夫曼电解器的原理，有很多改进装置。部分实验改进装置展示如下。

1. 改进装置 1

此装置的设计（图 6-11）是用一个可以密闭的

水槽（可以用家用的微波炉器皿替代），用 2 个直径约为 1.5 cm 的直玻璃管代替试管；为了方便检验气体，将正极一侧管上装一小球形管方便氧气的聚集，有利于检验氧气，负极一侧用尖嘴管有利于点燃氢气和收集氢气，并都配上弹簧夹控制气体的放出；另外，为了方便将玻璃管从电解液中取出，又不弄脏手和防止液体漏出，将玻璃管的下口用酒精喷灯收口，使液体能够装进去，却流不出来（图 6-12）；实验时两管中压出的液体被压进漏斗中，需要放出气体时，漏斗中的液体因高于管子中的液体，会流进水槽中，从而将管中的气体压出。该仪器有操作方便、价格便宜的优点。

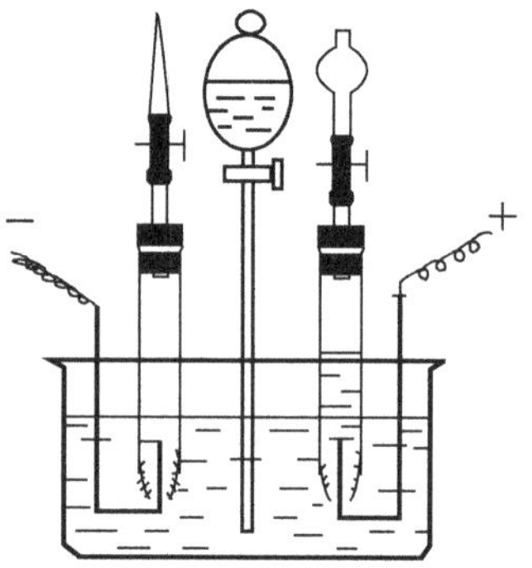

图 6-11　实验改进装置 1

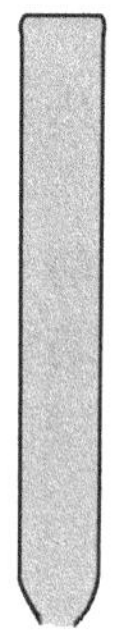
图 6-12　缩口试管

2. 改进装置 2

改进装置 2（本实验所用装置）的设计比改进装置 1 更接近霍夫曼电解器，如图 6-13 所示。它的梨形漏斗用于加入和存储液体溶液，可以升降自如；正极和负极一侧的排气口都像改进装置 1 那样分别为球形管和尖嘴管，操作方便。但必须由专业人士加工，因而成本较高。

3. 改进装置 3

利用滴定管有刻度的特点，用上口损坏的滴定管改进实验装置。装置中用胶管和漏斗构成加入和存储液体的装置；用三通管（尽量缩短水平方向上支管的长度，使两滴定管之间的距离缩小，减小电极之间的距离，加快反应速率）、直角弯管、胶塞和胶管将两个滴定管和漏斗等连接在一起，在胶塞上插上电极，然后将它们固定在木板上就形成了一个霍夫曼电解水的改进装置（图 6-14）。该装置更接近霍夫曼电解器，且装置中的仪器是废旧利用的，电极材料是非铂材料，大大降低了仪器的成本。

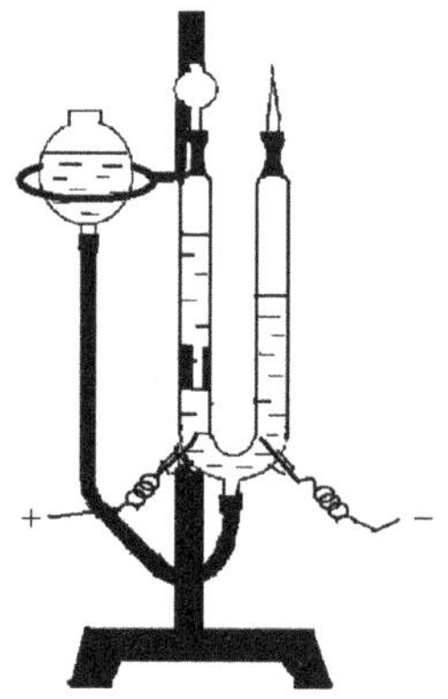

图 6-13　实验改进装置 2

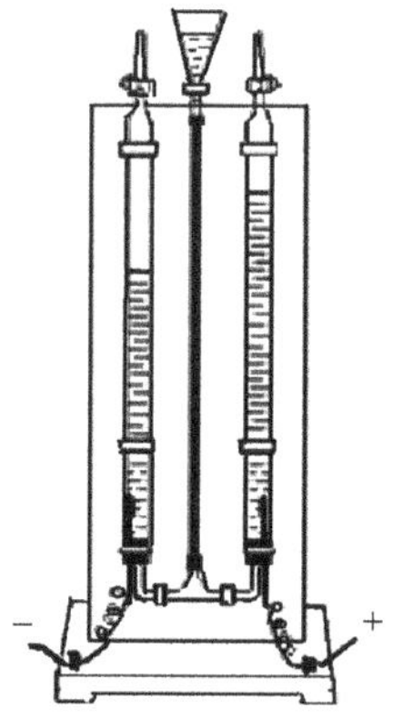

图 6-14　实验改进装置 3

（六）人体的安全电压

安全电压也称安全特低电压，是指人体较长时间接触而不致发生触电危险的电压，即对人体各部位组织器官（如皮肤、心脏、呼吸器官和神经系统）不会造成任何损害不危及人身安全的电压。

人体触电后是否有危险主要取决于电流量的大小，而人体的安全电流和电阻在不同情况下的差别很大。因此，安全电压在理论上不可能是一个确定的值，可根据具体条件，给出安全电压一般的标准规定：当接触面积大于 1 cm^2、接触时间超过 1 s 时，干燥环境中工频电压有效值的限值为 33 V、直流电压的限值为 70 V；潮湿环境中工频电压有效值的限值为 16 V、直流电压的限值为 36 V。

因此，实验的电流控制在 10 mA 内，电压要控制在 36 V 以内。

特别强调：安全电压只是相对的安全，在任何情况下，都不能把安全电压理解为绝对没有危险的电压。

二、文献资源

蔡亚萍. 2009. 中学化学实验设计与教学论[M]. 杭州：浙江教育出版社.
何彩霞. 2013. 围绕“化学元素观”展开深入学习——以“水的组成”教学为例[J]. 化学教育，(4)：36-39.
潘国荣. 2014. 电解水实验中的疑难问题与现象解析[J]. 化学教与学，(11)：78-79，82.
秦蕾. 2010. 浅析“电解水实验”在不同教学阶段的应用[J]. 化学教育，(9)：33-34，62.
王磊. 2005. 中学化学实验及教学研究[M]. 北京：北京师范大学出版社.
西南师范学院化学系. 1986. 中学化学教学法实验[M]. 北京：高等教育出版社.

训练八 “二氧化碳的制备及性质”实验操作及教学训练

【训练目标】

（1）复习初中教材中“二氧化碳的制备及性质”实验的内容。

（2）复习和了解教材中“二氧化碳的制备及性质”实验的基本操作和实验方法。

（3）了解“二氧化碳的制备及性质”实验在初中教材中的地位和作用，了解该实验的教学目标。

（4）通过训练，掌握“二氧化碳的制备及性质”实验的操作技术，学习该实验的演示技能和讲授技能。

【训练步骤】

一、课前准备

（1）阅读人教版初中教材中“二氧化碳的制备及性质”的相关内容，了解实验教学的内容和实验的方法；了解此教学内容前后的知识联系，仔细阅读本章第一节“演示实验的教学要求”和“演示实验的教学策略”；仔细阅读本训练的所有内容，思考以下问题：

（i）“二氧化碳的制备及性质”在教材中的地位和作用是什么？

（ii）教材中演示实验与学生实验的内容和方法是怎样的？课堂演示实验与学生实验有何不同？教材中这样设计和编排的目的和意图是怎样的？

（iii）“二氧化碳的制备”实验教学的重点是什么？涉及哪些知识点的学习？应该如何设计教学内容，采用什么教学方法？

（iv）“二氧化碳的性质”实验教学涉及哪些知识点？进行演示实验时应该注意哪些问题？

（v）进行“二氧化碳的性质”实验，在演示时将如何指导学生进行观察？重点观察哪些内容？

（2）阅读与初中教材配套的教师参考书，以及本训练后面的学习资源，了解本实验的教学作用和教学重点，思考以下问题：

（i）应该如何设计演示实验的教学内容和程序，教学内容在知识和深度上如何与学生实验有所区别？

（ii）在教学中学生可能会有哪些问题产生？如何利用这些生成性的问题，去实现教学目标？

（iii）你准备采取什么方式引入教学？采取什么方式引入实验？可以设计哪些问题引出实验？

（3）在完成上述思考或更多的思考后，做好以下准备：

（i）完成实验操作的预习报告。

（ii）分别进行“二氧化碳的制备及实验装置的设计”“二氧化碳性质实验”的实验教学设计（包括板书设计），交指导教师审阅，同时在课前熟悉教案，使之在训练时，语言更加流畅。

（iii）为了节约时间，充分发挥各种媒体的辅助作用，课前制作好相关内容的挂图、表格等，减少课堂教学板书时间。

二、课堂训练

（一）实验操作训练

1. “二氧化碳的制备”实验准备和操作训练

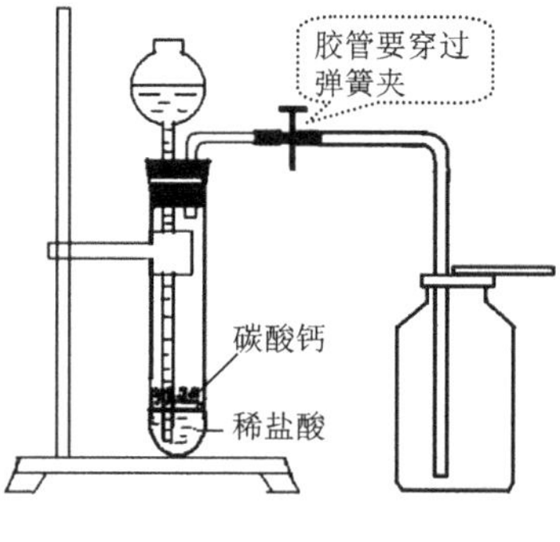

图 6-15　二氧化碳制备改进装置

（1）实验装置的安装：按照图 6-15 安装实验装置（注意：装置安装要面对学生，满足学生的观察习惯）。

（2）装置气密性检验：将胶管用弹簧夹夹住，往漏斗中加水淹没漏斗口，继续加水，至漏斗颈的中间，观察水柱是否稳定，若不再下降则说明气密性好，反之需要检查原因，直至装置不漏气为止。

（3）向试管中加入适量（约 20 g）碳酸钙颗粒，塞上胶塞，打开弹簧夹在漏斗中加入稀盐酸至淹没碳酸钙颗粒（约 40 mL），将导管插入集气瓶中。

（4）收集气体，并用燃烧的木条放在瓶口，检验气体是否收集满。

实验注意事项：

（1）有孔隔离板位置不能太高，应当适当降低一些，这样可以节约盐酸的用量。

（2）用向上排空气法收集二氧化碳时，导管一定要插入集气瓶的底部，以排尽空气；毛玻璃片一定注意毛面向下，增大玻璃片与瓶口的摩擦力，使瓶口盖得更加严密，并不容易滑落。

（3）碳酸钙的颗粒要适当大些，太小的话反应太过剧烈，不便于收集气体。

2. “二氧化碳的性质”实验准备和操作训练

（1）二氧化碳倾倒实验：如图 6-16 所示，将二氧化碳气体慢慢倒入烧杯中，观察蜡烛熄灭的顺序。

（2）二氧化碳溶于水实验：如图 6-17 所示，向一个收集满二氧化碳气体的质地较软的塑料瓶中加入 1/3～1/2 体积的水，立即旋紧瓶盖，振荡，观察塑料瓶的变化情况。

图 6-16　倾倒二氧化碳改进装置

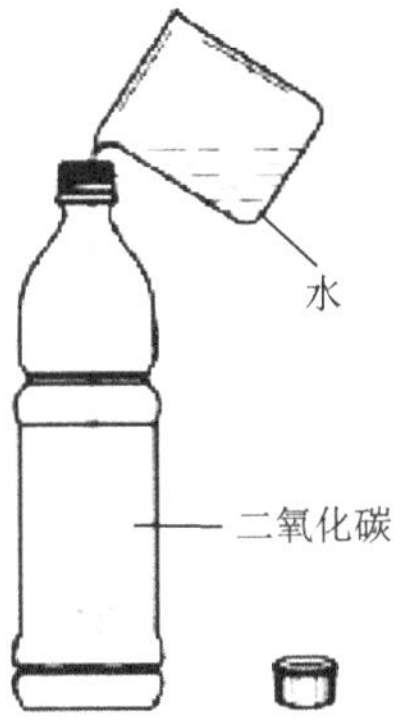

图 6-17　二氧化碳溶解性实验

（3）二氧化碳与水反应实验：如图 6-18 所示，取四朵用石蕊染成紫色的干燥的纸花。第一朵纸花喷上稀乙酸，第二朵纸花喷上水，第三朵纸花直接放入盛满二氧化碳气体的集气瓶中，第四朵纸花喷上水后，再放入盛满二氧化碳的集气瓶中，观察四朵纸花的颜色变化。然后将第四朵纸花取出来，小心用酒精灯烘干，观察现象。

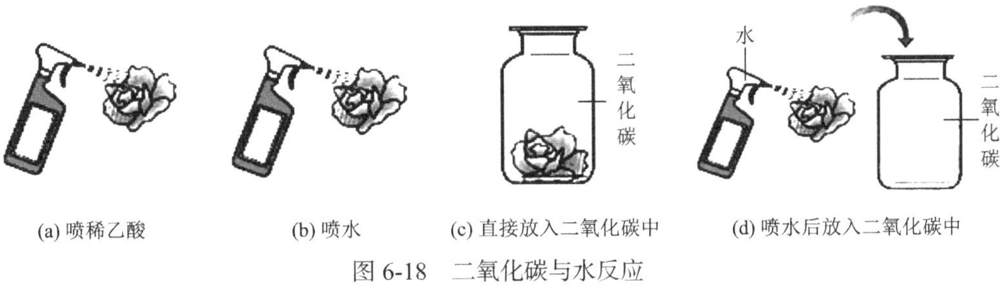

图 6-18　二氧化碳与水反应

（4）二氧化碳的检验实验：在饱和石灰水中通入二氧化碳气体，观察石灰水的变化。或在溶有二氧化碳的水溶液中加入饱和石灰水，振荡，观察现象。

实验注意事项：

（1）将二氧化碳气体倒入装有点燃蜡烛烧杯中的实验：烧杯和集气瓶用 250 mL 为宜，收集的二氧化碳要纯净，量稍大于烧杯的容积；倒入时要沿着烧杯壁缓慢倒入，为了防止倒气体时气体扩散影响实验效果，可用漏斗等引流，但漏斗颈只能在烧杯口不能插入烧杯底部（图 6-19），否则不能说明二氧化碳气体密度比空气大的实验事实。

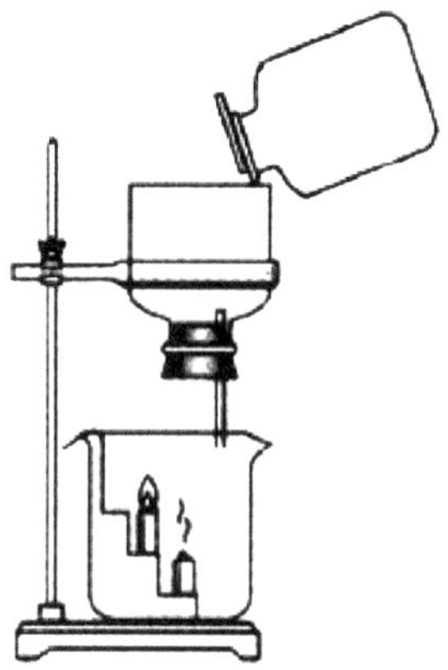

图 6-19　倾倒二氧化碳气体改进装置

（2）二氧化碳的溶解实验：瓶子的气密性要好，要有一定的软度和韧性，否则可能会使实验失败。该实验也可用试管收集，将试管插入装有有颜色的水中，并不断振荡试管，但试管口不能露出水面，让学生观察水柱上升。实验完毕可取少量溶液滴加饱和石灰水，说明碳酸与氢氧化钙反应的实验事实。

（3）二氧化碳与水反应：尽量不要用溶解二氧化碳后的溶液加入石蕊来说明溶液显酸性，这样只能说明二氧化碳溶解于水后，溶液显酸性，不能说明二氧化碳不具有酸性，其水溶液才具有酸性的性质。

（4）澄清石灰水要新制、饱和；石灰水的量要控制好，不能太多，否则效果不明显。

（二）实验教学训练

（1）训练时注意以下问题：

（i）把训练当作真实课堂，一鼓作气地完成讲课和演示实验，若中途出现问题，自己要灵活解决不能停下，直至完成训练任务。

（ii）控制好时间和讲课及实验演示的内容，由于时间有限，可选择“二氧化碳的制备及其收集”“二氧化碳制备装置的设计”“二氧化碳的制备与性质”中的一个内容进行训练。

（iii）“二氧化碳的制备及性质”实验教学训练，若内容多、时间长还可将性质实验分解成“二氧化碳与水反应”“二氧化碳的密度和不燃烧不助燃”“二氧化碳的溶解性与二氧化碳的检验”几个项目进行训练。保证每个项目训练时间控制在 10 min 以内，反复进行训练。

（iv）用探究教学模式设计教学内容，以问题为驱动设计问题，让学生带着问题观察实验，并通过实验的观察解决问题。

（2）在训练教室进行该课题的实验教学及实验演示的教学训练，并通过摄像头将讲课过程进行视频录制；观看视频、小组成员互评。

三、课后反思

听取同学的意见和建议，观看讲课视频对自己此次训练进行反思。反思的内容可以根据第一章第二节中“实验教学评价的能力”中的评价方法及“师范生实验教学技能训练评价标准”表格中的内容进行反思，并提出继续努力的方向和措施。

【思考与讨论】

（1）图 6-20 是中学教学中“二氧化碳的制备”实验常用的装置，与本实验装置比较，两者有什么优点和缺点？用这两种装置进行实验分别应该注意哪些问题？

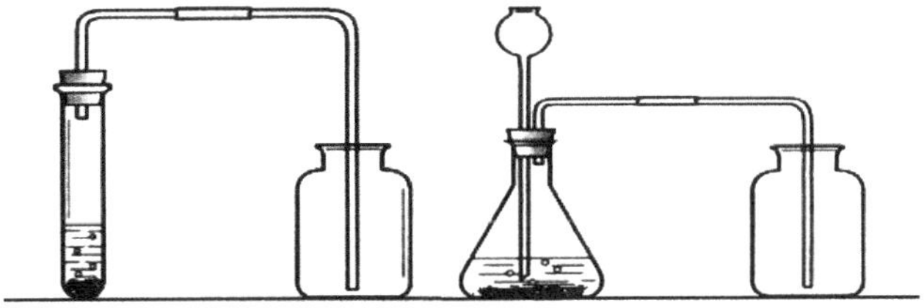

图 6-20　二氧化碳制备的两种装置图

（2）“二氧化碳的性质”实验中各个实验的设计意图是什么？其中隐含了什么知识点？在教学设计时应该如何引导学生通过对实验现象的分析归纳出二氧化碳完整的性质？

（3）“二氧化碳与水反应”实验运用了什么实验方法？在教学中如何引导学生体会并学会运用该方法？

（4）查阅资料，思考并讨论“二氧化碳的倾倒”实验存在什么问题？装置为什么要进行改进？图 6-19 的改进装置为什么漏斗口不能插入烧杯底部？在教学中如何将相关的知识点与实验改进的意图融合在一起，逐步培养学生实验设计能力。

（5）如何以问题为驱动来设计本实验教学？你准备设计哪些问题？

【学习资源】

一、资料链接

二氧化碳在水中的溶解度

温度/℃	a/（mL/mL）	q/（g/100 g）	温度/℃	a/（mL/mL）	q/（g/100 g）
0	171.3	33.46	18	92.8	17.87
1	164.6	32.13	19	90.2	17.37
2	158.4	30.91	20	87.8	16.88
3	152.7	29.78	21	85.4	16.40
4	147.3	28.71	22	82.9	15.90
5	142.4	27.74	23	80.4	15.40
6	137.7	26.81	24	78.1	14.93
7	133.1	25.89	25	75.9	14.49
8	128.2	24.92	26	73.8	14.06
9	123.7	24.03	27	71.8	13.66
10	119.4	23.18	28	69.9	13.27
11	115.4	22.39	29	68.2	12.92
12	111.7	21.65	30	66.5	12.57
13	108.3	20.98	35	59.2	11.05
14	105.0	20.32	40	53.0	9.73
15	101.9	19.70	45	47.9	8.60
16	98.5	19.03	50	43.6	7.61
17	95.6	18.45	60	35.9	5.76

注：a 为实验测量溶解于 1 mL 水中的气体标准状态（0 ℃，0.101 MPa）体积（mL）；q 为当气体压力与水蒸气压力之和为 0.101 MPa 时，溶解于 100 g 水中的气体质量（g）

二、文献资料

曹健. 2012. 氧气性质教学和二氧化碳性质教学的差异[J]. 成才之路，(27)：46.

范曰清. 2011. “二氧化碳和一氧化碳”教学设计及反思[J]. 化学教学，(6)：35-36，80.

胡久华，贤娴，高曼. 2015. 以学生认识需求为核心的教学设计研究——以二氧化碳性质的教学为例[J]. 化学教育，(9)：34-38.

李德前. 2012. 探究“二氧化碳的性质”教学设计[J]. 中国现代教育装备，142(6)：49-50.

王国峥，周恒成. 2013. “二氧化碳的性质”创新设计及教学反思[J]. 中学化学教学参考，(4)：26-28.

张斌. 2006. “二氧化碳性质”的有效教学策略研究[D]. 长春：东北师范大学.

张晓霞. 2014. 关于支架式教学在化学实验中的应用[J]. 学园，(18)：144.

曾定军. 2012. “二氧化碳制取的研究”的教学与思考[J]. 化学教学，(12)：33-36.

训练九　“燃烧的条件探究”实验操作及教学训练

【训练目标】

（1）复习中学初中教材中“燃烧的条件”实验的内容。

（2）复习和了解教材中“燃烧的条件”的实验方法以及该实验存在的问题。掌握改进后的实验原理和实验操作方法。

（3）了解“燃烧的条件”实验在初中教材中的地位和作用，了解该实验的教学目的。

（4）通过训练学习“燃烧的条件”实验的操作技术，学习该实验的演示技能和教学技能。

【训练步骤】

一、课前准备

（1）阅读人教版初中教材中“燃烧的条件”的相关内容，了解实验教学的内容和实验的方法。

（2）查阅资料，了解教材中“燃烧的条件”实验存在的问题和实验改进动态。

（3）阅读初中教材以及与初中教材配套的教师参考书，查阅相关资料以及本训练的内容和学习资源，思考以下问题：

（i）“燃烧的条件”在教材中的地位和作用是什么？初中教材中“燃烧的条件”所涉及的知识与技能与前后的知识与技能有何联系？

（ii）教材中演示实验与学生实验的内容和方法是怎样的？演示实验与学生实验有何不同？教材中这样设计和编排的目的和意图是怎样的？

（iii）教材中演示实验的内容和方法有什么问题？目前实验改进的主要有哪些方法？本训练所用的实验方法有什么优点？体现了哪些知识点？能否完整地包含“燃烧的条件”的知识点？

（iv）“燃烧的条件”实验教学的重点是什么？涉及哪些知识点的学习？应该如何设计教学内容，采用什么教学方法？本训练中实验操作训练的重点是什么？

（v）在进行“燃烧的条件”演示实验时应该注意哪些问题？在演示时将如何指导学生进行观察？重点观察哪些内容？

（4）在完成上述思考或更多的思考后，做好以下准备：

（i）完成实验操作的预习报告。

（ii）进行“燃烧的条件”实验教学的设计（包括板书设计），交指导教师审阅，同时在课前熟悉教案，使其在训练时语言更加流畅。

二、课堂训练

（一）实验操作训练

1. “认识可燃物与不可燃物”实验准备和操作训练

取一小块木炭和石子（实验室可用玻璃棒），分别用坩埚钳夹住，同时放在酒精灯上加热。观察两种物质是否燃烧。

2. “认识不同可燃物的着火点不同”实验准备和操作训练

取一小块木炭和一张纸片，分别用坩埚钳夹住，同时在酒精灯火焰上加热。观察两种可燃物被点燃的时间和燃烧的情况。

3. “认识燃烧的条件”实验准备和操作训练

（1）安装实验装置：如图6-21所示安装实验装置。

（2）不加热，用手捏打气球向试管中鼓入空气，观察木炭是否燃烧，澄清石灰水是否变浑浊。

（3）点燃酒精灯，预热试管，使试管中的空气膨胀将试管中的空气赶出去。然后将酒精灯固定在装木炭的位置加热，观察木炭是否燃烧。

（4）向上述试管中鼓入空气，观察木炭是否燃烧，石灰水是否浑浊，拆去酒精灯后，继续鼓气观察木炭是否继续燃烧。

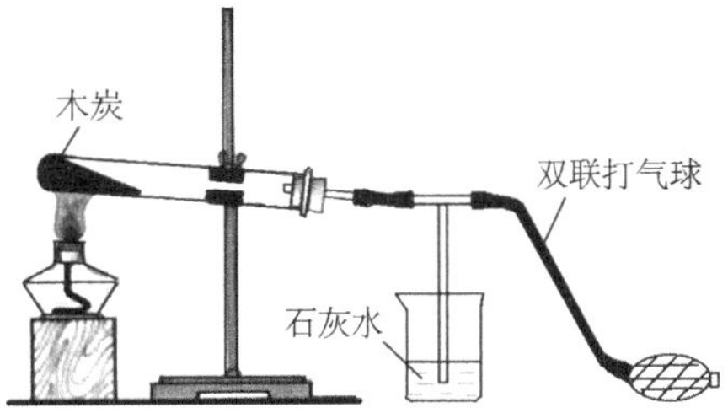

图6-21　探究燃烧条件改进装置

> 实验注意事项：
> （1）注意安全，防止烫伤皮肤和实验台面。
> （2）认识燃烧的条件实验，木炭要适当多一些，尽可能减小试管的空间，减少空气的量；且木炭填装要适当疏松，有利于鼓气时空气的进入，使木炭燃烧充分。
> （3）石灰水要新制、饱和。
> （4）安装装置要面对学生，满足学生的观察习惯。

（二）实验教学训练

（1）训练时需要思考和注意的问题：

（i）把训练当作真实课堂，一鼓作气地完成讲课和演示实验，若中途出现问题，自己要灵活解决不能停下，直至完成训练任务。

（ii）教学中如何把改进后的实验与教材中的实验进行对比？如何渗透环境保护的思想？

（iii）控制好时间和讲课及实验演示的内容，将训练时间控制在 10 min 以内，反复进行训练。

（2）在训练教室用改进后的实验方法进行“燃烧的条件”实验教学及实验演示的教学训练，并通过摄像头将讲课过程进行视频录制；观看视频、小组成员互评。

【思考与讨论】

（1）操作训练中的实验方法与初中教材中的是否相同？改进后的实验方法有什么优点？改进方法每一步操作涉及什么知识点？在教学中如何引导学生对实验现象进行观察、记录？如何根据实验现象分析归纳总结出燃烧的条件？

（2）如何加深学生对燃烧条件的理解？如何依据燃烧的条件引出后续“灭火的原理和方法”的新课？

（3）如何引导学生运用探究的方式，获取“燃烧的条件”的知识点，在教学中可以提出一些怎样的具有启发学生思维的问题？

【学习资源】

一、资料链接

初中教材中实验的方法介绍

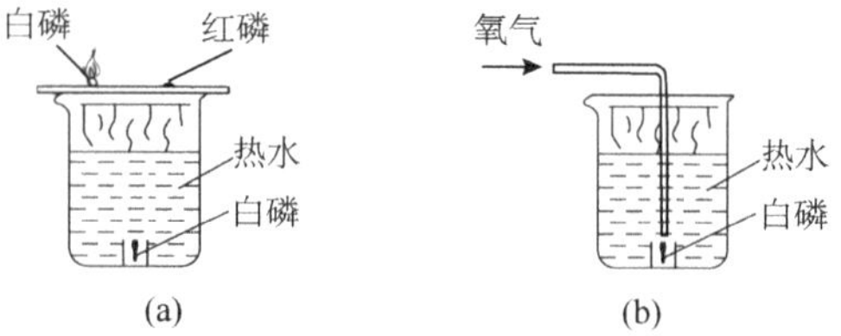

图 6-22　燃烧条件的实验

初中化学教材（上册）中实验 7-1 的方法如下：

在 500 mL 烧杯中加入 300 mL 热水，并放入硬纸板圈住的一小块白磷。在烧杯上盖上一片薄铜片，铜片上一端堆放一小堆干燥的红磷，另一端放一小块已用滤纸吸去表面水的白磷[图 6-22（a）]，观察现象。

用导管对准上述烧杯中的白磷，通入少量氧气[或空气，图 6-22（b）]，观察现象。

二、文献资料

何彩霞. 2009. 在做学生调研中实现教学的实效性——以“燃烧及燃烧条”概念教学为例[J]. 化学教育，(4)：23-25.
孙春华. 2007. “火”——燃烧的条件及控制——人教版(国标本)九年级化学《燃烧与灭火》教学设计[J]. 教育理论与实践，(11)：31-33.
汪英. 2015. “燃烧的条件”实验课与新授课的整合教学[J]. 化学教育，(7)：16-19.
王宁. 2016. “探究燃烧条件”实验课的教学设计与思考[J]. 化学教与学，(4)：89-90.
俞丽娟. 2013. 《燃烧与灭火》教学设计(第一课时)[J]. 理科考试研究，(22)：85.
朱俊峰. 2015. 《燃烧条件与灭火原理》第一课时教学设计[J]. 内蒙古教育，(8)：94，96.

训练十　“原电池”实验操作及教学训练

【训练目标】

（1）复习人教版高中教材必修 2 和选修 4 中“原电池”实验的相关内容。

（2）复习和了解必修 2 和选修 4 中“原电池”实验的基本操作和实验方法。

（3）了解高中化学必修 2 和选修 4 中“原电池”实验各自的地位和作用。

（4）通过训练能够较熟练地进行“原电池”实验的演示，并能够流畅地进行讲授。

【训练步骤】

一、课前准备

（1）阅读人教版高中《化学（必修 2）》和《化学反应原理（选修 4）》的教材，了解两本教材中实验的内容和方法；仔细阅读本训练的所有内容，思考以下问题：

（i）两本教材中实验的地位和作用是什么？它们的教学目标是否相同？

（ii）进行两本教材中“原电池”实验的方法是什么？进行实验时应该分别注意哪些问题？

（iii）进行“原电池”实验演示时，将如何指导学生进行观察？重点观察哪些内容？

（2）阅读与高中教材配套的教师参考书，以及本训练后面的学习资源，思考以下问题：

（i）必修 2 和选修 4“原电池”实验教学内容在各自的教材中的地位和作用是什么？

（ii）两本教材中实验内容和方法有什么相似和不同之处？教材这样安排的意图是什么？

（iii）两本教材中实验教学内容的重点和难点各是什么？

（iv）若以必修 2 教材中的实验为教学训练内容，你将如何设计实验演示的程序，引出原电池概念，说明原电池条件的形成？

（v）在教学中学生可能会有哪些问题产生？如何利用这些生成性的问题实现教学目标？

（vi）你准备采取什么方式引入教学？采取什么方式引入实验？可以设计哪些问题引出实验？

（3）在完成上述思考或更多的思考后，完成必修 2（或选修 4）中实验操作训练的预习报告，并进行必修 2（或选修 4）“原电池”的实验教学设计，交指导教师审阅，同时在课前熟悉教案，使其在训练时语言更加流畅。

二、课堂训练

（一）实验操作训练

（1）在试管中放入一颗锌粒，再加入适量稀硫酸，观察现象。

（2）在试管中插入一根铜棒，不与锌粒接触，观察现象。

（3）将铜棒与锌粒接触，观察现象。

（4）将锌片和铜片同时插入稀硫酸中，观察两个金属片上的现象（注意：两金属片不能相互接触）。

（5）将两金属片用导线连接，中间串联一个灵敏电流表（图 6-23），观察两电极上的现象和电流计指针偏转情况。

图 6-23 原电池示意图

实验注意事项： （1）实验前，将电极用砂纸打磨干净后再使用。

（2）实验中因锌电极中含有碳、铁等杂质不够纯，用导线连接电极后，会出现铜片上有气泡、锌片上也有气泡的现象。遇到此情况可以先不接电流表，先观察两电极上气泡的多少（铜片上多，锌片上少；再用另一锌片插入硫酸溶液中，比较未与铜电极接触的锌片上的气泡和与铜片接触后的锌片上的气泡），然后连接电流表，观察电流指针偏转，说明有电流产生。

（3）硫酸的浓度要适当稀（1∶20～1∶40），这样可减少锌片上的气泡。

（4）因产生的电流很小，注意调节好电流计的量程，使其能够很好地观察电流计指针的偏转。

（二）实验教学训练

（1）教学训练需注意的问题：

（i）一鼓作气地完成讲课和演示实验，若中途出现问题，自己灵活解决不能停下，直至完成训练任务。

（ii）由于时间关系，可以将训练内容分为必修2和选修4的“原电池”实验教学分别进行训练。

（iii）控制好时间和讲课及实验演示的内容，时间控制在10～15 min。

（iv）两极连接后，若铜电极上气泡少，锌电极上也有气泡，要注意运用对比的方法引导学生观察、比较两者气泡的多少，思考：如何讲清楚这些问题？如何将实验中的这个异常现象作为生成性资源运用到教学中？

（v）两本教材中实验教学的重点和难点是什么？如何突出重点，讲清楚难点内容？用什么方式引出实验课题？

（2）在训练教室进行“化学能转化为电能”（必修 2）或“原电池”（选修 4）一节的实验教学训练，并通过摄像头将讲课过程进行视频录制；观看视频、小组成员互评。

【思考与讨论】

（1）如何设计实验证明回路中的电子来自锌而不是铜？

（2）实验中可观察到当连接导线后，锌片表面仍有气泡放出这一现象，可以采取什么措施减少锌片表面的气泡？在教学中如何给学生解释这一现象？

（3）“问题驱动”式教学就是把“知识问题化”，把本源的、固定的、共性的教材转化为学生变化的、个性的、创新的认知体系与认知能力，从而达到教学效果最优化。在教学中你将如何采用“问题驱动”的教学策略？可以将哪些知识点设计成问题？设计怎样的问题？

（4）“问题驱动”教学策略与“支架式”教学策略有何相似？

（5）如何利用生活中的原电池问题，引出实验课题？

【学习资源】

一、资源链接

用导线将锌电极和铜电极连接后，锌片上仍然有气泡的原因：

锌片不纯，其中所含的 Fe、C 等杂质与 Zn 形成若干微型原电池，绝大部分电子直接在 Zn 电极上发生得失，而只有极少量电子经导线流向本应得电子的 Cu 电极，所以 Zn 电极上会有大量气泡产生。

解决对策：

对策一：将锌片用砂纸打磨后在稀硫酸中浸泡 30s 以除去表面氧化物，用水洗净，然后浸入 10 g/100 mL $HgCl_2$ 溶液中，1 min 后取出便可得到表面覆盖了一层均匀细致的银白色金属汞的锌片。由于 Zn 原子渗入惰性金属汞中，形成锌汞齐，H^+在锌汞齐上的超电势很高，很难在它上面得到电子，所以 Zn 电极上不再有气泡产生。

对策二：解决问题的思路是增加氢气在锌片上析出的难度，使其不能析出。为了达到这个目的，受到离子交换膜的启发，找到一种能使锌离子通过但阻止氢气在锌片上析出的方法。具体的做法如下：①用稀盐酸将锌片表面处理干净；②把三元乙丙橡胶(在包装箱内常见的防震泡沫橡胶)溶解在二甲苯中得到饱和溶液；③把此溶液涂在锌片表面浸入液面以下的部分，在通风橱中晾干备用。经过以上方法处理过的锌片在演示铜锌原电池实验时，其表面基本没有气泡冒出，且该锌片能够反复使用。

二、文献资源

邓爱梅. 2011. 基于“任务驱动”的化学实验教学设计——以“原电池”的教学设计为例 [J]. 西南农业大学学报(社会科学版)，(12)：168-171.

刘影，张勇，马双. 2012. 原电池实验改进[J]. 教学仪器与实验，28(4)：14-15.

秦守进. 2008. 问题式教学的层次性及环节设计[J]. 化学教学，(12)：19-20.

宋兆爽. 2013. “化学能与电能”的教学设计与课堂生成[J]. 化学教学，(10)：38-39.

谢静静，史定海. 2009. 苏教版必修 2“化学能转化为电能”教学设计[J]. 化学教学，(7)：49-51.

杨德红. 2014. 以“电子转移”统领原电池教学设计[J]. 化学教学，(6)：37-40.

张晓巍. 2011. 再谈 Cu-Zn 原电池实验条件[J]. 学周刊，(10)：161.

周倩，熊言林. 2011. “初识原电池”教学设计[J]. 化学教学，(11)：26-28.

训练十一　“钠的重要化合物——碳酸钠和碳酸氢钠”实验操作及教学训练

【训练目标】

（1）了解“碳酸钠和碳酸氢钠”实验在教材中的地位和作用；了解“碳酸钠和碳酸氢钠”涉及哪些知识点；了解教材中的实验内容和实验方法。

（2）通过训练学习和掌握“碳酸钠和碳酸氢钠”实验的演示技术。

（3）通过训练体验组织学生进行科学探究的方法和程序，进一步训练进行演示实验操作技能，培养实验教学的技能。

【训练步骤】

一、课前准备

（1）阅读高中化学教材（必修 1）第三章和本训练的所有内容，了解实验的内容和方法，查阅相关资料，思考以下问题：

（i）本实验在教学中的地位和作用是什么？与教材中前后知识有何联系？本实验教学的教学目标是什么？

（ii）在教学中如何引入本实验？如何组织学生进行探究？

（iii）在教学中可以设计什么问题（或过渡语）引导学生思考、引发学生探究的欲望，并引入相应的实验？

（iv）本实验教学要求比较碳酸钠和碳酸氢钠的哪些性质？

（v）明确两种盐具有的化学性质和物理性质及其实验原理，思考：如何才能明显地比较出二者的不同点和相同点？在进行实验比较时应该注意哪些问题？实验中盐的用量和水的加入量对实验结果有什么影响？

（vi）教材中"碳酸钠和碳酸氢钠热稳定性比较"实验在教学中存在什么问题？教学中若不改变实验装置，如何操作才能更好地说明碳酸氢钠的稳定性不及碳酸钠？

（2）在前面思考的基础上写出实验准备预习报告和进行"碳酸钠和碳酸氢钠性质"实验的教学设计，交指导教师审阅，并在训练前熟悉教案。

二、课堂训练

（一）实验准备及操作训练

1. Na_2CO_3 和 $NaHCO_3$ 的外观比较

用药匙分别取 Na_2CO_3 和 $NaHCO_3$ 固体于干净、干燥的表面皿上，仔细观察外观。

2. Na_2CO_3 和 $NaHCO_3$ 的热效应和溶解性的比较

（1）在 2 支试管里分别加入约 1 药匙的 Na_2CO_3 和 $NaHCO_3$，再逐滴滴加水，用手摸试管外壁比较两者的温度情况，记录最佳的加水量和两种盐的热效应情况，以便教学训练时能快速加入定量的水。

（2）在上述试管中继续缓慢、分次加入定量的水（可事先用量筒定量地量取一定量的水），振荡试管，观察两种盐的溶解情况，若均未溶解完全，再继续少量地加入定量的水，直至能够比较出两种盐溶解性的不同。记录盐的用量和每次加入的水量以及盐溶解情况，以便教学训练时一次性地定量加入。

> 实验注意事项：
> （1）进行热效应实验时一定控制好固体和加水的量，否则不能比较出盐的溶解热。
> （2）两种盐的溶解性比较时，为了节约时间，只要能够比较出两种盐溶解度的差异即可，不一定要求两种盐都溶解完全。

3. Na_2CO_3 和 $NaHCO_3$ 碱性强弱比较

在上述盐的试管中分别滴加 1～2 滴酚酞溶液，观察并比较两种盐溶液碱性的强弱。

4. Na_2CO_3 和 $NaHCO_3$ 与稀盐酸反应

方法一：在上述 $NaHCO_3$ 和 Na_2CO_3 溶液的试管中，分别加入 1 滴（稀释过的洗涤剂：1

滴洗涤剂+10 mL 水）餐具洗涤精（请思考：加入餐具洗涤精的作用是什么？），再同时在两个试管中逐滴加入等浓度（0.5～1 mol/L）、等量的稀 HCl 溶液，观察并比较两者产气的先后、产气量和产气速率。

> 实验注意事项：
> （1）加入的稀盐酸一定是等浓度、等量的，并同时滴加。若不能两手同时滴加，可以交替地滴加。但应先滴碳酸钠溶液，再滴碳酸氢钠溶液，这样才能说明反应的实质。
> （2）加入盐酸的速度不能太快，边加边振荡，否则观察不到应有的现象。

方法二：在两个 150 mL 锥形瓶中分别加入 10 mL 0.1 mol/L 的碳酸钠和碳酸氢钠溶液及几滴酚酞溶液，用酸式滴定管装入 25 mL 0.1 mol/L 盐酸溶液，分别滴定两种盐溶液。观察并比较两者产气的先后、产气量和产气速率。

> 实验注意事项：
> 加入盐酸的速度不能太快，边加边振荡，否则观察不到应有的现象。

5. Na_2CO_3 和 $NaHCO_3$ 的热稳定性比较

如图 6-24 所示安装装置，分别在试管中装入一定量的碳酸钠和碳酸氢钠进行实验，观察两管是否有气体产生，石灰水是否变浑浊。

> 实验注意事项：
> （1）实验药品量的控制。
> （2）石灰水要新制、饱和。
> （3）实验药品和其他加入物质的量要控制一致。
> （4）思考两支试管加入盐酸的顺序，先加哪支试管？

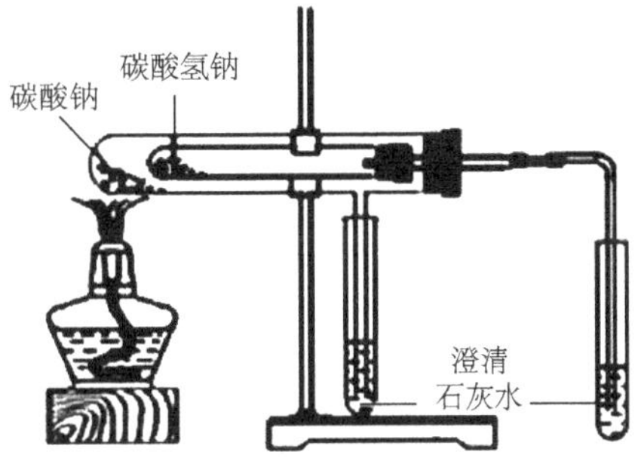

图 6-24　碳酸钠和碳酸氢钠热稳定性比较

（二）实验教学训练

（1）将上面实验内容分为三部分（1～3，4，5）作为训练单元，选取其中一个单元进行训练。

（2）在总结实验操作的基础上，清点实验所需用品，在训练教室进行讲课训练，并录制训练视频。

（3）训练前要理清头绪，思考演示实验的重点是什么？如何指导学生观察？

（4）如何设计问题引出实验？如何引导学生根据实验现象分析、归纳最终得出结论？

（5）每个单元讲授和实验演示时间控制在 10 min 以内。

【思考与讨论】

（1）在中学阶段，研究物质性质常用哪些方法？教材中和你的教学中采取了什么方法？

（2）实验演示除了让学生获取两种钠盐的性质外，还应让学生收获什么？

（3）肉眼观察两种盐不容易分辨两者的不同，教学中可以采取什么方式增强观察效果？

（4）两种钠盐与稀盐酸反应为什么要加入等量、等浓度的盐酸？在教学中如何引导学生认识这个问题？实验 4 中的方法一和方法二比较，哪种方法实验效果更好，更有利于学生观察？为什么？

（5）两种钠盐热稳定性比较实验的装置与教材中的装置有什么不同？为什么要这样改进？在教学中如何引导学生认识这个问题？

【学习资源】

一、资源链接

中学阶段研究物质的性质的方法：观察的方法、实验的方法、分类的方法和比较的方法。

中学阶段研究物质性质的程序：观察物质的物理性质—预测化学性质—验证或探究预测的性质—分析现象并解释—分类、比较、归纳、概括同类物质的性质。

二、文献资源

陈爱民. 2013. 基于观念建构的高中化学课堂教学——以“碳酸钠的性质与应用”课例为例[J]. 化学教与学，（3）：34-36.

黎耀中. 2011.《碳酸钠和碳酸氢钠》课堂教学创新设计[J]. 中学教学参考，92（7）：77-79.

王娜，白新瑞. 2007. 关于碳酸钠和碳酸氢钠与盐酸反应的实验研究[J]. 化学教学，（10）：8-10.

王愫懿. 2010. 同一教学内容的不同“新课导入”设计案例与效果评析[J]. 化学教育，（12）：34-36.

熊言林，徐泽忠，张燕，等. 2009. 碳酸钠、碳酸氢钠与盐酸反应过程热效应的实验探究[J]. 化学教育，（1）：66-68

徐惠，顾菲菲. 2011. 方法与过程并行，定量与定性并重——“碳酸钠与碳酸氢钠”的教学设计[J]. 化学教育，（11）：18-21.

姚斌. 2008. 鉴别碳酸钠和碳酸氢钠的实验探讨[J]. 高中数理化(高一版)，（7）：37-38.

叶海燕. 2005. 探究性实验教学与问题意识培养的课例——谈谈碳酸钠和碳酸氢钠性质教学设计[J]. 化学教育，（增刊）：125-126.

训练十二　“铝的重要化合物”实验操作及教学训练

【训练目标】

（1）复习中学教材必修 1 中“铝的重要化合物”实验教学的内容。

（2）复习和了解必修 1 中“铝的重要化合物”相关实验的基本操作和实验方法。

（3）了解这部分内容中实验的地位和作用。

（4）通过训练能够较熟练地进行“铝的重要化合物”实验的演示，并能够流畅地进行讲授。

【训练步骤】

一、课前准备

（1）阅读人教版高中化学（必修 1）中“铝的重要化合物”教材的内容，了解教材中实验的内容和方法；仔细阅读本训练的所有内容，思考以下问题：

（i）进行“氧化铝的两性”“氢氧化铝的制备及两性”实验时应该注意哪些问题？

（ii）进行“氧化铝的两性”“氢氧化铝的制备及两性”实验演示时将如何指导学生进行观察？重点观察哪些内容？

（2）阅读与高中教材配套的教师参考书，以及本训练后面的学习资源，思考以下问题：

（i）“铝的重要化合物”这一节内容在所在章节和教材中的地位和作用是什么？

（ii）“氧化铝的两性”“氢氧化铝的制备及两性”实验教学内容在教材中的地位和作用是什么？

（iii）教材中实验教学内容的重点和难点各是什么？在教学中增加“氧化铝的两性”实验有什么作用？

（iv）你准备采取什么方式引入教学？采取什么方式引入实验？可以设计哪些问题引出实验？

（3）在完成上述思考或更多的思考后，完成实验操作训练的预习报告，并进行“铝的重要化合物”实验教学设计，交指导教师审阅，同时在课前熟悉教案，使其在训练时语言更加流畅。

二、课堂训练

（一）“氧化铝的两性”实验准备和操作训练

剪两条长约 3 cm、宽 1 cm 的铝片，用坩埚钳夹住在酒精灯上灼烧片刻，以确保表面生成致密的氧化膜，冷却备用。再取两支试管，编号分别为 1 号和 2 号，在 1 号试管中加入 2 mL 2 mol/L 盐酸，在 2 号试管中加入 2 mL 2 mol/L 氢氧化钠溶液，同时各放入一片处理过的铝片，观察现象。

> 实验注意事项：
> （1）灼烧铝片时，一定用坩埚钳夹住，以免发生烫伤。
> （2）灼烧一定要观察到铝片中都生成致密的氧化膜。
> （3）若用市售的氧化铝，一定要用 γ 型的氧化铝，若购买的型号不对，因其结构不同则在强酸和强碱中都不会溶解。

（二）“氢氧化铝的制备及两性”实验准备和操作训练

（1）氢氧化铝的制备。

利用前面实验产物作为原料：前面实验中，1 号试管中已经充分反应生成氯化铝的溶液（其中盐酸已经反应完全生成氯化铝，还剩余少量铝），为节约药品，直接利用生成的氯化铝来制备氢氧化铝。将其中的溶液倒一半在另一支试管中，两支试管分别编号为 1 号和 3 号。在 1 号和 3 号试管中逐滴滴加稀氨水溶液，观察到有大量白色沉淀生成后，继续滴加氨水，直到不再产生沉淀为止。

教材中的实验方法：在试管中（编号 4 号）加入 10 mL 0.5 mol/L $Al_2(SO_4)_3$ 溶液，滴加氨水，生成白色凝胶状物质，继续滴加氨水，直到不再产生沉淀为止。

（2）氢氧化铝的两性实验。

在 1 号试管中逐滴滴入稀氨水，观察沉淀是否溶解。若沉淀不溶解再逐滴滴加 2 mol/L 氢氧化钠溶液，边滴边振荡试管，观察试管中沉淀是否溶解。而在 3 号试管中逐滴滴入 2 mol/L

盐酸，观察白色沉淀是否溶解。

教材中的实验方法：取前面实验的 4 号试管中制得的氢氧化铝沉淀，分装在 2 支试管中，往一支试管中滴加 2 mol/L 盐酸，往另一支试管中，先逐滴滴入稀氨水，观察沉淀是否溶解。若沉淀不溶解，再逐滴滴加 2 mol/L 氢氧化钠溶液，边滴边振荡试管，观察试管中沉淀是否溶解。

> 实验注意事项：
> 向氢氧化铝中加酸或加碱时，速度不能太快，一定要逐滴滴加，否则可能观察不到应有的现象。

（三）“铝的重要化合物”实验教学训练

在训练教室进行高中化学必修 1 中“铝的重要化合物”一节的实验教学训练，教学重点主要是“氢氧化铝的制备”和“氧化铝及氢氧化铝的两性”实验演示及教学训练，并通过摄像头将讲课过程进行视频录制。

> 训练注意事项：
> （1）设计好讲课及实验演示的内容，时间控制在 10～15 min。
> （2）教学训练的内容可分成“氢氧化铝的制备”和“氧化铝及氢氧化铝的两性”两个教学内容进行训练。
> （3）一定注意用问题驱动的教学方式进行教学，并思考通过什么问题引入实验、通过什么问题引发学生对两性化合物的认识和理解。

【思考与讨论】

（1）在训练实验 1 中可观察什么现象？这些现象说明什么问题？在教学中如何通过观察到的现象引导学生分析原因，从而得出结论？同时如何让学生明白在工业上常选择氢氧化钠溶解矿物中的氧化铝的原因。

（2）实验中用灼烧后的铝片替代氧化铝有什么作用和意义？

（3）如何向学生讲清楚氧化铝和氢氧化铝都具有两性？

（4）以铝粉、稀盐酸、氢氧化钠溶液为原料，制备氢氧化铝，进而制备氧化铝，有哪些实验方案？

（5）如何依据氢氧化铝凝胶状沉淀生成的实验现象，为解释明矾能吸附色素和净水的原理埋下伏笔？

（6）如何通过在氢氧化铝白色沉淀中加入氨水沉淀不溶解这一实验现象，引导学生得出氢氧化铝不溶于弱碱这一性质？

【学习资源】

一、资源链接

（一）造成两性氢氧化物特性的内在原因

两性氢氧化物是指在溶液中既能电离出 H^+，又能电离出 OH^-的氢氧化物。用通式 ROH

表示这类物质，那么它们在溶液中一般存在酸式和碱式两种电离方式，即

$$碱式电离：ROH \longrightarrow R^{+}+OH^{-} \quad (1)$$

$$酸式电离：ROH \longrightarrow RO^{-}+H^{+} \quad (2)$$

两性氢氧化物之所以具有两性的特点，能按两种方式电离，是因为 ROH 分子中 R—O 和 O—H 都是极性键，在 H_2O 的作用下都有断键的可能。电离时，哪一个键断裂，这要看 R—O 键和 O—H 键的相对强弱。若 R—O 键强于 O—H 键，则按式(2)进行酸式电离，如果 R—O 键弱于 O—H 键，则按式(1)进行碱式电离，如果 R—O 键与 O—H 键的相对强弱接近或相等，那么 ROH 就有酸式和碱式两种电离趋势，这就使得 ROH 具有两性的特性。

（二）哪种氧化铝能用于中学化学实验

中学化学教学中用氧化铝分别与强酸和强碱反应，以说明氧化铝是两性氧化物这一实验事实。然而若购买时不注意，则可能不能进行实验。

氧化铝是白色无定形粉末，俗称矾土。氧化铝主要有 α 型和 γ 型两种变体，工业上可从铝土矿中提取。

在 α 型氧化铝的晶格中，氧离子为六方紧密堆积，铝离子对称地分布在氧离子围成的八面体配位中心，晶格能很大，故熔点、沸点很高，α 型氧化铝不溶于水和酸。

γ 型氧化铝是氢氧化铝在 140～150 ℃的环境下脱水制得，工业上也称活性氧化铝、铝胶。其结构中氧离子近似为立方面心紧密堆积，铝离子不规则地分布在由氧离子围成的八面体和四面体空隙之中。γ 型氧化铝不溶于水，能溶于强酸或强碱溶液，将它加热至 1200 ℃就全部转化为 α 型氧化铝。

依据两种不同类型的氧化铝的特性，中学化学实验中所用的氧化铝一定是 γ 型氧化铝。

二、文献资源

蔡霞，沈若冰. 2011. 如何制备能与酸和碱反应的氧化铝[J]. 化学教与学，(4)：77.
崔秀英. 1996. 浅议两性氢氧化物的特性[J]. 阜阳师范学院学报(自然科学版)，29(3)：95-96.
邓梅. 2016. “铝的重要化合物”探究性教学实施策略[J]. 中学教学参考，266(5)：94.
高修库. 2009. “铝的重要化合物”的一种新颖的教学设计[J]. 化学教学，(4)：40-41，16.
孔琳. 2009. 铝的重要化合物探究性教学实施策略[J]. 科教文汇(中旬刊)，(6)：221.
李友银，蒲绪凤. 2011. 基于三重表征方式设计“铝的重要化合物”教学[J]. 中学化学教学参考，(7)：29-30.
李赟，熊进之. 1996. 铝的重要化合物说课方案[J]. 中学化学教学参考，178(6)：21-23.
廖佳峰. 2014. 铝的重要化合物[J]. 中学化学教学参考，(4)：16.
吴路，雷忠利. 2015. 高中化学“三习五步法”教学模式示例[J]. 中学化学教学参考，(4)：25-26.
熊绍良. 2011. 实验探究氢氧化铝水溶液的酸碱性[J]. 化学教育，(11)：77-78.
赵瑜. 1985. 氢氧化铝能跟弱碱和弱酸反应吗?[J]. 化学教学，(6)：36-37.

训练十三 “铁的重要化合物”实验操作及教学训练

【训练目标】

（1）复习中学教材必修 1 中“铁的重要化合物”实验教学的内容。

（2）复习和了解必修 1 中“铁的氢氧化物”“铁盐和亚铁盐”实验的基本操作和实验方法。

（3）了解高中化学必修 1 中“铁的重要化合物”的地位和作用。

（4）通过训练能够较熟练地进行“铁的氢氧化物”“铁盐和亚铁盐”的实验演示，并能够进行相关的教学组织和教学活动。

【训练步骤】

一、课前准备

（1）阅读高中化学教材必修 1 第三章第二节“几种重要的金属化合物”中“铁的重要化合物”的内容，了解该内容在教材中的地位和作用；阅读初中化学下册第八单元“金属和金属材料”，了解初中已学过哪些内容；阅读本训练的所有内容，并查阅相关资料，思考以下问题：

（i）“铁的重要化合物”的教学内容有哪些？教学目标是什么？

（ii）“铁的重要化合物”中有哪些实验？这些实验在教学中的地位和作用是什么？其实验的教学目的是什么？通过实验（或探究）让学生获取什么信息？

（iii）通过初中的学习，学生已有哪些知识，教学中可以将哪些知识迁移过来？

（iv）教学中如何采用问题驱动的方式引发学生的探究？你将准备设计什么问题引发学生探究，获取知识点？

（v）进行实验要注意哪些问题？中学教材中实验 3-9 中氢氧化亚铁的制备实验存在什么问题？目前对这个实验有哪些改进的方法？

（2）通过前面的思考，写出实验预习报告和“铁的重要化合物”实验教学的教学设计，交指导教师审阅，并在训练前熟悉教案。

二、课堂训练

（一）实验操作训练

1. 铁的氢氧化物的制备

（1）氢氧化铁的制备。在试管中加入少量三氯化铁溶液，然后滴加氢氧化钠溶液，观察并记录实验现象。

（2）氢氧化亚铁的制备。

（i）药品的准备：在小烧杯中取适量 1 mol/L 稀硫酸，煮沸备用；用煮沸过的蒸馏水配制适量饱和氢氧化钠溶液备用。

（ii）用一次性注射器吸取刚配制好的饱和氢氧化钠溶液 4 mL，将针头插入橡皮塞中，隔绝空气中的氧气待用。

（iii）把 3 勺铁粉装入试管中，再倒入稀硫酸至试管容积的一半，使其反应约 2 min。把一小团棉花放入试管中，用玻璃棒送到液体中，使部分溶液浸出在棉花上面（思考：棉花的作用是什么？）。

（iv）取下步骤（ii）中注射器针头上的橡胶塞，再吸取少量制取的除去氧气的硫酸亚铁溶液，观察白色沉淀的产生。

实验注意事项： （1）吸取新制硫酸亚铁溶液不宜太多，以能明显观察到白色沉淀为宜。 （2）尽量不要振荡。

2. Fe^{3+}的检验

在两支洁净的试管中分别加入适量 $FeCl_3$ 和 $FeCl_2$ 溶液，再在两支试管中分别滴加几滴 KSCN 溶液。观察并记录现象。

实验注意事项： （1）$FeCl_2$ 溶液要新制的，若购买的 $FeCl_2$ 少量被氧化，则可用铁粉将三价铁离子还原后再进行实验。 （2）也可用硫酸亚铁铵代替氯化亚铁。

3. Fe^{3+}和 Fe^{2+}的转换

（1）在洁净的试管中加入 2 mL $FeCl_3$ 溶液，再在其中加入少量的铁粉，振荡试管使其充分反应后，滴加几滴 KSCN 溶液。观察并记录实验现象。

（2）将上述试管中的上层清液倒入另一支试管中，再加入几滴氯水（或过氧化氢），观察并记录实验现象。

（二）实验教学训练

完成实验操作训练后，清点好实验用品，在训练教室进行讲课训练，并录制训练视频。

（1）可将训练内容分成“铁的氧化物和氢氧化物”“氢氧亚铁的制备实验改进”“铁盐和亚铁盐”。将每个训练内容的时间控制在 10～15 min。

（2）讲课之前思考实验涉及哪些知识点？在演示时重点指导学生观察哪些内容？如何指导学生观察。

【思考与讨论】

（1）为什么“铁的重要化合物”是中学阶段需要重点学习的主要内容之一？

（2）“铁的重要化合物”中的实验都是通过比较的方法进行的实验，在讲授中你准备如何向学生传授“比较”的实验研究方法？

（3）教学中如何将初高中的内容衔接起来？

（4）教学中增加“氢氧化亚铁的制备实验改进”的内容对学生的学习有什么帮助？

（5）如何设计问题引发学生探究？

【学习资源】

费伦猛. 2009. “铁的重要化合物”初高中课堂衔接教学[J]. 现代中小学教育，185(7)：65-68.

林宏. 2008. “铁的重要化合物”教学设计[J]. 科学教育，14(1)：79-80.

刘彩虹，张文兰，刘丽君. 2014. 氢氧化亚铁制备实验的设计[J]. 化学教学，(9)：52-53.

秦林. 2012. 关注实验在元素化合物知识教学中的支撑作用——以“铁的重要化合物”教学为例[J]. 教学仪器与实验，28(2)：4-6.

沈军. 2013. 通过实验探究发展学生对研究物质化学性质的认识——以人教版高中必修 1 “铁的重要化合物”为例[J]. 教学仪器与实验，29(5)：11-14.
石敬珠. 2010. “铁的重要化合物”教学设计[J]. 化学教学，(9)：48-50.
王建林. 2010. “铁的重要化合物”教学设计[J]. 化学教育，(增刊 II)：68-70，79.
夏建华，后勇军. 2015. 知识建构型翻转课堂典型案例研究——以“铁的重要化合物”的教学为例[J]. 化学教学，(9)：29-31.
许英慧. 2010. “铁的重要化合物”教学设计[J]. 化学教学，(9)：39-41.
杨晓东. 2015. 氢氧化亚铁制备实验的再探究[J]. 化学教学，(2)：56-58.

训练十四　“化学能与热能的相互转化”实验操作及教学训练

【训练目标】

（1）复习中学教材必修 2 第二章“化学反应与能量”中“化学能与热能”的相关内容和几个实验的内容。

（2）复习和了解“化学能与热能的相互转化”中几个实验的基本操作和实验方法。

（3）了解“化学能与热能的相互转化”中几个实验在教学中的地位和作用。

（4）通过训练能够较熟练地进行“化学能与热能的相互转化”中几个实验的演示，并能够流畅地进行讲授。

【训练步骤】

一、课前准备

（1）阅读人教版高中化学（必修 2）教材的第二章“化学反应与能量”中“化学能与热能”的相关内容及“化学能与热能的相互转化”中几个实验的内容，了解教材中实验的内容和方法。

（2）阅读与高中教材配套的教师参考书，以及本训练的所有内容及后面的学习资源，思考以下问题：

（i）“化学能与热能的相互转化”实验教学在教材中的地位和作用是什么？

（ii）该实验教学的教学目标是什么？

（iii）进行“化学能与热能的相互转化”中几个实验时应该注意哪些问题？

（iv）本训练的实验方法与教材中有哪些不一样的改变？这些改变有什么优点？在教学中你将如何引导学生认识改进实验的优点？

（v）改进后的实验是如何呈现吸热和放热现象的？

（vi）实验所涉及的知识点有哪些？在实验演示中应该如何指导学生观察实验现象，并根据实验现象总结、归纳并得出结论？

（vii）如何指导学生通过实验理解“吸热反应”和“放热反应”？

（viii）你准备采取什么方式引入教学？采取什么方式引入实验？可以设计哪些问题引出实验？

（3）在完成上述思考后，完成“化学能与热能的相互转化”实验的操作训练的预习报告，并进行“化学能与热能的相互转化”实验教学设计，交指导教师审阅，同时在课前熟悉教案，使其在训练时语言更加流畅。

二、课堂训练

（一）实验操作训练

1. “放热反应”实验准备和操作训练

（1）安装仪器：如图 6-25 所示安装装置，检查气密性。

（2）进行实验。

方法一：在装置中的烧杯中加入适量水（滴加几滴红墨水），在试管中加入 2～3 mL 1 mol/L 氢氧化钠，再滴加 1 滴酚酞指示剂，用滴管吸取 1 mol/L 盐酸滴入试管中直至红色消失。

方法二：在装置中的烧杯中加入适量水（滴加几滴红墨水），在试管中加入 2～3 mL 6 mol/L 盐酸，插入已经打磨光亮并卷成螺旋状的铝条。

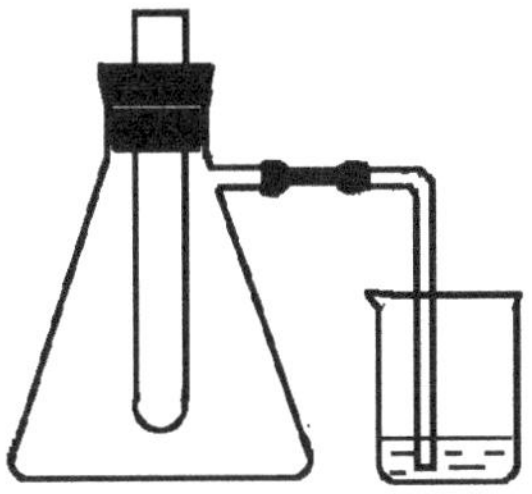

图 6-25　放热反应实验改进装置

（3）实验观察：观察反应前后试管、导管和导管口的情况。反应停止后，稍等片刻再观察导管中水柱情况。

2. “吸热反应”实验准备和操作训练

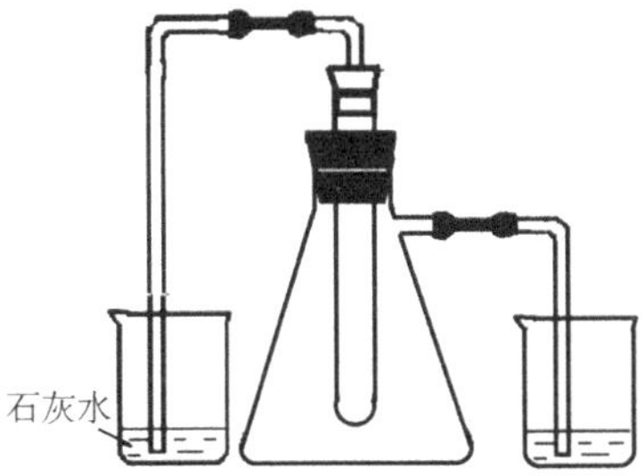

图 6-26　吸热反应实验改进装置

（1）安装仪器：如图 6-26 所示安装装置，检查气密性。

（2）加入药品：在装置右边的烧杯中加入适量水（滴加几滴红墨水）、左边的装置中加入适量澄清石灰石；取约 5 g 柠檬酸晶体（$H_3C_6H_5O_7 \cdot H_2O$）与 10 g $Na_2CO_3 \cdot 10H_2O$，分别研细后加入试管中，用玻璃棒快速搅拌均匀后，塞上配有直角弯管的单孔塞，将直角弯管插入澄清的饱和石灰水中。

（3）实验观察：观察反应前后试管、烧杯中的石灰水、导管和导管口的情况。反应停止后，稍等片刻再观察导管中水柱情况。

> 实验注意事项：
> （1）实验前必须检验两个实验装置的气密性，保证气密性良好。
> （2）注意对装置进行隔热处理。

（二）实验教学训练

（1）完成实验操作训练后，清点好实验用品，在训练教室进行讲课训练，并录制训练视频。

（2）实验教学训练需要注意的问题：

（i）训练时可将讲课训练的内容分为“吸热反应”“放热反应”“中和反应的热效应”“吸热反应实验装置的创新设计”“放热反应装置的创新设计”等内容进行教学设计和训练。

（ii）每次训练选取一个内容进行训练。将每个训练内容的时间控制在 10～15 min。

【思考与讨论】

（1）本实验操作训练中的实验方法与教材中的有什么不同？这样改进有什么优点？若要进行“吸热（放热）装置创新设计”的教学，你将如何引出研究课题？如何引导学生进行装置的设计？

（2）“铝与盐酸反应”（或氢氧化钠与盐酸反应的中和反应）实验中的热量变化用肉眼观察不到，可以通过哪些方式让学生观察到反应中的热量变化？若要明显地感知或测量反应中的热量变化，在实验中应注意什么问题？

（3）教材安排的三个实验的编排意图是什么？在教学中如何通过实验探究让学生认识和感受化学能与热能之间的相互转化及其研究过程，学会定性地研究化学反应中热量变化的科学方法？

（4）如何在教学中引导学生认识“有的化学反应吸热，有的化学反应放热”这一问题？

【学习资源】

一、资源链接

用其他盐替代反应物的原理或原因：

（1）柠檬酸晶体（$H_3C_6H_5O_7 \cdot H_2O$）与 $Na_2CO_3 \cdot 10H_2O$ 反应原理：

$$2H_3C_6H_5O_7 \cdot H_2O + 3Na_2CO_3 \cdot 10H_2O = 2Na_3C_6H_5O_7 + 3CO_2\uparrow + 35H_2O$$

（2）柠檬酸与碳酸氢钠反应原理：

$$H_3C_6H_5O_7 \cdot H_2O + 3NaHCO_3 = 3CO_2\uparrow + 4H_2O + Na_3C_6H_5O_7$$

（3）用这两种物质替代反应物的原因：$Na_2CO_3 \cdot 10H_2O$ 和碳酸氢钠腐蚀性较 $Ba(OH)_2 \cdot 8H_2O$ 低，又无有害气体放出，且价格便宜。相关药品报价：

$Ba(OH)_2 \cdot 8H_2O$	20.5 元/500 g
NH_4Cl	10.5 元/500 g
$H_3C_6H_5O_7 \cdot H_2O$	13.0 元/500 g
$Na_2CO_3 \cdot 10H_2O$	12.0 元/500 g
$NaHCO_3$	10.0 元/500 g

二、文献资源

保志明. 2012. 从尊重与丰富学生认知的角度设计教学——必修模块“化学能与热能”的教学与思考[J]. 中学化学教学参考，(8)：14-15.
李静雯，陈懿. 2015. 吸热反应实验创新设计[J]. 化学教学，(4)：53-55.
彭爱华. 2015. 对必修模块 2“化学能与热能”有效教学的思考[J]. 新课程(中)，(11)：202-203.
钱琴红. 2013. 人教版必修 2“化学能与热能”教学设计[J]. 化学教与学，(3)：67-68.
孙影，冯洁，刘顺江，等. 2014. 学习环模式在中学化学教学中的应用——以“化学能与热能”为例[J]. 化学教学，(4)：26-29.
谭文生. 2011. 化学能与热能相互转化实验综合设计[J]. 中学化学教学参考，(5)：43.
魏鸿，于少华. 2014. 基于学生认识障碍点突破的“化学能与热能”的教学实践研究[J]. 新课程教学，(6)：17-19.

杨明生. 2013. “化学能与热能”教学设计的基本思路[J]. 化学教育，(5)：16-19.
张晓星，丁伟. 2011. 开发吸热反应和放热反应的新实验[J]. 教学仪器与实验，(5)：17-18.

训练十五　葡萄糖的“银镜反应”实验操作及教学训练

【训练目标】

（1）复习葡萄糖的“银镜反应”实验原理、操作方法及操作步骤。

（2）了解“银镜反应”在不同教材、不同学习内容中的地位和作用。

（3）通过训练能够依据实验在不同教材中的作用进行教学设计，训练运用该实验进行实验演示的能力，初步形成进行该实验的教学技能。

【训练步骤】

一、课前准备

（1）阅读高中化学教材必修2“基本的营养物质”和选修5第四章“糖类”中的“葡萄糖”，比较两本教材中有关“葡萄糖”的教学内容和教学重点的异同；了解“葡萄糖与银氨溶液作用”实验在必修2和选修5教材中的地位和作用；了解本实验的方法和内容。阅读本训练的所有内容（包括学习资源中推荐的学习内容），思考以下问题：

（i）必修2中“葡萄糖”的内容与选修5中“葡萄糖”的内容有什么相同和不同？“葡萄糖与银氨溶液作用”实验在两本教材中的作用分别是什么？

（ii）在进行两本教材的“葡萄糖”教学时，哪些内容只需要复习，哪些需要重点讲授？

（iii）在进行“葡萄糖与银氨溶液作用”实验时应该注意什么问题？

（iv）葡萄糖与银氨溶液实验涉及哪些知识点？在实验演示和讲授时，应重点指导学生观察哪些内容？重点讲授和强调哪些内容？如何引导学生根据实验现象分析、归纳并得出结论？

（2）依据“实验教学训练”中建议的内容，选择其中某个内容写出实验操作训练的预习报告和“葡萄糖”实验的教学设计，交指导教师审阅，并在训练前熟悉教案。

二、课堂训练

（一）实验操作训练

（1）银氨溶液的配制：在洁净的试管中加入约1 mL 2% $AgNO_3$溶液，然后边振荡试管边逐滴滴加2%氨水，直至产生的白色沉淀恰好成溶液为止，制得银氨溶液。

（2）银镜反应实验：在新制的银氨溶液中加入1 mL 10%葡萄糖溶液，振荡，然后在水浴中加热3～5 min（若温度较高，可以用手捂一会儿）。观察并记录实验现象。

> 实验注意事项：
>
> （1）试管内壁应洁净，如有污物无法形成银镜，可先用热的强碱溶液洗涤试管，除去油污。
>
> （2）配制银氨溶液时，注意试剂的滴加顺序：向硝酸银溶液中逐滴加入稀氨水，边滴边振荡，直至沉淀恰好消失为止，要防止氨水过量。

（3）所用银氨溶液必须随用随配，不可久置，否则会生成易爆炸的物质氮化银（Ag_3N），该物质用玻璃棒刮擦也因其分解而爆炸。

（4）葡萄糖溶液不能过浓，以 10%葡萄糖溶液比较适宜。如果过浓，只能得到黑色沉淀而得不到银镜。若使用 10%葡萄糖溶液，刚加入银氨溶液中，也有可能产生黑色沉淀物，但加热后会生成银镜。

（5）加热时不能振荡试管和摇动试管，要静置，否则生成的将是黑色疏松的银沉淀而不是光亮的银镜。

（6）实验后，试管中的反应混合液要及时处理，不可久置。生成的银镜用少量硝酸去除（废液倒入指定容器中），并用水洗净。

（二）实验教学训练

（1）实验教学训练需要注意的问题：

（i）在训练教室进行“葡萄糖”相关内容的实验教学训练，2～3 人一组。

（ii）运用“葡萄糖与银氨溶液作用”实验，将训练内容分为“葡萄糖的性质及其特征反应”“葡萄糖结构的探究”两个内容进行训练，每次选其中一个内容或多个内容作为讲课训练的项目。

（iii）每个讲课的项目时间控制在 10～15 min（内容包括：引出实验、实验演示、分析、归纳得出结论），录制讲课视频反思后再训练。

（2）将选取的内容在训练教室进行实验教学训练，并通过摄像头将讲课过程进行视频录制；观看视频、小组成员互评。

【思考与讨论】

（1）做好这个实验的关键条件是什么？

（2）你选择的内容是什么？教学中实验的教学目标是什么？通过实验能够得出什么结论？你将怎样引出实验？

（3）在进行实验演示时，你将重点指导学生观察哪些内容？

（4）对于观察到的实验现象，你将怎样引导学生分析，并通过什么方法引导学生总结出葡萄糖的结构？

【学习资源】

龚国祥. 2008. “葡萄糖结构和性质”的教学设计[J]. 化学教学，(6)：46-48.

谭宗俊，向雪皑. 2004. 对葡萄糖发生银镜反应方应方程式的再探讨[J]. 化学教育，(2)：43.

王哲，何彩霞. 2013. 基于有机物研究方法应用的教学活动设计——以高中化学选修 5 “葡萄糖”为例[J]. 教学仪器与实验，29(8)：5-8.

伊利梅. 2010. 创设有序探究促生高效课堂——苏教版高中化学新课程“葡萄糖”教学设计[J]. 中学教学参考（中旬），53(6)：92-93.

杨帆，张凤桂. 2007. 基于有机物研究方法的《葡萄糖》教学设计[J]. 化学教学，(9)：42-43.

第七章　中学化学学生实验教学能力训练

📖 学习目标

（1）了解学生实验的类型、概念和作用。

（2）掌握“随堂实验”“实验课实验”的教学要求和策略。

（3）通过具体项目的训练，初步掌握随堂实验的教学方法，能较熟练地进行实验课实验教学。

📖 内容要目

（1）随堂实验和实验课实验教学的要求和策略。

（2）学生实验操作训练和教学训练。

📖 学习重点

（1）随堂实验和实验课实验教学的要求和策略。

（2）学生实验操作训练和教学训练。

📖 学习难点

在训练中运用随堂实验和实验课实验教学的策略。

学生实验是指由学生亲自操作、独立完成的实验。学生实验是在中学化学实验教学中常采用的一种教学形式，其目的是让学生通过亲自动手进行实验，体验科学探究的过程；进一步帮助学生认识、巩固和理解知识，学会科学的实验方法和熟练实验的基本技能，提高观察、思维、综合等方面的能力，培养学生理论联系实际的学风和实事求是、严肃认真的科学态度，提高学生的学习积极性和独立的工作能力。

根据学生实验的教学内容安排和实践场所的不同，又可把学生实验分为“随堂实验”和“实验课实验”两种主要类型。

第一节　随堂实验和实验课实验教学的要求和策略

在中学化学课堂教学中的学生实验包括：随堂实验和实验课实验。

一、随堂实验教学

随堂实验教学是指在化学课堂教学中，把教师的讲授与学生实验结合在一起的一种教学形式，也即教师一边讲、学生一边操作实验的一种实验教学形式。这种教学形式一般用于教授新课和复习课，也称“边讲边实验”。

（一）随堂实验教学的要求

1. 精心选择随堂实验的内容

由于随堂实验是课堂上学生进行的实验，因此必须满足以下要求：

（1）实验内容的安排必须紧密配合教学，并为学校的实验条件所允许。

（2）实验内容简单，操作方便，时间短。

（3）实验的效果要明显，直观、鲜明，有说服力，不易发生异常现象。

（4）选择的实验必须是安全的，不宜选用产生有毒气体或易发生爆炸的不安全实验，若必须涉及有毒物质，要在实验之前做好安全教育，或采用有效的安全措施。

（5）同一节课的随堂实验的数量不宜过多，以免学生疲于实验操作，无暇仔细观察和思考。

2. 做好课前准备工作

对课堂上学生要做的实验，课前教师要认真做预备实验、反复预试，探究实验成功的条件和关键，了解实验可能出现的问题和所需时间，以利于在课堂上做到心中有数。另外，还需做好学生实验用品的准备工作，在课前摆放到学生的课桌上，讲台上也要准备一套（仪器要较大的，这样便于学生观察）。根据教学需要，还需提前做好指导或帮助学生自主学习的学案。

3. 做好随堂实验组织的指导工作

上课时要注意将教师的讲授与组织学生实验有机地结合起来。

实验前，教师要告知学生实验目的、提出要求，讲清楚实验的步骤，强调实验的注意事项，指导学生如何观察和记录实验现象和结果，必要时教师还可先示范。

学生实验开始后，教师要不断巡视、观察学生的操作情况、实验现象和实验记录的情况，及时发现实验中的问题、及时纠正，必要时，可暂时终止实验，纠正出现的普遍性的问题，然后继续实验。

实验结束后，组织学生与大家分享实验结果，检查学生实验结果的正确与否，并引导学生对实验结果进行思考、讨论，最终得出正确的结论。

（二）随堂实验教学的教学策略

随堂实验可以是学生对某一化学理论知识或对某一问题产生原因的猜想或假设所进行的验证（验证性实验），也可以是通过实验去解决某一问题所进行的实验探索（探究性实验）。究竟选择哪种教学方法，要依据学习的内容和学生、学校的情况而定。具体实施方法请见第二章第二节“中学化学实验教学实施方式”，这里不再赘述。

（1）精心做好教学设计，激发学生思维。随堂实验教学将实验、讨论、讲述、练习融于一体，教学容量大，结构紧凑。因此，在备课时，应围绕教学目标，精心设计课堂教学内容，选择合适的实验教学模式（验证、探究），设计合理的教学程序；将讲授课程中的知识点设计成具有梯度的问题，让学生利用已有知识和新学习到的知识解决问题，从而达到对该课程知识点的学习。只有设计科学的教学模式和高质量的问题，优化教学程序，才能充分利用随堂实验的手段，激发学生积极研讨探索的兴趣，提高学生的思维能力。

（2）注重课前预习指导，促进学生自主学习。在教学中，为使随堂实验达到好的效果，让学生对实验做到心中有数，就必须做好学生课前预习的指导工作。为了让学生更有效地预习，教师要认真编制学案，对一些关键性的实验操作给予必要的点拨，让学生明确实验目的、熟悉实验原理、了解实验的方法和步骤。例如，在进行“水的净化”随堂实验前，要编制好学案。在学案中要突出过滤的实验操作，要求学生预习过滤器的制备、过滤的操作要点，使学生在实验前对过滤的实验操作有一个较清楚的了解，从而保证学生在随堂实验中能正确、熟练地操作并获得理想的结果。对随堂实验中需要讨论的一些问题，可以列入学案的“问题讨论”中。例如，在过滤操作结束后，可设置以下问题：若过滤之后的水仍然浑浊，可能是哪些原因导致的？哪些物品能代替实验室中的滤纸和漏斗来过滤液体？这些问题让学生在预习时思考，以保证在课堂上能迅速激活思维，提高教学效率。

（3）调控教学秩序，确保教学顺利进行。随堂实验通常分为若干个实验小组，以小组为单位，随时展示本小组的实验成果。作为实验课程，学生实验积极性很高、好奇心很强，一般情况下课堂都较为活跃，为了保证教学任务的完成，教师必须调控好课堂的秩序，保证随堂实验课的效率与质量和学生合作学习的氛围。

课堂教学中，教师要加强对随堂实验的宏观管理，根据具体情况调整教学节奏，强调实验纪律，确保“放得开，收得拢”。最好在第一次进行随堂实验课前向学生讲明，良好的纪律是随堂实验顺利进行的保证，并在以后实验课上反复强调，且要求学生切实执行。

（4）加强课堂指导，明确指导内容。随堂实验的过程是学生感性认识和理性思维活动共同发展的重要过程。教师在随堂实验的巡视和指导中，要明确指导的内容和方法，具体的指导内容和方法如下。

注意学生实验操作的规范性、良好实验习惯的养成。对于学生操作的问题要及时纠正、示范。例如，不按需要量取用药品、不注意观察实验现象、台面凌乱等；注意试管振荡的方法、加热的方法、从试剂瓶倒取试剂的方法等；引导和提醒学生如何观察实验现象，特别是观察那些不明显或稍纵即逝却反映变化本质的实验现象，从而培养学生敏锐的观察能力。

答疑或质疑，指导学生积极观察和思考。可以从三方面进行：①教师在巡视中要根据实验内容和学生实验的情况及时、恰当地提示实验的观察要点，如引导学生观察实验装置的特点、观察反应物和生成物的特征、反应中的变化情况和现象等；②在巡视中对学生恰当地启发提问，如如何判断新物质的生成、如何概括实验现象、如何利用化学原理说明反应的实质等；③在巡视中及时引导和启发学生分析和解决解决实验中的问题，如对于学生实验中出现的异常情况，教师要及时给予提示让学生从实验原理、实验装置、实验操作等方面去分析产生问题的原因，再引导和启发学生思考解决问题的措施，使学生从中获得实验研究的基本方法，提高化学科学素养。

指导学生作好实验的记录。记录的主要内容是：实验项目名称、所用实验仪器和药品、实验操作步骤、观察到的实验现象和实验数据、对实验现象的分析解释和结论。要求学生如实记录，并用简单明了的语言叙述，充分利用化学语言、图形、表格来代替冗长的文字叙述。

（5）引导学生总结，巩固新知识。实验结束后，教师要及时引导学生根据实验结果及时总结得出结论，并指导学生归纳、整理，建立各知识点间的联系。同时，应及时分析本次随堂实验的成功因素或失败原因，指出可改进之处，以便日后开展随堂实验时借鉴。

案例 7-1　金属的活动性的随堂实验教学设计

【提出问题】 镁与稀硫酸能反应，锌与稀盐酸能反应，那镁与稀盐酸、锌与稀硫酸能反应吗？铁和铜等金属呢？

【提出假设】 学生讨论提出假设：镁与稀盐酸、锌与稀硫酸可以反应；铁和铜等金属与两种酸也能反应。

【讨论】 若这些金属能与两种酸反应则应该有氢气产生，可以通过实验观察它们与酸反应时是否有氢气产生即可作出判断。

【实验验证】 分别在放有少量镁条、锌粒、铁丝和铜丝的试管中加入稀盐酸，观察现象，比较反应的剧烈程度。再用稀硫酸代替稀盐酸进行实验，观察和记录实验现象。

【现象记录】 镁、锌、铁与稀盐酸和稀硫酸有氢气产生，反应剧烈程度依次为镁、锌、铁；铜在稀盐酸和稀硫酸中均没有氢气产生。

【得出结论】 镁、锌、铁均能与稀盐酸和稀硫酸反应，金属的活泼性由强到弱依次为镁、锌、铁；铜不能与稀盐酸和稀硫酸反应。

二、实验课实验教学

实验课实验教学是指学生学完某一单元或某一章节之后，在教师的组织和指导下，利用整节课的时间，在实验室里独立运用已获得的知识技能进行实验操作，观察和思考实验现象，做好实验记录，独立地或在教师的指导下根据实验现象得出结论，并独立完成实验报告的教学活动。实验课实验的活动方式可以是验证性的，也可以是探究性的。

1. 实验课实验的教学作用

学生通过实验课实验可以达到以下目标：

（1）巩固和加深对知识的掌握和理解，有效地训练和形成实验的操作技能、技巧以及实验的综合运用技巧。

（2）体验实验研究的过程，学习和形成科学的实验方法，发展实验探究的能力。

（3）激发和保持实验的操作兴趣、探究兴趣和创造兴趣。

（4）形成良好的实验习惯、严谨求实的科学态度、与人合作的学习和工作方式。

2. 实验课实验的教学要求

（1）做好课前的准备工作。课前的准备工作包括：教师的预备实验、实验仪器和药品的准备；指导和布置学生进行课前预习；设计和书写实验项目的板书内容。

（2）做好课前的检查工作。在实验开始前，首先要检查学生的预习情况，通过提问，了解学生对实验目的、实验原理、实验操作和实验的注意事项是否清楚明了。必要时要进行课堂讲解、小组讨论，对初次接触的仪器或学生遗忘了的一些仪器操作，要进行选择性的操作演示（不是实验操作的全过程），在演示的过程中强调注意事项。在学生预习的基础上对实验原理、装置组装、操作顺序、安全注意事项等进行讨论、讲解、分析，或对复杂操作进行分解训练，然后进行实验。

（3）做好实验过程的巡视指导。在学生实验的过程中，教师要随时关注学生的实验状态，制止危险操作，进行个别指导，要重视学生良好实验习惯的养成。

（4）及时小结讲评。实验结束后要及时引导学生对实验进行全面小结，内容包括：实验操作、实验现象、实验的观察记录、科学态度、实验习惯和纪律等，指出全班实验时的优缺点、实验成功的关键，提出希望和要求。要求学生洗净和清理好实验用品、写好实验报告后才能离开实验室。

3. 实验课实验的教学策略

实验课的教学策略与随堂实验的教学策略大致相同，要使实验课得以顺利进行，完成教学目标同样要做到以下几点：

（1）认真设计实验预习问题，提高学生预习效果。实验前，依据实验内容和原理，设计恰当的问题，让学生在解决问题的过程中达到和提高预习的效果。例如，在做食醋中总酸度的测定实验前，可以设计如下问题：①本实验的目的是什么？②需要用到哪些仪器和药品？③滴定管有几种？如何选用和使用滴定管？④酸式滴定管能否用来盛装碱液？为什么？⑤如何选择指示剂？如何判断滴定终点？⑥滴定管用蒸馏水洗净后，若未用标准液或待测液润洗，对滴定结果会有怎样的影响？⑦在实验中要记录哪些数据？⑧可能造成数据误差的因素有哪些？⑨归纳梳理实验的操作步骤和注意事项。学生在实验前通过认真地思考和解决上述问题，就会对实验的目的、性质、内容、应注意的问题以及实验成功的关键有较充分的认识，在实验过程中才会进行得较为顺利。

（2）做好实验课的教学设计，提高教学效率。在实验前做好教学设计。教学设计要与学生预习问题紧密结合，设计问题检查学生预习情况。在学生预习的基础上再设计更高层次的问题。总之，设计的问题一定是有利于学生通过思考能够解决的、有目的性的，学生解决问题后能够更好地完成实验。板书设计内容包括：实验项目名称、实验原理、实验的仪器和药品（规格、数量）、实验的重点内容和实验的注意事项。可将板书内容课前书写在小黑板上，若在实验室的黑板上书写，最好事先遮挡，在检查完学生的预习情况后才可展示。

（3）熟悉学生已有的实验技能，进行有效的操作示范。在进行教学设计时，要熟知学生已经具备哪些实验操作技能，实验中所涉及的哪些操作学生还不熟悉，甚至从未接触过。在教学中应重点给学生讲授哪些操作注意事项，示范哪些操作，不要重复示范学生已经熟悉并掌握的操作。

（4）注重学生实验方法的获取，促进思维方法的形成。实验教学不仅仅是让学生获取知识和技能，更重要的是通过实验获取实验和实验研究的方法。在教学中，教师要引导学生学会观察、记录等方法，学会观察实验的重点部位和重点现象。例如，在做铁丝在氧气中燃烧的实验时，学生往往只注意火星四射而容易忽视瓶底产生的黑色固体，这时，教师就应提醒学生全面观察每一个现象。

对于实验现象要引导学生及时根据实验现象分析、思考、归纳总结得出实验结论。例如，在验证镀锌铁和镀锡铁电化腐蚀的过程中，学生观察到的现象是：一块铁片刻划后，滴一滴氯化钠溶液，再滴一滴赤血盐溶液，仍为黄色；另一块铁片同样操作，却生成蓝色沉淀。据此现象，让学生分析哪块是镀锌铁，哪块是镀锡铁。然后提出问题：为什么两块铁片的现象不同？它们的原电池电极反应怎样？哪种铁更耐腐蚀？通过这些问题的讨论，学生对金属的腐蚀和防护有了更进一步的认识。

案例 7-2　蓝瓶子实验教学设计

【教材分析】

本实验内容是高中选修 6 上的验证性学生实验。在本课之前，学生已经在化学 2 和化学反应原理中具体地学习了化学反应平衡及平衡的影响因素，并且本课在先前的内容中介绍了硫代硫酸钠与酸反应的影响因素，学生已经初步掌握控制变量法。学习本课内容是对前面知识点的巩固和延伸，同时也是对学生实验技能的提升，有助于后面各种实验的学习。因此，本实验内容起着承上启下的过渡作用。

【学情分析】

1. 学生已有的知识基础

（1）已经初步掌握了实验中的控制变量法。

（2）已经知道了化学平衡的相关知识点。

（3）已经学习了影响化学平衡的因素。

2. 学生在学习本课时可能遇到的问题与困难

（1）对于蓝瓶子实验的原理的理解尚有一定的困难。

（2）对如何采用控制变量法设计蓝瓶子颜色变化快慢的影响因素的实验存在困难。

【教学目标】

1. 知识与技能

（1）知道亚甲基蓝的变色原理及蓝瓶子实验的原理。

（2）知道控制变量法的原理并能够较为熟悉地运用。

（3）能够在学习的基础上自行设置实验对原理进行验证。

2. 过程与方法

（1）通过设计实验培养学生的实验探索能力和逻辑思维能力。

（2）通过实验的操作培养学生的动手能力。

3. 情感态度与价值观

（1）通过团队合作培养学生的团队合作意识，提高科学素养。

（2）通过化学知识点的应用，增强学生学习化学的兴趣，感受化学的神奇魅力。

【教学重点和难点】

教学重点：蓝瓶子实验的原理、蓝瓶子颜色变化快慢的因素的实验探究。

教学难点：设计实验探究“蓝瓶子”颜色变化快慢的因素。

【实验用品】 略。

【教学环节设计】

教学环节	教师活动	学生活动	设计意图
设置情境，导入新课	【演示】蓝瓶子实验 【问】（1）瓶中的物质是什么？ （2）为什么在操作的过程中会发生颜色的变化？	观看演示实验、观察记录实验现象 讨论、思考	通过蓝瓶子实验颜色的变化引起学生的兴趣，通过提出问题，引发学生思考、产生悬念、激发学生解决问题的积极性
了解原理	【讲解】亚甲基蓝是一种氧化还原指示剂，其氧化型呈蓝色，还原型呈无色 【板书】氧化型 + ne^- $\rightleftharpoons$ 还原型 （蓝色）　　（无色）		了解蓝瓶子实验的原理、操作步骤和实验现象

续表

教学环节	教师活动	学生活动	设计意图
了解原理	【讲解】将葡萄糖的碱性溶液放在锥形瓶中，滴加亚甲基蓝指示剂，塞上瓶塞，溶液呈蓝色；静置一段时间，由于亚甲基蓝被葡萄糖还原转化为还原型，溶液褪色；振荡后，溶液上方的氧气进入溶液，亚甲基蓝又转化为氧化型，溶液又呈蓝色。在振荡与静置之间，溶液中氧气的量发生变化，溶液的颜色也随之变化，直至溶液中的葡萄糖或瓶中的氧气被耗尽 【讲解】亚甲基蓝的氧化还原是一个可逆反应，我们在化学反应原理中已经详细地学习了化学平衡及其影响因素 【问】针对亚甲基蓝的氧化还原反应，请同学们思考并讨论该反应的影响因素	倾听、思考 思考、讨论 小组汇报：蓝瓶子实验中溶液颜色变化快慢的影响因素：溶液碱性的强弱、葡萄糖的加入量、溶液的温度等	引导学生运用联想思维将已有的化学平衡知识迁移到本实验的条件控制中 培养学生联想思维和迁移能力，用已有的知识解决新知识的问题的能力
理解实验方案，了解实验操作步骤	【讲解】请大家阅读教材中的实验方案 【问】（1）教材中每一个实验的目的是什么？ （2）通过实验可以得出怎样的结论？ （3）教材中是如何探究实验的影响因素的？	阅读教材 思考、讨论：教材中各个实验的目的和方法 小组汇报：每个实验的目的和方法（略）	培养学生阅读教材、理解教材中实验方案的设计目的，从中总结出如何运用实验的方法去探究实验的影响因素
学生实验前的提示	【问】（1）进行教材中的各个实验要注意什么问题？（讲解略） （2）每个实验预期的实验现象是怎样？（讲解略）	思考、倾听、记录	提示学生实验中应注意的问题 让学生明确实验现象 养成进行实验实验前一定要从理论上分析实验预期应该出现什么现象的思维习惯
总结提升	【问】通过实验现象，你们可以得出怎样的结论？	小组汇报： （1）温度对实验颜色变化快慢有影响 （2）碱性强弱对实验颜色变化快慢有影响 （3）葡萄糖的加入量对实验颜色变化快慢有影响	培养学生依据实验现象，运用分析归纳的方法，得出实验结论的能力

【板书设计】

蓝瓶子实验

一、反应原理

$$\text{氧化型} + ne^- \rightleftharpoons \text{还原型}$$
（蓝色）　　　　（无色）

二、影响因素
1. 溶液碱性的强弱
2. 葡萄糖的加入量
3. 溶液的温度

三、随堂实验和实验课实验的区别与联系

1. 随堂实验和实验课实验的相同之处

随堂实验和实验课实验同属学生实验范畴，虽然活动场所不同，但还是存在许多共同特点、具有相同的地方。主要表现在：①实验对象是相同的，都是由学生亲自操作，在教师指导下，自己进行实验；②实验的操作难度都大致相同，所涉及的操作不是很难，基本都是在学生能力范围内的，且比较安全；③实验用品都是事先由教师准备好，并放在学生座位上，无需学生自己去准备；④学生亲自进行实验，可以近距离观察实验现象，训练和巩固学生的实验操作技能。

2. 随堂实验和实验课实验的区别

随堂实验和实验课实验两种实验教学方式虽然具有相同的地方，但还是在很多方面存在较大的差别，主要表现在以下几方面：

（1）实验教学的目标和内容不同。随堂实验只是教学活动的一部分，从一节课的角度看它本身不具有独立性，它的教学内容只是整节课教学目标的一部分，因而教学目标也是一节课中总教学目标的一部分。而实验课实验教学内容是完整的一节课，具有独立性，它的实验教学的目标也是整堂课的化学教学目标。

案例 7-3　“中和热的测定”实验运用于不同形式实验的教学目标分析

【随堂实验教学目标】

教学内容分析：“中和反应”实验是在人教版高中教材选修 4 中第二章“化学反应与能量”第一节“化学反应与能量变化”中的教学内容。对于这部分内容，中学教师在教学中通常分为 2 课时完成，“中和反应”实验属于第 2 课时的内容，这节课的主要内容有热化学反应方程式的书写、中和反应实验。

教学目标分析：

知识与技能：

（1）认识热化学方程式的意义并能正确书写热化学方程式。

（2）能在教师的指导下进行中和反应反应热的测定，并学习实验的操作技能。

过程与方法：

（1）通过对热化学反应方程式的书写与普通化学反应方程式书写的比较，学习用比较的方法去归纳总结学习中知识之间的联系与区别，形成良好的学习方法。

（2）通过对强酸与强碱的反应热的测定，体验和感受化学反应的热效应。

（3）学习利用化学实验测定物质的能量变化的方法。

情感态度与价值观：

（1）通过这节课的学习，感受化学对生产、生活的作用，激发学习兴趣。

（2）通过自己动手实验，形成学习化学的兴趣和情感。

（3）通过实验探究，感受共同商议、合理分工、配合完成化学实验的乐趣。

【实验课实验教学目标】

若把这个实验安排成实验课实验，教学内容就是在教师的指导下进行“中和反应”实验，实验目标如下。

知识与技能：

（1）通过测定强酸、强碱反应的中和热，加深理解中和反应是放热反应这个知识的理解记忆。

（2）掌握中和反应实验的测定原理。

（3）学习中和反应实验的操作技能。

（4）学会实验数据的处理方法。

过程与方法：

（1）通过中和热的测定，初步学会测定化学反应热的实验方法。

（2）会分析测定反应热的误差产生的原因，并能采取适当措施，减小实验误差。

情感态度与价值观：

通过中和热测定的实验误差分析，逐步形成主动发现问题并积极探索解决方案的科学精神。

案 例 分 析

从上面的案例可以看出，随堂实验中的“中和反应”实验无论是内容和教学目标都只是这节课中的一部分，它不具有独立性；而实验课实验中的“中和反应”实验无论从内容和教学目标都是紧紧围绕这个实验而确定的，因而具有独立性。

（2）教学适应性和作用不同。随堂实验多在教授新课或复习课时使用，通常适用于那些与化学基础知识有密切关系又能训练学生基本操作技能的实验，或者适合学生水平、操作简单、能够独立完成、易获得正确现象的实验。通过这些实验，让学生认识某一知识和简单操作的学习，形成合作意识，体验实验研究的过程，学习和形成科学的实验方法，发展实验探究的能力。

实验课实验常是学生完成某一章节学习内容后，在实验室进行的实验，其作用是让学生通过实验对前期所学习的知识巩固、理解和加深，有效地训练和形成实验的操作技能、技巧以及实验的综合运用技巧。

（3）教学方式和要求有差异。随堂实验是在课堂教学中，教师一边讲，学生一边做实验，把教师教授和学生实验结合起来的一种教学方式，课后不要求学生写出实验报告。而实验课实验通常是学生在实验室里按照教材的内容或教师给出的内容或学生自己提出并经教师同意的内容，先由教师引导学生弄清楚实验原理、实验注意事项后，再由学生独立运用已获得的知识和技能独立地进行实验操作、观察和思考实验现象、做好实验记录，课后要求学生写出实验报告。

（4）时间分配不同。随堂实验的时间只是占整堂课的1/3，最多1/2；而实验课实验是完整的一堂课的时间。

（5）板书的内容和方式有差异。随堂实验与演示实验一样，是课堂教学的一部分，板书的内容和板书的时间要根据课堂教学程序和内容来确定，讲到什么内容，板书什么内容，板书的内容与讲授内容同步；而实验课实验可以与随堂实验一样，随着教学的进行，同步板书，也可根据教学内容事先书写在小黑板上临时展示。

（6）讲授内容和程序有差异。随堂实验的主要内容和程序是：引入实验→说明实验目的→实验注意事项说明→学生实验→组织学生分析归纳→得出结论；学生实验课的主要内容和程序是：检查预习情况→说明实验目的→介绍实验原理→介绍操作步骤和注意事项→学生实验→总结实验结果和实验中的问题。

四、学生实验教学能力训练的要求及注意事项

学生实验教学能力训练的要求和注意事项与演示实验基本相同。在进行教学设计时，要明确所训练的学生实验属于哪种类型的实验，要根据实验类型来确定教学目标、设计教学程序和内容、选定教学方法，注意“随堂实验”和“实验课实验”的教学区别；根据学生已有的认知水平和能力确定对实验操作的讲授内容和示范内容；做好实验前的准备，整理好实验所需的仪器、药品。具体内容请见第六章第一节中的“演示实验教学训练的要求及注意事项”。

【学习资源】

蔡亚萍. 2009. 中学化学实验设计与教学论[M]. 杭州：浙江教育出版社.
马建峰. 2006. 化学实验教学论[M]. 北京：科学出版社.
西南师范学院化学系. 1986. 中学化学教学法[M]. 北京：高等教育出版社.
赵生芳. 2009. 学生实验课教学中应注意的四个环节[J]. 甘肃教育，(14)：60.
郑长龙. 2009. 化学实验课程与教学论[M]. 北京：高等教育出版社.

第二节 学生实验操作训练和教学训练

训练十六 “苯酚的性质”实验操作及教学训练

【训练目标】

（1）复习“苯酚”的物理、化学性质，熟悉“苯酚”这节课相关实验的教学内容。

（2）通过训练初步形成进行随堂实验教学的设计和进行实验教学的技能。

【训练步骤】

一、课前准备

（1）阅读高中化学选修5“苯酚”的内容，了解苯酚的几个实验在教材中的作用和地位；阅读本训练的所有内容，并查阅与本训练相关的文献，思考以下问题：

（i）苯酚的两个实验的教学目标是什么，通过实验可以让学生获取哪些信息？

（ii）做好这两个实验需要注意哪些问题？实验中涉及哪些操作？哪些操作是学生已经学

过？哪些操作需要强调？

（iii）在教学中如何贯穿“结构决定性质”这样的教学思想？

（iv）在教学中如何设计问题，引发学生探究？

（v）如何引导学生设计实验方案进行实验？

（vi）如何引导学生根据实验现象，归纳出苯酚的性质？

（2）根据预习和思考，写出实验的预习报告和“苯酚”两个性质的实验教学设计，交指导教师审阅，并熟悉教案。

二、课堂训练

（一）实验操作训练

1. 苯酚的酸性

（1）向试管中加入约 1 mL 苯酚的饱和溶液，观察溶液澄清度。

（2）向试管中逐滴加入 5% NaOH 溶液并振荡试管，观察现象。

（3）向试管中加入稀盐酸，观察现象。

> 实验注意事项：
>
> （1）苯酚溶液一定要较稀，可将配制好的苯酚溶液稀释后使用，否则可能出现溶液澄清后又出现沉淀的现象。
>
> （2）苯酚是具有一定腐蚀性的物质，接触后会使局部蛋白质变性，实验中不要弄到皮肤和衣服上；若不小心沾附，要先用乙醇清洗，然后用水冲洗干净；苯酚有毒，其废液不能随意排放，实验完成后请将含苯酚的废液倒入指定的容器中。

2. 苯酚的取代反应

向盛有少量苯酚溶液的试管中滴加饱和溴水，边加边振荡，观察并记录实验现象。

> 实验注意事项：
>
> （1）溴水量较少时，可能生成一溴苯酚或二溴苯酚而不沉淀。因此，溴水浓度一定要大，应选用橙红色的饱和溴水，如果加入少量溴水后不出现沉淀，可继续加入溴水直至出现沉淀。
>
> （2）加入溴水要逐滴滴加，不能一次加很多，否则不能得到白色沉淀，得到的是黄色沉淀（四溴苯酚）。
>
> （3）溴水对皮肤、黏膜有强烈的刺激作用和腐蚀作用。实验时要戴防护眼镜和手套，若不慎沾在皮肤上立即用大量的水冲洗。

（二）实验教学训练

（1）实验教学训练需要注意的问题：

（i）根据操作训练的结果，整理和清点好实验所需用品，在讲课训练教室进行教学训练，并录制上课视频。

（ii）将苯酚的两个性质作为两个训练项目，即“苯酚的酸性”“苯酚与溴水反应”，每次讲课训练只选择一个项目进行训练。

（iii）每个训练项目必须在10～15 min完成教学，包括讲授、演示、板书等。

（2）将选取的内容在训练教室进行实验教学训练，并通过摄像头将讲课过程进行视频录制；观看视频、小组成员互评。

【思考与讨论】

（1）苯酚、乙醇均有羟基，为什么苯酚能与氢氧化钠溶液反应，而乙醇不能反应？

（2）苯酚能与溴水发生取代反应，而甲苯不能反应，为什么？

（3）对于苯酚溶于水后的白色浑浊现象，加氢氧化钠后消失，再加酸又恢复浑浊这样的现象，你准备怎样引导学生分析、总结原因？

（4）苯酚和乙醇都有羟基，如何在教学中引导学生比较它们性质的异同？如何引导学生将前后知识进行联系？

【学习资源】

一、资源链接

（一）苯酚的结构对其化学性质的影响

由于苯酚羟基氧上的孤电子对与苯环之间的相互作用，羟基氧上的电子云向苯环转移，其结果是增强了苯环的活性，尤其是苯酚的邻位、对位电子云密度增加较间位多，邻位、对位的活性较大；同时也使苯酚羟基易解离出H^+，酸性增强。

因此，苯酚（C_6H_5OH）较乙醇（C_2H_5OH）更易于电离，这是苯酚有酸性，能与NaOH发生中和反应，而乙醇不能与NaOH发生中和反应的原因。

另外，苯酚邻位、对位的氢变得活泼。因此，苯不能与溴水发生取代反应，而苯酚很容易与溴水发生取代反应，生成三溴苯酚白色沉淀。

（二）苯酚性质实验中几个现象的解释

1. 苯酚溶解性的实验现象解释

纯净的苯酚常温下为无色针状晶体，在水中溶解度不大，15 ℃时为8.2 g/100 g水，当温度高于68 ℃时，能与水互溶。因而，常温下取苯酚晶体少许于试管中，加入少量蒸馏水，振荡为浑浊液体，加热溶液变为澄清。冷却则有油状物析出。加水后振荡所得的浑浊液体是悬浊液还是乳浊液，析出的为什么不是晶体而是油状物？

当苯酚与水接触后，少量苯酚就会溶解在水中至饱和。而水也会分散到剩余的苯酚中，这样就得到一个二相体系：一相为苯酚在水中形成的饱和溶液，另一相为水分散在苯酚中的饱和体系。由于苯酚中溶解了水，苯酚的凝固点下降，故常温下这一相也成了液相。当剧烈振荡后，两个本来分层的液相由于机械混合，便得到了苯酚的乳浊液（其实是一个溶液与乳浊液的混合体系），并不是我们所想象的苯酚晶体散布在水中形成的悬浊液。加热此乳浊液，苯酚在水中溶解度急剧增大，二相消失，得到澄清的苯酚水溶液。冷却后，水的饱和苯酚溶液层又重新析出，同前述理由，析出的苯酚不是晶体，而是油状液态的水的苯酚溶液。

因此，向苯酚钠水溶液中通入CO_2（或滴加盐酸），只能得到这种油状物。

2. 苯酚与溴水的反应现象解释

在苯酚与溴水反应的实验过程中，当刚加入溴水时，可以看到生成的沉淀会很快消失，继续加入较多的浓溴水，才可以看到明显的具有特殊臭味的白色沉淀。但当过量的溴水存在时，白色沉淀会转为浅黄色。这些现象产生的原因如下：

当溴水加入量不足时，因为有过量苯酚存在，生成的三溴苯酚会溶解其中，故沉淀生成后很快又消失了。继续滴加浓溴水，当大部分苯酚都转化为三溴苯酚，这时才有沉淀出现，振荡后也不会消失。但当有过量溴水存在时，又会发生如下反应：

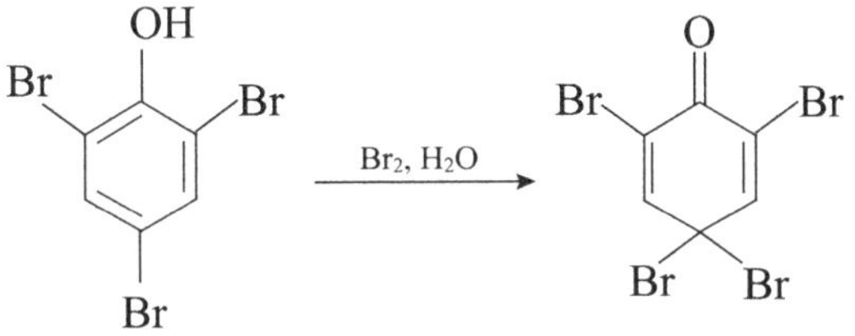

产物为2,4,4,6-四溴环己二烯酮（有时也称四溴苯酚），它是淡黄色沉淀。所以我们便看到了沉淀颜色转为淡黄色。

如果将苯酚溶液滴入浓溴水中，就可以看到生成的产物就是浅黄色的四溴代苯酚。

因此，要想得到白色的三溴苯酚沉淀，溴水的量不能加得太少也不能太多。一般用 2%苯酚稀溶液滴加同体积的饱和溴水，现象比较明显。

二、文献资源

曹丽敏. 2010. “酚的性质和应用”教学设计[J]. 化学教学，(6)：44-47.

陈元卫. 2010. 探究性实验教学中“预设”与“开放”有效结合的实践研究——以“苯酚的性质和应用”教学为例[J]. 中学时代，(5)：16-19.

丁长征. 1985. 苯酚性质实验中几个现象的解释[J]. 江苏教育，(1)：43.

高秀春. 2011. 苯酚的趣味实验[J]. 化学教与学，(7)：89-90，63.

李颖，朱华英，刘怀乐. 2004. 苯酚教学中的几个问题[J]. 中学化学教学参考，(6)：58-59.

马敏. 2015. 采用探索教学法设计“苯酚”课堂教学[J]. 中学化学，(3)：6-7.

苗怀仪. 2010. 人教版选修5“苯酚”的教学设计[J]. 中学化学教学参考，(5)：33-34.

杨海丽，付衣平. 2009. 乙醇与苯酚分子中羟基上氢原子活动性比较的实验探究[J]. 化学教学，(9)：15-17.

训练十七　“配制一定物质的量浓度溶液”实验操作及教学训练

【训练目标】

（1）复习和训练配制溶液的操作方法。

（2）初步学习进行“配制一定物质的量浓度溶液”实验教学的方法，体验随堂实验的教学过程，学习教学方法和教学技能。

【训练步骤】

一、课前准备

（1）阅读第四章第一节中“常用滴定分析仪器及基本操作”中“容量瓶”的相关内容，

了解操作方法和配制溶液的要求及注意事项；阅读人教版教材初中化学（下册）和高中化学（必修 1），了解初中与高中“溶液配制”的内容和方法，比较它们的异同；阅读本训练的相关内容（包括学习资源）；阅读本章第一节中“随堂实验教学的要求”“随堂实验教学的教学策略”“随堂实验和实验课实验的区别和联系”和第三章第一节“化学实验教学目标的设计”“化学实验教学方式设计”的相关内容，思考以下问题：

（i）初中教材中“溶液的配制”和高中教材中“溶液的配制”涉及哪些知识点？哪些是相同的，哪些是不同的？两者的教学目标和教学重点有什么异同？本节课的教学目标是什么？

（ii）在初中教学的基础上，如何进行高中的“配制一定物质的量浓度溶液”实验教学，在教学中重点讲授和演示示范哪些操作？

（iii）进行随堂实验时要注意什么问题，应该如何给学生进行重点讲解和演示哪些内容？如何引导学生明确“无损转移”操作的目的和作用？

（iv）如何根据教学目标设计教学程序和教学方法？

（v）如何用容量瓶配制溶液？需要注意什么问题？

（2）在上面思考的基础上，完成实验操作训练的预习报告，进行课堂训练的教学设计（包括教学方法、教学程序和板书等的设计），交指导教师审阅，并在课下熟悉教案，以其对教学训练的内容更熟悉，避免因对讲授的内容不熟悉，临时组织教学语言，影响训练效果。

二、课堂训练

（一）实验操作训练

1. 容量瓶的准备

（1）容量瓶的前处理。将容量瓶的瓶塞与瓶口用绳子连接起来，避免摔坏或遗失；将容量瓶清洗干净备用。

（2）容量瓶的检漏。往容量瓶中加入自来水至标线附近，把瓶塞盖好，左手食指按住塞子，其余手指拿住瓶颈标线以上部分，右手指尖托住瓶底边缘，将瓶倒立静止约 10 s，若不漏水再将瓶直立转动瓶塞 180°后，再倒立静置观察到不漏水即可使用。

2. “配制 1.00 mol/L NaCl 溶液”操作训练

图 7-1　溶液的转移

（1）计算配制 100 mL NaCl 溶液所需要的 NaCl 固体的质量。

（2）根据计算的结果，称取 NaCl 固体。

（3）将称好的 NaCl 固体放入 250 mL 烧杯中，加少量蒸馏水溶解。

（4）转移溶液：将溶解的 NaCl 溶液按照图 7-1 的方法转移至 100 mL 容量瓶中（已经进行检漏操作），转移溶液的方法：一手拿着玻璃棒，并将它伸入瓶中，一手拿烧杯，让烧杯嘴贴紧玻璃棒，慢慢倾斜烧杯，使溶液沿着玻璃棒流下。倾完溶液后，将烧杯沿玻璃棒轻轻上提，同时将烧杯直立，使附在玻璃棒和烧杯嘴之间的液滴回到烧杯中。再用少量蒸馏水冲洗烧杯 3～4 次，洗出液全部转入容量瓶中（此操作称为溶液的定量转移或无损转移）。

（5）初步混匀：用蒸馏水稀释至容积 2/3 处时，用左手托住容量瓶的底部，右手握住瓶颈，轻轻地转动容量瓶，使溶液初步混合均匀（不要塞上塞子）。

（6）继续加水稀释：将蒸馏水沿着玻璃棒注入容量瓶中，当接近标线时（液面离容量瓶颈标线下 1～2 cm 时），静置 1～2 min。

（7）定容：用胶头滴管慢慢滴加蒸馏水，加水至弯月面恰好与标线相切时停止加水。

（8）摇匀：盖上瓶塞，右手食指按住塞子，其余手指拿住瓶颈标线以上部分，左手指尖托住瓶底边缘，将瓶倒转并摇动，再倒转过来，使气泡上升到顶；如此反复多次，使溶液充分混合均匀。

（9）将配制好的溶液转移至干净、干燥的试剂瓶中，贴上标签备用。

> 实验注意事项：
>
> （1）无损转移操作需要注意的问题：①玻璃棒不能离开烧杯或容量瓶口，引流完后要先将玻璃棒移到烧杯中，再将烧杯从容量瓶口移开，防止沾在玻璃棒上的溶液损失；②转移溶液时一定要用玻璃棒引流，倒完溶液后一定要将烧杯嘴靠在玻璃棒上微微上提，以刮掉沾在烧杯嘴上的溶液；③洗涤烧杯前首先洗涤玻璃棒；④洗净的玻璃棒不能靠在烧杯嘴一侧，应靠在烧杯嘴的对侧并用手将其固定，防止洗净的玻璃棒重新沾上溶液，影响溶液的浓度。
>
> （2）初步混匀时，不能塞上瓶塞。
>
> （3）定容前一定要静置 1～2 min，使沾附在容量瓶壁上的溶液全部流下后才能进行定容操作。
>
> （4）定容并混合均匀后，如果液面低于标线也不能再加水。
>
> （5）贴标签注意贴在试剂瓶的上面 1/3 处，具体要求请见附录 2“化学试剂的管理”。

（二）实验教学训练

（1）进行教学训练需要注意的问题：

（i）在讲课教室按照自己的教学设计，边讲课边操作示范，并用摄像头录制讲课训练的视频，便于课后反思。讲课训练时，一定要将训练当作正式的课堂，无论中途出现什么问题，都不能停下重讲，要自己灵活地修正，直至讲授完毕。

（ii）讲课前先理顺思路，思考这个实验涉及哪些知识点？哪些是初中已经学过只需复习一下即可，哪些是新的知识点，需要重点讲授和演示的内容？需要板书哪些内容？需要强调哪些注意事项？如何引出实验？教学的顺序应该如何安排？如何体现以学生为主体的教育理念？

（iii）控制讲课和演示的时间在 10～15 min。

（2）在训练教室进行教学训练，录制训练视频，课后根据同学的意见和观看录像，再依据学习资源中的“实验教学技能训练评分标准及评分表”总结自己这次教学训练的优点和不足，以及今后努力的方向。

【思考与讨论】

（1）本实验教学的重点是什么？

（2）本实验教学主要的知识点是什么？你是如何确定本次教学目标的？

（3）本次实验重点需要强调哪些注意事项？

【学习资源】

王静霞，张新宇. 2008. “一定物质的量浓度溶液的配制”的创新教学设计[J]. 化学教学，(2)：41-43，24.
王磊，支瑶，徐敏. 2010. 基于促进学生认识发展的“物质的量浓度”教学设计研究——“高端备课”化学核心内容教学问题及其解决策略研究之一[J]. 化学教育，(1)：3-7，28.
文庆城，高誉，岑春月. 2009. “配制一定物质的量浓度的溶液”在三版本新课程教科书中的编排比较[J]. 中学化学教学参考，(4)：42-43.
吴美刚. 2015. 怎样基于课程标准进行教学设计——以“配制一定物质的量浓度的溶液”为例[J]. 化学教学，(5)：50-52.

训练十八　物质的检验——“几种无机离子的检验”实验操作及教学训练

【训练目标】

（1）复习鉴别和检验不同无机化合物、混合物的思路和方法。

（2）通过对“几种无机离子的检验”实验操作的复习，训练实验操作的基本方法。

（3）通过对“几种无机离子的检验”教学训练，掌握组织学生进行实验方案的设计以及在实验室进行实验的教学方法和教学技能。

【训练步骤】

一、课前准备

（1）实验前，认真阅读第四章第一节的“中学化学实验基本操作方法”的内容中“振荡与搅拌”有关“试管”的使用方法和操作，记住正确的操作方法。阅读人教版高中化学教材选修 6，了解“几种无机离子的检验”有关实验的教学内容和教学要求；阅读本训练所有内容以及与本实验教学相关的资料，思考以下问题：

（i）本实验在中学化学教学中的地位和作用是什么？如何确定教学目标？

（ii）本实验教学的重点和难点是什么？若作为随堂实验或实验课实验你准备如何设计？两种实验方式教学设计中应注意哪些问题？

（iii）学生已经有的理论知识和实验操作技能有哪些？新的知识和实验操作技能有哪些？

（iv）教学中应该给学生复习哪些知识？如何设计问题引发学生思考？如何引导学生设计实验方案，并指导学生进行实验？

（v）高中选修 6 教材中 5 种离子分别可以有哪些鉴别方案？混合溶液的检验可以有哪些方案？哪些方案较为合理？

（vi）本实验涉及哪些实验操作？哪些是学生较熟悉的，哪些还需要强调注意事项？

（2）根据前面的思考，写出实验操作训练预习报告，完成“几种无机离子的检验”的实验教学设计，交指导教师（或管理员）审阅，并熟悉教案。

二、课堂训练

（一）实验操作训练

1. 鉴别 NH_4NO_3、（NH_4）$_2SO_4$、Na_2SO_4、NaCl、无水 $CuSO_4$ 五种固体

将五种固体按照题目的顺序，分别取少量固体于洁净的试管中，试管分别编号为 1～5。

按照图 7-2 的方案进行实验。

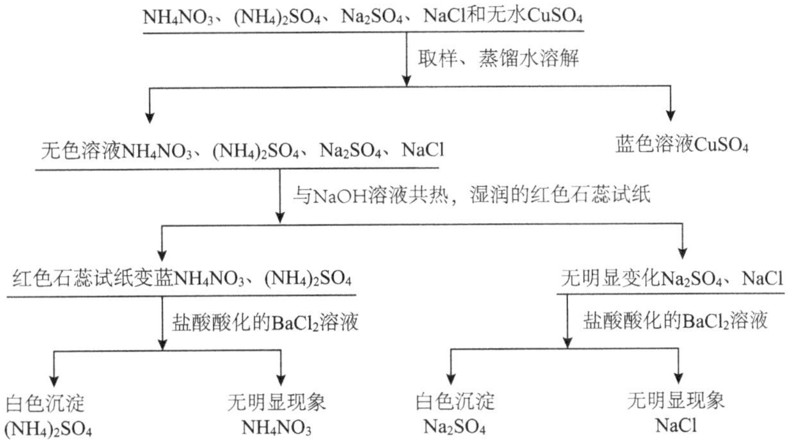

图 7-2　鉴别 NH_4NO_3、（NH_4）$_2SO_4$、Na_2SO_4、NaCl、无水 $CuSO_4$ 五种固体的实验方案

> 实验注意事项：
>
> （1）溶解固体时，除无水硫酸铜外，其余的可多溶解一些，便于后面的鉴定实验用。
>
> （2）进行每一步检验时，应取一定量的溶液进行检验，不要一次将各种待检验的溶液全部用完。
>
> （3）注意按照方案中的操作步骤进行实验，并注意规范试管、滴管、试管夹等仪器的使用方法和加热方法。
>
> （4）给每支试管编号，便于现象观察和后面讲课训练指导学生观察。

2. 检验可能含有 Fe^{3+}、Al^{3+}、Ag^{+}、Ba^{2+}的混合溶液

取混合溶液适量于离心试管中，按照图 7-3 方案的步骤进行实验，实验过程中沉淀用离心机进行离心分离。

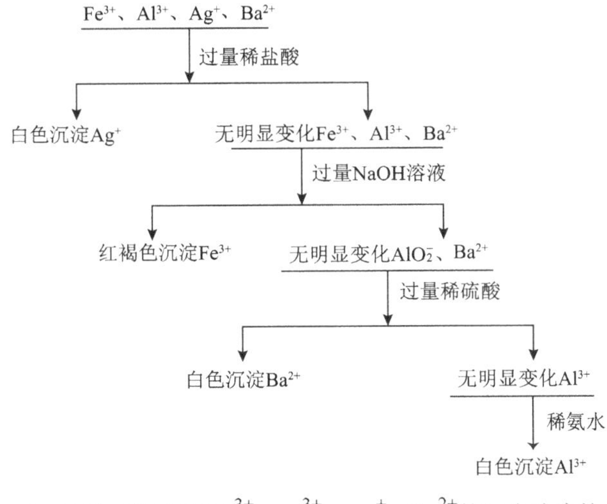

图 7-3　检验可能含有 Fe^{3+}、Al^{3+}、Ag^{+}、Ba^{2+}的混合溶液的实验方案

实验注意事项：

（1）溶液中有 Ag^+ 存在，会为对其他三种离子的检验造成影响，为了防止干扰，在检验其他三种离子之前，应先沉淀除去 Ag^+，因此实验时要注意加入试剂的顺序。

（2）其他注意事项同前。

（二）实验教学训练

（1）总结实验的关键，整理好实验所需用品，在讲课训练教室进行教学训练，并录制训练视频。

（2）将实验分成两个项目，即“鉴别 NH_4NO_3、$(NH_4)_2SO_4$、Na_2SO_4、NaCl、无水 $CuSO_4$ 五种固体”“检验可能含有 Fe^{3+}、Al^{3+}、Ag^+、Ba^{2+} 的混合溶液”进行教学训练，每个训练项目时间控制在 10 min 以内。

（3）训练时注意的问题：

（i）教学一定要以学生为主体，以问题为驱动力，设计问题引导学生思考，自主设计实验方案，不能由教师给出方案。

（ii）教学中可以模拟学生提出的方案，并对方案从方案的可行性、鉴别操作的简略性试剂的使用、试剂节约原则等方面进行评价。

（iii）对实验中的操作要点及注意事项进行强调。

（iv）预测学生可能的结果和问题，进行模拟总结、纠正。教学中可以采取自问自答的方式，模拟学生回答问题，然后针对问题引导学生分析问题所在。

【思考与讨论】

（1）本实验内容是在学生已经有一定的化学理论和实验知识后涉及的，本实验教学的重点是什么？

（2）在教学中，你将如何利用学生已有的知识设计问题“支架”，让学生通过教师设置的一个个“支架”逐渐设计出实验方案？

（3）本实验教学涉及哪些操作？哪些操作是学生比较熟练的？哪些操作学生虽然已经学过，但还不够熟练，还需要强调或演示？

（4）本实验教学的目标是什么？你在教学中是如何突出重点、突破难点的？教学目标是否达到？教学任务是否完成？

【学习资源】

一、资源链接

（一）常见阳离子的检验方法

离子	检验试剂	实验步骤	实验现象	离子方程式
H^+	①酸度计 ②pH 试纸 ③石蕊试液	①将酸度计的探头浸泡在待测液中 ②用玻璃棒蘸取少量待测液滴到干燥的 pH 试纸上 ③取样，滴加石蕊试液	①、②pH＜7 ③石蕊变红	

续表

离子	检验试剂	实验步骤	实验现象	离子方程式
K^+	焰色反应	①铂丝用盐酸洗涤后在火焰上灼烧至原火焰色 ②蘸取溶液，放在火焰上灼烧，观察火焰颜色	浅紫色（通过蓝色钴玻璃片观察钾离子焰色）	
Na^+	焰色反应		火焰分别呈黄色	
NH_4^+	NaOH 溶液（浓）	取少量待测溶液于试管中，加入 NaOH 浓溶液并加热，将湿润红色石蕊试纸置于试管口	加热，生成有刺激性气味、使湿润红色石蕊试纸变蓝的气体	$NH_4^+ + OH^- \xlongequal{\triangle} NH_3\uparrow + H_2O$
Ag+	稀 HNO_3、稀盐酸（或 NaCl）	取少量待测溶液于试管中，加入稀 HNO_3 再加入稀盐酸（或 NaCl）	生成白色沉淀，不溶于稀 HNO_3	$Ag^+ + Cl^- \xlongequal{} AgCl\downarrow$
Ba^{2+}	①稀 H_2SO_4 或可溶性硫酸盐溶液 ②稀 HNO_3	取少量待测溶液于试管中，加入稀 H_2SO_4 再加入稀 HNO_3	产生白色沉淀，且沉淀不溶于稀 HNO_3	$Ba^{2+} + SO_4^{2-} \xlongequal{} BaSO_4\downarrow$
Fe^{3+}	KSCN 溶液	取少量待测溶液于试管中，加入 KSCN 溶液	变为血红色溶液	$Fe^{3+} + 3SCN^- \xlongequal{} Fe(SCN)_3$
	加苯酚	取少量待测溶液于试管中，加苯酚	溶液显紫色	
	淀粉-KI 溶液	滴加淀粉-KI 溶液	溶液显蓝色	$2Fe^{3+} + 2I^- \xlongequal{} 2Fe^{2+} + I_2$
	加 NaOH 溶液	加 NaOH 溶液	产生红褐色沉淀	$Fe^{3+} + 3OH^- \xlongequal{} Fe(OH)_3\downarrow$
Fe^{2+}	①KSCN 溶液，新制的氯水	①取少量待测溶液于试管中，加入 KSCN 溶液、新制的氯水	①加入 KSCN 溶液不显红色，加入少量新制的氯水后，立即显红色	$2Fe^{2+} + Cl_2 \xlongequal{} 2Fe^{3+} + 2Cl^-$ $Fe^{3+} + 3SCN^- \xlongequal{} Fe(SCN)_3$
	②加 NaOH 溶液	②取少量待测溶液于试管中，加入 NaOH 溶液并露置在空气中	②开始时生成白色沉淀 $Fe(OH)_2$，迅速变成灰绿色，最后变成红褐色沉淀 $Fe(OH)_3$	$Fe^{2+} + 2OH^- \xlongequal{} Fe(OH)_2\downarrow$ $4Fe(OH)_2 + O_2 + 2H_2O \xlongequal{} 4Fe(OH)_3$
	③（无其他还原性物质如 SO_3^{2-}）酸性高锰酸钾	取少量待测溶液于试管中，加入酸性高锰酸钾溶液	加入酸性高锰酸钾溶液，紫色褪去	
Al^{3+}	NaOH 溶液	取少量待测溶液于试管中，逐滴加入 NaOH 溶液至过量	加入适量 NaOH 溶液后生成白色沉淀，该沉淀溶于过量 NaOH 溶液中	$Al^{3+} + 3OH^- \xlongequal{} Al(OH)_3\downarrow$ $Al(OH)_3 + OH^- \xlongequal{} AlO_2^- + 2H_2O$
Mg^{2+}	NaOH 溶液	取少量待测溶液于试管中，逐滴加入 NaOH 溶液至过量	生成白色沉淀 $Mg(OH)_2$，沉淀不溶于过量的 NaOH 溶液	$Mg^{2+} + 2OH^- \xlongequal{} Mg(OH)_2\downarrow$
Cu^{2+}	NaOH 溶液	取少量待测溶液于试管中，加入 NaOH 溶液	加入适量 NaOH 溶液后生成蓝色沉淀	$Cu^{2+} + 2OH^- \xlongequal{} Cu(OH)_2\downarrow$

（二）常见阴离子的检验方法

离子	检验试剂	实验步骤	实验现象	离子方程式
OH^-	①酸度计 ②pH 试纸 ③酚酞或石蕊试液	①将酸度计的探头浸泡在待测液中 ②用玻璃棒蘸取少量待测液滴到干燥的 pH 试纸上 ③取样，滴加石蕊试液	①、②pH>7 ③酚酞变红或石蕊变蓝	

续表

离子	检验试剂	实验步骤	实验现象	离子方程式
CO_3^{2-}	①$BaCl_2$溶液、稀盐酸	取少量待测溶液于试管中，加入$BaCl_2$溶液再向沉淀中加入稀盐酸	加入$BaCl_2$溶液后生成白色沉淀，沉淀溶于稀盐酸，并放出无色无味气体	$Ba^{2+}+CO_3^{2-} = BaCO_3\downarrow$ $BaCO_3+2H^+ = Ba^{2+}+CO_2\uparrow+H_2O$
	②稀盐酸、$Ca(OH)_2$溶液	取少量待测溶液于试管中，加入稀盐酸后放出的气体通入澄清的$Ca(OH)_2$溶液	加入稀盐酸后放出无色无味气体，通入澄清的$Ca(OH)_2$溶液变浑浊	$CO_3^{2-}+2H^+ = H_2O+CO_2\uparrow$ $Ca^{2+}+2OH^-+CO_2 = CaCO_3\downarrow+H_2O$
SO_4^{2-}	$BaCl_2$溶液、稀硝酸或稀盐酸	取少量待测溶液于试管中，加入$BaCl_2$溶液再向沉淀中加入稀盐酸	生成不溶于稀硝酸或稀盐酸的白色沉淀	$Ba^{2+}+SO_4^{2-} = BaSO_4\downarrow$
SO_3^{2-}	①稀盐酸、品红溶液	取少量待测溶液于试管中，加入稀盐酸后放出的气体通入品红溶液	加入稀盐酸后放出的气体使品红溶液褪色	$SO_3^{2-}+2H^+ = H_2O+SO_2\uparrow$
	②$BaCl_2$溶液、稀盐酸	取少量待测溶液于试管中，加入$BaCl_2$溶液再向沉淀中加入稀盐酸	加入$BaCl_2$溶液后生成白色沉淀，沉淀溶于稀盐酸，并放出刺激性气味的气体	$SO_3^{2-}+2H^+ = H_2O+SO_2\uparrow$
Cl^-	$AgNO_3$溶液、稀硝酸或稀盐酸	取少量待测溶液于试管中，加入$AgNO_3$溶液，再向沉淀中加入稀盐酸	生成不溶于稀硝酸或稀盐酸的白色沉淀	$Ag^++Cl^- = AgCl\downarrow$
Br^-	$AgNO_3$溶液、稀硝酸或稀盐酸		生成不溶于稀硝酸或稀盐酸的浅黄色沉淀	$Ag^++Br^- = AgBr\downarrow$
I^-	①$AgNO_3$溶液、稀硝酸		生成不溶于稀硝酸的黄色沉淀	$Ag^++I^- = AgI\downarrow$
	②新制氯水，淀粉溶液	取少量待测溶液于试管中，加入新制氯水，再加入淀粉溶液	滴入新制氯水，振荡后再滴入淀粉溶液，变蓝	$Ag^++I^- = AgI\downarrow$ $2I^-+Cl_2 = I_2+2Cl^-$ I_2遇淀粉变蓝
ClO^-	HCl、淀粉-KI	取少量待测溶液于试管中，加入HCl溶液，然后加入淀粉-KI溶液	淀粉-KI溶液变蓝	
	HCl、石蕊	取少量待测溶液于试管中，加入HCl溶液，然后加入石蕊试液	石蕊先变红后褪色	

（三）物质检验的基本知识

物质的检验是指根据物质具有的不同的特性，利用这种特性上的差异，选择适当的试剂、采用一定的方法，将物质区分或鉴定，物质的检验通常有鉴定、鉴别和推断三类。它们的共同点是：依据物质的特殊性质和特征反应，选择适当的试剂和方法，准确观察反应中的明显现象，如颜色的变化、沉淀的生成和溶解、气体的产生和气味、火焰的颜色等，进行判断、推理。要求反应灵敏、现象明显、操作简便、结论清晰可靠。

鉴定：指根据物质的某一特性，用化学方法来确定其中的成分。通常是指对于某一种物质的定性检验，根据物质的化学特性，分别检出阳离子、阴离子。

鉴别：指利用物质的特性，用物理或化学方法将若干物质区分开来的操作。通常是指对分别存放的两种或两种以上的物质进行定性辨认，可根据一种物质的特性区别于另一种，也可根据几种物质的颜色、气味、溶解性、溶解时的热效应等一般性质的不同加以区别。

推断：指根据已知实验事实，已经进行的检验步骤，反应现象和物质的性质，分析推断被检验的是什么物质，并判断什么物质肯定存在、可能存在、一定不存在。

1. 物质检验时对反应的一般要求

（1）反应有明显的外部特征，如溶液颜色的改变、沉淀的生成或溶解、气体的产生等。

（2）反应要在适宜的条件下进行，如溶液的酸碱性、浓度、温度等的选择。

（3）物质检验时常需排除干扰物的影响，如用 Ba^{2+} 检验 SO_4^{2-} 时应排除 CO_3^{2-}、SO_3^{2-} 等离子的干扰。

（4）检验反应要求具有一定的选择性。

（i）一种试剂如果只与一种或少数几种离子反应，这种反应就称为选择性反应。与该试剂反应的离子种类越少，反应的选择性越高。

（ii）如果试剂只与一种离子（或物质）发生反应，这个反应的选择性最高，这样的反应称为这种离子的特征反应。

（iii）在物质检验过程中应尽量采用选择性高的反应，如用品红溶液检验 SO_2，用 KSCN 溶液检验 Fe^{3+}，用湿润的红色石蕊试纸检验气体 NH_3。

2. 物质鉴别的类型与方法

（1）不用任何试剂的鉴别。

（i）先依据外观特征，鉴别出其中的一种或几种，然后利用它们鉴别其他的几种物质。

（ii）若均无明显外观特征，可考虑能否用溶解加热或焰色反应区别开来。

（iii）若以上两种方法都不能鉴别时，可考虑两两混合或相互滴加，记录混合后的反应现象，分析确定。

（iv）若被鉴别物质为两种时，可考虑因试剂加入的顺序不同、现象不同而进行鉴别。

（v）若采用上述方法鉴别出一种物质后，可用它作试剂鉴别余下的其他物质。

（2）只用一种试剂鉴别多种物质。

（i）先分析被鉴别物质的水溶性、密度、溶液酸碱性，确定能否选用水或指示剂进行鉴别。

（ii）在鉴别多种酸、碱、盐的溶液时，可依据“相反原理”确定试剂进行鉴别。若被鉴别的溶液多数呈酸性时，可选用碱或水解呈碱性的盐的溶液作试剂；若被鉴别的溶液多数呈碱性时，可选用酸或水解呈酸性的盐的溶液作试剂。

（iii）常用溴水、新制氢氧化铜、氯化铁溶液等作试剂鉴别多种有机物。

3. 物质鉴定的一般步骤

观察物理性质 → 取少量样品 → 加入某种试剂 → 加热、振荡等操作 → 根据现象得出结论

4. 根据“实验现象的差异”鉴定物质

任何具有明显实验现象差异的物理性质、化学性质都可用于物质的鉴定。在物质鉴定过程中通常根据颜色的变化、是否有气体产生、能否溶解、有无沉淀、有无吸热或放热等现象

进行鉴定，所以通常可以用多种方法鉴定某种物质。

（四）鉴别 NH_4NO_3、（NH_4）$_2SO_4$、Na_2SO_4、NaCl、无水 $CuSO_4$ 五种固体的参考方案

鉴别 NH_4NO_3、（NH_4）$_2SO_4$、Na_2SO_4、NaCl、无水 $CuSO_4$ 五种固体的参考方案如图 7-4 所示。

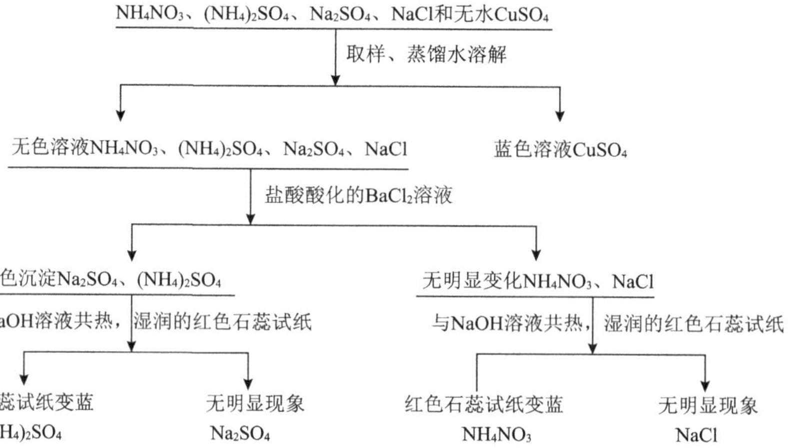

图 7-4　鉴别 NH_4NO_3、（NH_4）$_2SO_4$、Na_2SO_4、NaCl、无水 $CuSO_4$ 五种固体的参考方案

二、文献资源

化学课程教材研究开发中心. 2007. 普通高中课程标准实验教科书 · 化学(选修 6)[M]. 2 版. 北京：人民教育出版社.

任志强. 2011. 回顾、激疑、提升、完善——“物质检验”一节的教学实录与反思[J]. 化学教育，(9)：23-26.

韦虹. 2011. “物质的检验“教学后的一点体会[J]. 考试周刊，(31)：165-167.

训练十九　“影响化学反应速率的因素”实验操作及教学训练

【训练目标】

（1）复习“影响化学反应速率的因素”的相关内容，理解实验原理，明确该实验教学的教学目标。

（2）明确相关实验在教材中的地位和作用，复习相关的实验操作。

（3）体验进行学生随堂实验的过程，学习教学方法和教学技能

【实验原理】

$$2KMnO_4+5H_2C_2O_4+3H_2SO_4 = K_2SO_4+2MnSO_4+10CO_2+8H_2O$$

$$Na_2S_2O_3+H_2SO_4 = Na_2SO_4+S\downarrow+SO_2\uparrow+H_2O$$

$$2H_2O_2 \xlongequal{MnO_2} O_2\uparrow+2H_2O$$

【训练步骤】

一、课前准备

（1）实验前，认真阅读第四章第一节中有关“药品的取用”“试管”的使用方法和操作，记住正确的操作方法。阅读人教版高中化学选修4第二章第二节“影响化学反应速率的因素”的内容，了解“影响化学反应速率的因素”中的几个实验的教学内容和教学要求；阅读本训练所有内容以及与本实验教学相关的资料，思考以下问题：

（i）本实验在中学化学教学中的地位和作用是什么？如何确定教学目标？如何设计教学程序？拟准备用什么教学方式或方法进行教学？

（ii）本实验教学的重点和难点是什么？若作为随堂实验或实验课实验你准备如何设计？两种实验方式教学设计中应注意哪些问题？

（iii）学生已经有的理论知识和实验操作技能有哪些？新的知识和实验操作技能有哪些？

（iv）教学中应该给学生复习哪些知识？如何设计问题引发学生思考？如何引导学生设计实验方案，并指导学生进行实验？

（2）根据前面的思考，写出实验操作训练预习报告，完成“影响化学反应速率的因素”的实验教学设计，交指导教师（或管理员）审阅，并熟悉教案。

二、课堂训练

（一）实验操作训练

1. 物质种类对反应速率的影响实验

（1）在试管中加入一定体积的镁片，再加入约2 mL稀H_2SO_4溶液，观察记录反应的速率。
（2）在试管中加入一定体积的铁片，再加入约2 mL稀H_2SO_4溶液，观察记录反应的速率。

2. 浓度对反应速率的影响实验

（1）取两支洁净的试管，分别加入约2 mL 0.01 mol/L $KMnO_4$酸性溶液。
（2）向第一支试管中加入0.1 mol/L $H_2C_2O_4$溶液1 mL，记录溶液褪色的时间。
（3）向第二支试管中加入0.2 mol/L $H_2C_2O_4$溶液1 mL，记录溶液褪色的时间。

3. 温度对反应速率的影响实验

（1）取三支洁净的试管，分别加入约2 mL 0.1 mol/L $Na_2S_2O_3$溶液。
（2）另取三支试管，分别加入约2 mL 0.1 mol/L H_2SO_4溶液。
（3）将六支试管分成三组（各有一支盛有$Na_2S_2O_3$和H_2SO_4的试管）。
（4）一组放入自来水中，一组放入热水中，一组在常温中。
（5）一段时间后，分别混合并振荡。记录三组出现浑浊的时间（或出现浑浊的顺序及程度）。

4. 催化剂及表面积对反应速率的影响实验

（1）在两个锥形瓶中分别加入10 mL 10% H_2O_2溶液，并分别编号为1号和2号。

（2）在 1 号锥形瓶中，将带余烬的木条伸进去（离液面约 2 cm），观察并记录产气情况和带余烬木条是否复燃。

（3）再在 1 号锥形瓶中，用纸槽将一定量的 MnO_2 颗粒加入，立即将带余烬的木条伸进去（离液面约 2 cm），观察并记录产气情况和带余烬木条是否复燃以及复燃的时间。

（4）在 2 号锥形瓶中，用纸槽将一定量的 MnO_2 粉末加入，立即将带余烬的木条伸进去（离液面约 2 cm），观察并记录产气情况和带余烬木条是否复燃以及复燃的时间。

实验注意事项：

（1）控制好实验条件：将实验组和对照组的其他条件控制好，仅改变一个条件，避免无关变量对实验造成干扰。

（2）注意实验中试管的使用以及试剂的加入的操作，一定要规范、正确。

（3）实验 2 中高锰酸钾溶液的浓度不能大，否则溶液颜色过重，需要草酸的量及褪色的时间都要发生相应的变化。

（4）实验 4 要注意：①带余烬的木条离液面的高度要一致；②H_2O_2 浓度大则余烬离液面的高度要大些，反之亦然，当 H_2O_2 浓度为 30%时，余烬离液面约 3 cm，否则会因泡沫较多而使余烬熄灭，H_2O_2 浓度较小时根据情况离液面近一些，约 2 cm，以免现象不明显；③把 MnO_2 颗粒或粉末放入后要迅速将木条伸进去，以免影响观察。

（5）在进行实验 4 时，颗粒状和粉末状的二氧化锰的量一定要相等，且一定用纸槽送进去，避免催化剂过多地沾附在瓶壁上。

（二）实验教学训练

（1）整理好实验所需用品，在讲课训练教室进行教学训练，并录制训练视频；观看视频、小组成员互评。

（2）实验教学训练需要注意的问题：

（i）训练前，需要思考本实验课题的重点和难点是什么？如何引出实验课题？如何组织学生进行实验探究？如何根据实验现象引导学生得出结论？在教学中，如何以学生为主体、教师为主导？拟采取什么教学方式？

（ii）由于时间关系，可以将训练内容分成“浓度对反应速率的影响”“温度对反应速率的影响”“催化剂对反应速率的影响”“催化剂种类对反应速率影响”等子课题。每个子课题训练时间控制在 10 min。

【思考与讨论】

（1）在教学设计时，你准备采用什么方式说明“决定化学反应速率的首要和主要的因素是物质本质属性——内因”？如何渗透“内因”和“外因”这样的辩证唯物主义思想？

（2）板书的内容将如何设计？哪些是主板书，哪些是副板书？

（3）如何引导学生利用“有效碰撞理论”去解释实验现象？

【学习资源】

高修库. 2012. 基于任务驱动的“化学反应速率”教学设计——以人教版化学 2(必修）“化学反应速率”为例

[J]. 化学教与学，(5)：83-84.
刘正亚. 2015. 苏教版、专题2第一单元“影响化学反应速率因素”教学设计[J]. 考试周刊，(104)：143-144.
袁红，王春. 2016. “影响化学反应速率的因素”教学设计案例赏析[J]. 高中数理化，(16)：46-47.
钟思丽，衷明华. 2017. “影响化学反应速率因素”教学设计[J]. 课程教育研究，(13)：268-270.
周月红. 2013. 基于问题链的化学教学设计——以“化学反应速率”为例[J]. 新课程(教研版)，(5)：80-81.

训练二十　“乙酸、碳酸、苯酚酸性强弱的探究”实验操作及教学训练

【训练目标】

（1）复习“乙酸”“苯酚”的相关内容，理解实验原理。

（2）明确相关实验教学在教材中的地位和作用，复习相关的实验操作。

（3）体验进行随堂实验的过程，学习探究性的教学方法和教学技能。

【实验原理】

$$2CH_3COOH + Na_2CO_3 = 2CH_3COONa + CO_2\uparrow + H_2O$$

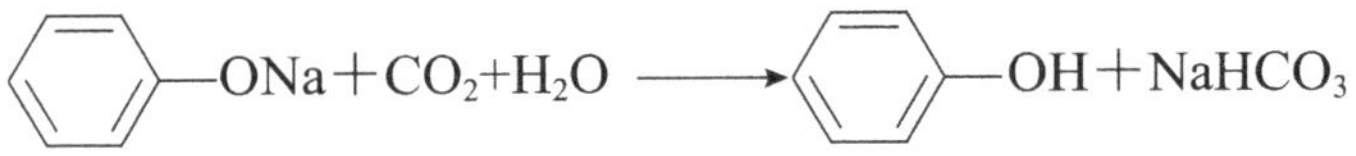

$$CH_3COOH + NaHCO_3 = CH_3COONa + CO_2\uparrow + H_2O$$

【训练步骤】

一、课前准备

（1）实验前认真阅读人教版高中化学必修2第三章第三节“乙酸”及选修5第三章第三节“羧酸”的相关内容及教材配套的教参，人教版高中化学选修5第三章第一节“酚”的相关内容及教材配套的教学参考书。了解选修5第三章第一节“酚”中“科学探究”的相关内容。阅读本训练所有内容以及与本实验教学相关的资料，思考以下问题：

（i）本训练的教学内容在中学化学教学中的地位和作用是什么？教学的重点和难点是什么？

（ii）该教学内容包括哪些知识点？如何设计教学程序？如何运用探究性的教学方式进行教学？

（iii）如何引导学生利用已有的知识、用教材给出的装置，设计实验装置和实验方案？准备如何引出实验课题？

（iv）如何引出除杂装置的设计？如何引导学生设计除杂装置？

（v）如何引导学生进行实验探究，并让学生知晓实验的注意事项？

（2）根据前面的思考，写出实验操作训练预习报告，完成“乙酸、碳酸、苯酚酸性强弱的探究”的实验教学设计，交指导教师审阅，并熟悉教案。

二、课堂训练

（一）实验操作训练

1. 证明乙酸酸性大于碳酸的实验

如图 7-5 所示安装装置，在广口瓶中加入适量碳酸钠固体，在漏斗中加入 10%乙酸约 50 mL，将导管插入装有澄清石灰水的试管中。打开活塞逐滴滴加乙酸，将产生的二氧化碳通入石灰水中，观察到澄清透明的溶液变浑浊，即可停止实验。

2. 证明碳酸酸性大于苯酚的实验

（1）苯酚钠的获取。在试管中加入少量苯酚晶体（也可将苯酚在热水中熔融后，用滴管吸取少量苯酚溶液），然后加入约 2 mL 蒸馏水使其溶解（形成白色的浑浊液体）。在溶液中，逐滴滴加 5% NaOH（或 Na_2CO_3）溶液，并振荡试管至溶液澄清，即得到苯酚钠溶液。

（2）证明碳酸酸性大于苯酚的实验。如图 7-6 所示安装装置，在广口瓶中加入适量碳酸钠固体，在漏斗中加入 10%乙酸约 50 mL（可利用实验 1 中的药品继续实验），在中间的洗气装置中装入饱和的 $NaHCO_3$ 溶液，将导管插入装有苯酚钠的试管中。打开活塞逐滴滴加乙酸，将产生的二氧化碳通入苯酚钠中，观察到澄清透明的溶液变浑浊后，停止实验。

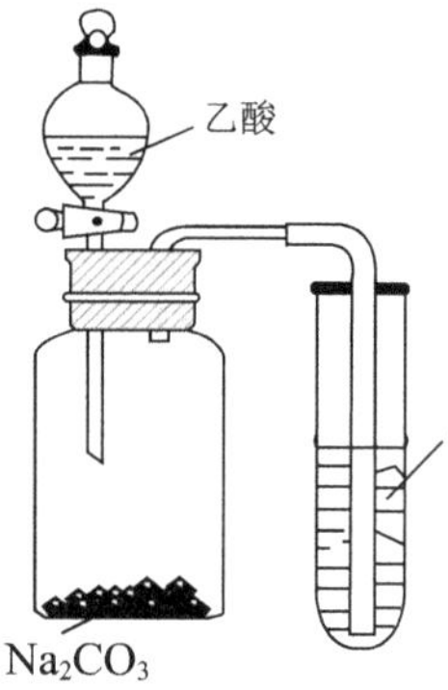

图 7-5　二氧化碳与苯酚钠反应

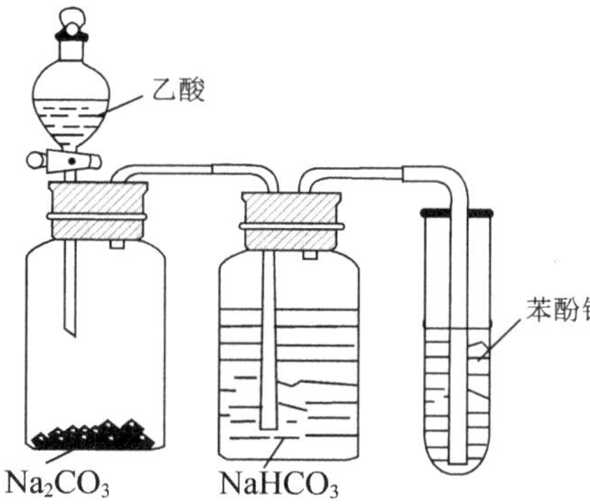

图 7-6　证明碳酸酸性大于苯酚的实验装置

> 实验注意事项：
>
> （1）苯酚是具有一定腐蚀性的物质，接触后会使局部蛋白质变性，实验中不要弄到皮肤和衣服上；若不小心沾附，要先用乙醇清洗，再用水冲洗干净；苯酚有毒，其废液不能随意排放，实验完后请将含苯酚的废液倒入指定的容器中。
>
> （2）由于乙酸具有一定的挥发性，为了避免挥发的乙酸与苯酚钠反应，实验时必须加入洗气装置以去除挥发的乙酸对实验的干扰。
>
> （3）在制备苯酚钠时，加入 NaOH（或 Na_2CO_3）溶液一定要逐滴滴加，边滴加边振荡，防止过量；制备二氧化碳时，乙酸也应逐滴滴加，以免气体产生太快将试管中溶液冲出，同时也节约药品。

（二）实验教学训练

（1）整理好实验所需用品，在讲课训练教室进行教学训练，训练时间控制在 10～15 min，并录制训练视频；观看视频、小组成员互评。

（2）实验教学训练需要注意的问题：

（i）训练前，需要思考本实验课题确定的教学目标、重点和难点是什么？如何引出实验课题？

（ii）如何引导学生将比较的方法运用到实验的设计中以及结论的得出？如何引导学生回顾必修2中苯酚的相关性质，并将这些性质运用到教学中以解决新的问题？

（iii）如何组织学生设计实验方案？如何根据实验现象引导学生得出结论？

（iv）在教学中，如何以学生为主体、教师为主导？准备设计什么问题引发学生思考？如何引导学生开展实验探究？

【思考与讨论】

（1）如何设置情景引出实验课题？如何引导学生提出假设、自行设计实验方案验证假设？

（2）若要证明碳酸氢钠与苯酚的酸性强弱，可以如何设计？如何引导学生设计实验方案进行验证？

（3）除本训练中的实验方案外，还可以设计怎样的实验方案，从“强酸能够游离出弱酸盐中的酸”这一规律中得出乙酸的酸性比碳酸强，而苯酚的酸性比碳酸弱？

（4）处理苯酚废液最简单的、环保的方法是什么？

【学习资源】

刘光影，钱胜. 2015. 平常、平实而不平庸——2014 年全国高中化学优质课观摩之“苯酚”说课[J]. 化学教与学，(7)：29-31.
律晓鑫，陈凯，张凤. 2012. 浅谈含苯酚废水的处理[J]. 化学教学，(8)：75-77.
汪兴源，张镇炜. 1989. 醋酸与苯酚酸性强弱比较的课堂演示实验[J]. 化学教学，(5)：25.
魏良怡，刘敏. 2016. “苯酚”的教学再设计——基于“生活药品和基团间相互作用”的设计思路[J]. 化学教与学，(9)：63-68.
周云花. 2016. 基于问题引领的“苯酚”教学设计与反思[J]. 考试周刊，(27)：153-154.

训练二十一 “粗盐的提纯”实验操作及教学训练

【训练目标】

（1）通过对食盐的初步提纯，进一步复习、训练称量、溶解、过滤、加热、蒸发、搅拌等基本操作。

（2）理解并掌握用物理和化学方法分离混合物的原理和实验方法。

（3）初步体验进行实验课实验教学的过程，学习和体验进行学生实验教学的方法，初步形成进行学生实验的教学技能。

【实验原理】

粗食盐中含有不溶性杂质（如泥沙、漂浮物等）和可溶性的杂质（如K^+、Mg^{2+}、SO_4^{2-}、Ca^{2+}等）。不溶性的杂质可用溶解、过滤的方法除去；可溶性的杂质则用化学方法向粗食盐溶液中加入能与杂质离子作用生成沉淀的盐类，通过过滤方法除去。常用的方法是：在粗食盐的溶液中加入稍过量的 $BaCl_2$ 溶液，可将 SO_4^{2-} 转化为难溶的 $BaSO_4$ 沉淀：

$$Ba^{2+} + SO_4^{2-} = BaSO_4\downarrow$$

将溶液过滤可除去 $BaSO_4$ 沉淀。在其滤液中再加入 NaOH 和 Na_2CO_3 溶液，由于发生下列反应：

$$2Mg^{2+} + 2OH^- + CO_3^{2-} = Mg_2(OH)_2CO_3\downarrow$$
$$Ca^{2+} + CO_3^{2-} = CaCO_3\downarrow$$
$$Ba^{2+} + CO_3^{2-} = BaCO_3\downarrow$$

除去食盐中的杂质离子以及沉淀 SO_4^{2-} 时加入的过量 Ba^{2+} 相应地转化为上述沉淀，通过过滤的方法除去；再调 pH 到 2～3，可除去 OH^- 和 CO_3^{2-}；除去可溶性杂质 K^+ 时，由于氯化钾与氯化钠在相同温度条件下的溶解度的不同且含量少，在蒸发、浓缩、结晶过程中 NaCl 结晶析出，而 KCl 仍留在母液中，通过分离可得 NaCl 结晶。

【训练步骤】

一、课前准备

（1）实验前，认真阅读第四章第一节的内容，了解有关实验操作的基本方法，特别是“过滤”“蒸发”的方法；查阅人教版中学教材和教学参考（初中上册和高中必修 1），了解该实验在初中和高中教材中的地位和作用；查阅与本实验相关的资料，了解粗食盐中主要含有哪些杂质、除去杂质的方法以及各物质的溶解度与温度的关系；阅读本章第一节中“实验课实验教学”，了解进行该实验教学的要求和策略；阅读本训练的所有内容，思考以下问题：

（i）初中教材和高中教材实验的类型是否相同？实验内容有什么相同和不同之处？在初中主要是除去什么杂质？高中主要是除去什么杂质？

（ii）本实验在不同年级进行教学，其重点和难点有什么不同？

（iii）这个实验在不同年级进行教学时，你准备如何进行教学设计？

（iv）实验课实验与随堂实验讲授的内容、演示的内容、板书的内容有何不同？不同学段、不同教学形式的教学重点有何不同？

（v）在初中阶段，学生已经具备哪些操作技能？哪些只需稍微提醒，哪些是学生没有学习过需要重点讲授、强调并演示的？主要示范哪些操作？

（2）根据上述思考，写出实验操作训练的预习报告，完成“粗盐的提纯”实验课实验教学的教学设计。根据实验原理和步骤拟订实验所需仪器药品清单，交指导教师审阅，并在训练前熟悉教案。

二、课堂训练

（一）实验操作训练

1. 粗盐中不溶性杂质的去除

（1）溶解：称取 5.0 g 粗食盐，用药匙将该粗盐逐渐加入盛有 10 mL 水的烧杯中，边加边用玻璃棒搅拌，直到粗盐不再溶解为止。观察食盐水是否浑浊。

称量剩余的粗盐，计算 10 mL 水中溶解了多少克粗盐。

（2）过滤：如图 7-7 所示进行过滤。观察剩余物及滤液的颜色。

（3）蒸发结晶：把所得滤液倒入蒸发皿中，如图 7-8 所示，用酒精灯加热，并不断用玻璃棒搅拌防止温度过高造成飞溅。当蒸发皿中出现较多固体时，停止加热。利用余热使滤液蒸干。观察蒸发皿中食盐的外观。

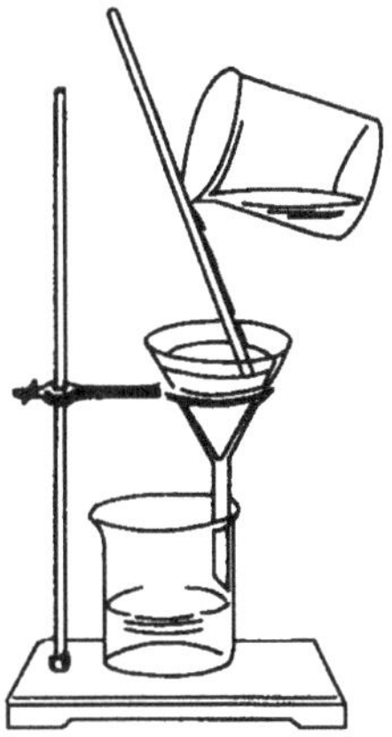

图 7-7　过滤食盐水

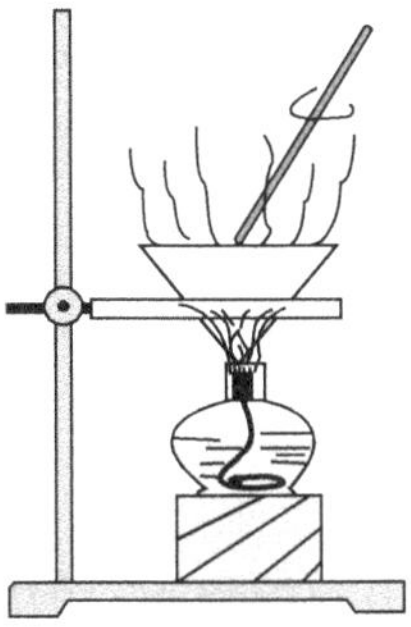

图 7-8　蒸发食盐水

（4）计算产率：用玻璃棒把固体转移到纸上，称量后回收到指定容器中，将提纯后的氯化钠与粗盐对比，并计算粗盐的产率。

实验注意事项：

（1）溶解搅拌时，玻璃棒不能接触到烧杯的内壁。

（2）转移溶液要用玻璃棒引流，在转移完全后容器的嘴应在玻璃棒上停靠一下，使瓶口或烧杯口的溶液全部转移到容器中。

（3）过滤操作要注意：①刚开始折叠时不要将折痕压死，先放入漏斗中试一试，看是否和漏斗角度一样，如果不一样就要调整滤纸角度直到和漏斗角度完全一样后再压死，并注意撕角；②滤纸要紧贴漏斗壁，滤纸与漏斗内壁中间不能有气泡；③滤纸放入漏斗后，三层滤纸应放在靠漏斗口短口一边，滤纸边缘要低于漏斗口边缘 0.5～1 cm，若过大则要用剪刀剪去多余的部分；④漏斗最下端要接触烧杯内壁，引流的玻璃棒下端要靠近滤纸的三层一面，倾倒液体的烧杯要接触引流的玻璃棒；⑤过滤时，先过滤上层清液，再过滤混有沉淀的溶液，以免沉淀进入漏斗堵塞滤纸的纤维缝隙，使过滤速度过慢。

（4）蒸发结晶操作要注意：①倒入蒸发皿中的溶液不能超过蒸发皿容积的 2/3；②一定要用坩埚钳夹取蒸发皿，夹取热蒸发皿时要预热坩埚钳，以防止骤冷骤热使蒸发皿损坏；③浓缩时要用玻璃棒不断地搅拌溶液，防止飞溅；④不能将溶液完全蒸干，要利用余温将其蒸干。

2. 粗盐中可溶性杂质的去除

（1）粗盐的溶解：称取 5.0 g 粗食盐于 150 mL 烧杯中，加 25 mL 水，搅拌使其溶解，如不溶可加热使其完全溶解，剩下泥沙等不溶物。

（2）去除可溶性杂质。

除去 SO_4^{2-}：加入 1 mol/L $BaCl_2$ 溶液约 2 mL，加热 2～4 min 后停止加热，静置待沉淀完全沉降，在上层清液中滴加 1 mol/L $BaCl_2$ 溶液，以检验 SO_4^{2-}是否沉淀完全，若还有白色沉淀产生，则需在热溶液中继续滴加 1 mol/L $BaCl_2$ 溶液直至沉淀完全。静置，用倾泻法过滤，用少量水洗烧杯和沉淀。

除去 Mg^{2+}、Ca^{2+}和 Ba^{2+}等：在滤液中加入 1 mol/L Na_2CO_3 溶液约 2 mL、2 mol/L NaOH 溶液约 1 mL，加热至沸，静置，检验沉淀是否完全（检验方法同上）；同上常规过滤，滤液用蒸发皿盛接。

除去溶液中的 OH^-和 CO_3^{2-}：滤液中滴加约 2 mol/L HCl 溶液，使溶液的 pH=6。

实验注意事项： 除杂的顺序不要错误，否则杂质除不干净。其他注意事项同前。

（二）实验教学训练

（1）整理好实验用品，在训练教室进行教学训练，并录制训练视频。

（2）将训练内容分为“初中”和“高中”两个教学项目，一次训练一个项目。

（3）在进行训练前思考以下问题：

（i）初中的“粗盐的提纯”教学的主要内容是什么？教学目标是什么？你准备重点讲授和演示哪些内容？

（ii）高中的“粗盐的提纯”教学的主要内容是什么？教学目标是什么？你的教学重点是什么？如何引导学生明白除杂不能引入新的杂质？如何引导学生设计化学除杂的顺序？

（iii）对于不同年级的教学，你的教学设计和板书设计有什么不同？

（iv）同样实验内容，采用“实验课实验”或“随堂实验”教学的板书内容和方式，你准备如何设计？

（4）控制好每个训练项目的时间为 10～15 min。

【思考与讨论】

（1）“粗盐的提纯”初、高中实验涉及哪些基本操作？

（2）查阅中学化学教材，分析初中教材中的“粗盐的提纯”实验操作步骤与本实验有何不同。为什么不同？初中教材中在溶解粗盐时为什么要求分次加入、充分溶解？

（3）用什么方法检验产品可溶性杂质是否完全除尽？

（4）本次实验为什么没有配制饱和溶液？可否配制饱和溶液？

（5）实验课实验与课堂中的随堂实验有何不同？应该怎样设计教学内容和流程？

（6）教学中如何设计问题引出相应的知识点教学？如何做好初高中的衔接？

【学习资源】

曹小华，陶春元，雷艳虹，等. 2013. ATDE 教学模式在化学实验教学中的应用——以“粗盐的提纯”为例[J]. 化学教与学，(9)：9-11，18.

陈宪福. 2012. 从“粗盐的提纯”教学谈新课程下初高中衔接教学的处理技巧[J]. 化学教与学，(5)：62，73.

化学课程教材研究开发中心. 2012. 义务教育教科书·化学(九年级 下册)[M]. 北京：人民教育出版社.
雷艳虹，曹小华. 2013. 粗盐提纯实验教学中过滤操作探讨[J]. 化学教与学，(7)：94.
刘志红，余燕艳. 2015. 以粗盐为原料提纯氯化钠的问题探讨[J]. 化学教育，(4)：68-70.
马逸群. 2013. 粗盐的提纯实验教学设计[J]. 中国现代教育装备，(16)：39-40，51.
吴少刚. 2014. 探究高中化学教学中课堂演示实验的优化——以"粗盐的提纯"演示实验的合理化设计为例[J]. 中学化学教学参考，(1)：71-72.
西南师范学院化学系. 1986. 中学化学教学法[M]. 北京：高等教育出版社：126-130.
许晨恋. 2009. 论高一化学"粗盐提纯"实验的不足[J]. 化学教学，(5)：17-19.

训练二十二　"从海带中提取碘"实验操作及教学训练

【训练目标】

（1）复习用萃取、过滤的操作，理解"从海带中提取碘"的实验原理。

（2）通过对碘的检验，学习提出假设和验证假设的教学方法。

（3）掌握"从海带中提取碘"实验的操作技术和注意事项，掌握"从海带中提取碘"学生实验的教学方法和技能。

【实验原理】

海带中有丰富的碘元素，其主要存在形式为化合态（有机碘化物），经过灼烧后，灰烬中的碘可转化为能够溶于水的无机碘化物（大量的 I^- 和少量的 IO_3^-）。因此，用水可以溶解这些碘的化合物。

I^- 和 IO_3^- 在酸性条件下，能够发生反应，生成碘单质。

$$5I^- + IO_3^- + 6H^+ = 3I_2 + 3H_2O$$

$$2I^- + H_2O_2 + 2H^+ = I_2 + 2H_2O$$

碘与淀粉能够形成蓝色的配合物，用淀粉来检验溶液中的碘。

【训练步骤】

一、课前准备

（1）实验前，认真阅读第四章第一节中有关"萃取"的操作，记住正确的操作方法。阅读人教版高中化学教材必修 2 和选修 6，了解有关实验的原理、操作步骤；浏览中学（初中、高中）教材，了解学生已有的认知水平（理论知识和实验技能）；阅读本训练所有内容以及与本实验教学相关的资料，思考以下问题：

（i）不同教材（必修 2 和选修 6）中本实验在教学中的地位和作用是什么？如何确定教学目标？

（ii）两本教材中实验教学的重点和难点分别是什么？

（iii）学生已有的理论知识和实验操作技能有哪些？新的知识和实验操作技能有哪些？两种内容的教学中需要重点讲解和演示哪些内容？

（iv）如何设计问题引发学生思考，从而引出需要讲授的知识点或引入操作演示？

（v）进行“从海带中提取碘”实验应该注意哪些问题？

（2）根据前面的思考，写出实验操作训练预习报告，选择拟训练的内容完成“从海带中提取碘”的教学设计，交指导教师（或管理员）审阅，并熟悉教案。

二、课堂训练

（一）实验操作训练

1. 海带的处理

（1）取 3 g 海带，用刷子把表面的附着物刷干净，将海带剪成细的小条，用乙醇润湿后，放在蒸发皿中直接点燃，并用玻璃棒缓缓地拨动，使其充分燃烧。

（2）将海带灰放入小烧杯中，向烧杯中加 15 mL 蒸馏水，搅拌均匀后用酒精灯加热至沸后改用小火继续煮 2～3 min（若中途水烧干，可补加入少量水），过滤（不洗涤沉淀）。

> 实验注意事项：
>
> （1）燃烧海带加乙醇的目的是助燃，乙醇不能太多，若太多燃烧的是乙醇，且因火焰太大不安全。
>
> （2）燃烧海带时，用玻璃棒轻轻将海带挑起、架空使氧气充足，海带才能充分地燃烧。不要乱搅动，防止把海带弄碎后不能架空，不能充分燃烧。
>
> （3）用水浸取（萃取）碘元素时，水不能太多。若水过多，溶液被稀释则检验不到碘元素。水沸腾后要小火熬煮，防止水烧干。

2. 碘元素的检验

（1）取少量滤液于试管中，加 2 滴淀粉溶液，观察有无蓝色物质生成。

（2）在上述试管中，再加入几滴稀硫酸后观察有无蓝色物质产生。

（3）在溶液中继续加入几滴 3%过氧化氢溶液，观察溶液的蓝色是否加深。

> 实验注意事项：
>
> （1）由于淀粉溶液容易变质，因而用于检验碘单质的淀粉溶液一定要新制的，若变质就不能检验出碘单质。
>
> （2）实验中若不能检验出碘单质，则需要考虑淀粉是否变质失效，可以另换淀粉溶液进行检验；若确定淀粉溶液未变质，则需要考虑浸取时水量是否过多。
>
> （3）淀粉溶液不能太浓或加得太多，否则溶液不呈蓝色。

3. 碘的萃取

（1）在烧杯中的溶液中加入稀硫酸酸化，再加入约 1 mL 3%过氧化氢溶液。

（2）将溶液转移到分液漏斗中，再向溶液中加入 1 mL 四氯化碳溶液。

（3）振荡分液漏斗至水层中几乎无色，静置。

（4）用干净的烧杯盛接下层溶液。

实验注意事项： （1）萃取时一定按照正确的操作进行。用右手食指关节末端压住顶塞，拇指、食指尖及中指握住上瓶颈。左手握住分液漏斗的活塞处，拇指和食指捏住活塞柄朝内压紧，将分液漏斗稍倾斜振荡进行萃取。振荡时，为防止瓶内气压升高，应间隔一段时间，小心旋开活塞排气减压。关闭活塞后继续振荡、放气，重复数次，才可达到萃取的目的。 （2）放出溶液要注意：由下活塞口放出下层液体，再由上口倒出上层液体。

（二）实验教学训练

（1）总结实验的关键，整理好实验所需用品，在讲课训练教室进行教学训练，并录制训练视频。

（2）依据不同教材将实验分成多个项目进行训练："海带中提碘实验方案的探究""海带提碘实验各步操作原理的探究""海带中碘的提取操作要点探究""海带的处理""碘元素的检验及萃取"，每个训练项目时间控制在 10～15 min。

（3）依据不同训练内容确定具体切实的教学目标和教学过程。

【思考与讨论】

（1）教材中的实验方法和本训练的实验方法有什么不同？为什么要这样改进？

（2）"碘元素的检验"实验操作（2）中加入硫酸后若有蓝色出现，说明用此种方法获得的碘元素以什么方式存在？滴加几滴 3%过氧化氢溶液后若溶液的蓝色加深，说明溶液中的碘元素以什么方式存在？

（3）本实验教学涉及哪些操作？哪些操作是学生比较熟练的？哪些操作学生虽然已经学过，但不够熟练，还需要强调或演示？

（4）两种教材中实验教学的目标是什么？你在教学中是如何突出重点、突破难点的？教学目标是否达到？教学任务是否完成？

【学习资源】

一、资源链接

碘中加入淀粉显示不同颜色的原因如下：

普通淀粉是由直链淀粉和支链淀粉组成的混合物。支链淀粉与碘生成紫色的碘淀粉配合物，直链淀粉与碘生成深蓝色的碘淀粉配合物。这两种淀粉的特点是：蓝色配合物比紫色配合物颜色深得多，紫色配合物比蓝色配合物稳定得多。因此，当碘溶液中加入淀粉后正常的颜色是蓝色，呈现紫色的原因可能是：淀粉以支链淀粉为主（或淀粉溶液配制时间过长）；溶液呈现深褐色（看上去像黑色）的原因可能是：淀粉加入量太多或淀粉太浓。

二、文献资源

化学课程教材研究开发中心. 2007. 普通高中课程标准实验教科书·化学(必修 2)[M]. 2 版. 北京：人民教育出版社.

化学课程教材研究开发中心. 2007. 普通高中课程标准实验教科书·化学(选修 6)[M]. 2 版. 北京：人民教育

出版社.
乔琦. 2012. "海带中碘的检验和提取"的教学和反思[J]. 化学教学，(2)：24-26.
沈文敏，李永红. 2013. "从海带中提取碘"最佳实验条件的探讨[J]. 化学教育，(6)：66-68.
吴庆生. 2015. 培养学生化学实验技能的教学策略[J]. 化学教育，(9)：53-55.
杨文斌. 2007.《从海水中提取溴和碘》的教学过程[J]. 化学教学，(8)：44-46.
翟志勇，陈子豪，黄正藻，等. 2015. 澳洲中学生如何开展化学实验探究——以上科版高一化学"从海带中提取碘"实验为例[J]. 教学仪器与实验，31(3)：63-64.
赵玉泉，刘克文. 2013. 对新课程中从海带中提取碘的比较研究和问题探索[J]. 中学化学教学参考，(6)：39-42.

参考文献

鲍正荣，李天安，孙都成，等. 2006. 化学基础实验（Ⅰ）[M]. 重庆：西南师范大学出版社.
蔡霞，沈若冰. 2011. 如何制备能与酸和碱反应的氧化铝[J]. 化学教与学，（4）：77.
蔡亚萍. 2005. 中学化学实验设计与教学论[M]. 杭州：浙江教育出版社.
崔书华，于金秀. 2009. 利用化学实验图库绘制实验装置图[J]. 化学教育，（11）：53-55.
崔秀英. 1996. 浅议两性氢氧化物的特性[J]. 阜阳师范学院学报（自然科学版），29（3）：95.
邓永财. 2004. 试论中学化学实验思维能力的结构与构建[J]. 课程・教材・教法，24（10）：53-58.
丁长征. 1985. 苯酚性质实验中几个现象的解释[J]. 江苏教育，（1）：43.
杜正雄. 2015. 化学师范生实验教学能力评价体系的研究[J]. 化学教育，（6）：52-55.
范杰. 2001. 化学实验论[M]. 太原：山西科学技术出版社.
冯伟强，孔令文. 2008. 安全电压知识问与答[J]. 电力安全技术，10（3）：68-70.
冯晓锋. 2015. 发现式教学模式在高中化学实验教学中的实施[J]. 中学化学教学参考，（1）：33-34.
冯忠良. 1998. 结构化与定向化教育心理学原理[M]. 北京：北京师范大学出版社.
盖立春，苏翠萍，郑长龙. 2007. 化学实验教学价值的实现与教学方式的选择[J]. 化学教育，（9）：46-47.
高昌海. 2012. 过氧化钠与水反应异常现象的实验探究[J]. 高中数理化，（16）：63-64.
顾庆超，楼书聪，戴庆平，等. 1979. 化学用表[M]. 南京：江苏科学技术出版社.
韩建娣. 2015. 初中化学实验基本操作教学的几点尝试[J]. 中国教育技术装备，（1）：109-110.
郝燕. 2011. 化学师范生实验教学能力评价体系的研究[D]. 重庆：西南大学.
化学课程教材研究开发中心. 2012. 义务教育教科书・化学（九年级 上册）[M]. 北京：人民教育出版社.
江家发. 2004. 化学教学设计论[M]. 济南：山东教育出版社.
江玲玲. 1995. “教态语言”不可忽视的教学手段[J]. 人民教育，（10）：39.
李静雯，陈懿. 2015. 吸热反应实验创新设计[J]. 化学教学，（4）：53-55.
李远蓉. 1996. 化学教学艺术论[M]. 重庆：西南师范大学出版社.
历晶，郑长龙，齐艳娟. 2013. 优化实验教学方式，实现实验教学价值[J]. 现代中小学教育，（12）：47-50.
梁永锋. 1997. 化学实验仪器和装置图的画法[J]. 化学教育，（5）：35-36.
刘影，张勇，马双. 2012. 原电池实验改进[J]. 教学仪器与实验，28（4）：14-15.
刘昌荣. 2008. 艾宾浩斯曲线在电力安全事故分析与教育中的应用[J]. 大众用电，（8）：35-36.
刘怀乐. 1996. 中学化学实验与教学研究[M]. 重庆：西南师范大学出版社.
刘士如. 2006. 中学化学实验加热操作探究[J]. 实验教学与仪器，（9）：30.
娄延果，郑长龙. 2009. 论教学设计对教学行为的影响[J]. 河北师范大学学报（教育科学版），11（3）：139-144.
卢一卉. 2015. 化学实验教学研究[M]. 北京：科学出版社.
马建峰. 2006. 化学实验教学论[M]. 北京：科学出版社.
马文杰，鲍建生. 2013. “学情分析”：功能、内容和方法[J]. 教育科学研究，（9）：52-57.
庞玉崑. 2012. 常见的“学情分析”错误与解决方法[J]. 北京教育（普教版），（3）：50-51.
亓英丽，毕华林. 2012. 化学教学目标设计的反思与对策[J]. 化学教育，（8）：11-14.
乔金锁，郭彦青. 2015. 绘制化学实验仪器与装置图应注意的几个问题[J]. 化学教育，（19）：69-70.
秦守进. 2008. 问题式教学的层次性及环节设计[J]. 化学教学，（12）：199-20.
沈鸿博. 1999. 化学课堂教学技能训练[M]. 长春：东北师范大学出版社.
唐力. 1996. 中学化学优化教学教程[M]. 桂林：广西师范大学出版社.
王克勤，逯俊玲，左志军. 2003. 酒精灯加热温度的测定研究[J]. 化学教学，（11）：42.

王磊. 2009. 中学化学实验及教学研究[M]. 北京：北京师范大学出版社.
王秀梅，李德前. 2014. 初中化学实验基本操作教学设计[J]. 中国现代教育装备，(16)：57-59.
文杰，鲍建生. 2013. “学情分析”：功能、内容和方法[J]. 教育科学研究，(9)：52-57.
文庆城，许燕红. 2007. 化学课堂教学技能训练教程[M]. 2 版. 南宁：广西教育出版社.
西南师范学院化学系. 1986. 中学化学教学法[M]. 北京：高等教育出版社.
许高厚. 1997. 课堂教学技艺[M]. 北京：北京师范大学出版社.
张晓巍. 2011. 再谈 Cu-Zn 原电池实验条件[J]. 学周刊，(10)：161.
郑长龙. 2001. 中学化学教学设计的理论与实践[M]. 长春：东北师范大学出版社.
郑长龙. 2003. 化学实验教学新视野[M]. 北京：高等教育出版社.
郑长龙. 2009. 化学实验课程与教学论[M]. 北京：高等教育出版社.
周业虹. 2016. 基于发展化学学科核心素养的教学设计案例分析[J]. 化学教学，(8)：36-39.

附　　录

附录 1　化学实验安全的“五防”内容和要求

化学实验安全的“五防”的具体内容是：防火、防暴（爆）、防伤、防腐、防污染。具体要求如下：

（1）防火。化学药品中很多是易燃物，使用不当易酿成火灾。防火是实验安全十分重要的方面。因此，进行化学实验要了解实验室中易造成火灾的试剂和操作，知道扑灭实验室火灾的具体措施和注意事项。

（2）防暴（爆）。防暴（爆）有两方面的含义：①防止爆炸，如各种可燃气体与空气混合都有一定的爆炸极限，因此点燃可燃气体前应先“验纯”；②防止暴沸，如加热有机试剂时易出现液体局部温度过高，形成“暴沸现象”，为此在反应容器中要放一些碎瓷片。

（3）防伤。防伤有几方面的含义：防止烧伤、防止烫伤、防止灼伤和割伤。因此，要求进入实验室必须穿长袖实验服、佩戴护目镜、正确操作防止上面所说的伤害。

（4）防腐。强酸、强碱和强氧化剂一般都具有强腐蚀性。实验时要注意防止沾在皮肤和衣物上，若不小心沾上要立即用水冲洗，必要时要到医院由医生处理。

（5）防污染。实验室中经常会产生有毒有害的气体、液体、固体，这些物质易对实验室和周边环境造成污染。因此，实验过程中要有尾气吸收装置；实验后，要对这些有毒废物处理后才能排弃，或交专业公司进行处理。

附录 2　化学试剂的管理

一、化学试剂规格、等级

我国生产的通用化学试剂共分为四个等级。实验时应当根据需要，选择相应等级的试剂避免造成浪费或达不到实验效果。具体等级和选择要求见附表-1。

附表-1　我国化学试剂的规格和表示方法

纯度级别	瓶签颜色	中文名称	英文名称	缩写代号	使用范围
一级品	绿色	优级纯试剂	guaranteed reagent	G. R.	主要用于精密的科学研究和分析实验，可作基准物质
二级品	红色	分析纯试剂	analytical reagent	A. R.	主要用于一般的科学研究和分析实验
三级品	蓝色	化学纯试剂	chemical pure	C. P.	用于要求较高的无机和有机化学实验，也能用于要求较低的分析化学实验
四级品	棕色或黄色	实验试剂	laboratories reagent	L. R.	用于要求不高的普通化学实验

此外，还有很多特殊需要的特种规格的试剂，如光谱纯试剂、色谱纯试剂、高纯试剂、生化试剂、基准试剂、工业纯试剂和食用试剂等。

中学化学实验一般使用实验试剂和少量的化学试剂，有的实验还可使用工业纯试剂。不同等级的试剂价格差别很大，必须本着节约的原则购买试剂。只要能够达到实验的要求，应当尽量选择级别较低的试剂，避免越级使用造成浪费。

二、化学试剂的分类与管理

化学试剂种类繁多，有各自的特点，有的易爆、有的易燃、有的易潮解、有的易风化、有的受光照后易变质。因此，对化学试剂应根据各自的特点分类保存，注意安全。

试剂的分类方法很多，一般情况下在实验室可以根据具体情况进行分类。例如，可以按无机物和有机物进行分类；还可根据试剂的化学性质（如氧化性物质、还原性物质等）进行分类。

无机物可按单质（金属和非金属）、氧化物（碱性氧化物、酸性氧化物和两性氧化物）、碱、酸和盐进行分类；盐类则根据它的阴阳离子所属的元素族（卤族、氧族、氮族、碳族等）分类；盐类还可以再分成正盐、酸式盐、碱式盐、复盐和络合盐等；还可根据盐的金属离子，分为钾盐、钠盐、钙盐等。

有机物一般按饱和烃、不饱和烃、环烃、芳香烃以及各类烃的衍生物（以官能团）逐一分开依次排列。

三、一般药品的保管

除易燃、易爆、剧毒药品外，一般的药品均可存放在药品室中固定的试剂柜（架）上。药品购入后应立即建账，并按照一定的方法进行分类，在试剂柜上贴上醒目的卡片（或标签）。配制的溶液与固体或原装药品分开放置，并依次排列。

配制好的试剂和正在使用的试剂均根据溶液的性质存放在无色（或棕色）玻璃瓶或（塑料）小口试剂瓶中。装碱性溶液的试剂瓶为了防止瓶塞与瓶口黏接，应用橡胶塞替代玻璃瓶塞。固体试剂应存放在广口瓶中，所有装试剂的瓶子都应贴上标签，标签上除写清名称、化学式、浓度外，对于一些易变质的溶液，还应写清楚配制日期，固体试剂标明纯度（附图-1）。为了防止标签被污染、腐蚀，在标签纸外最好能够薄薄地涂上一层石蜡。

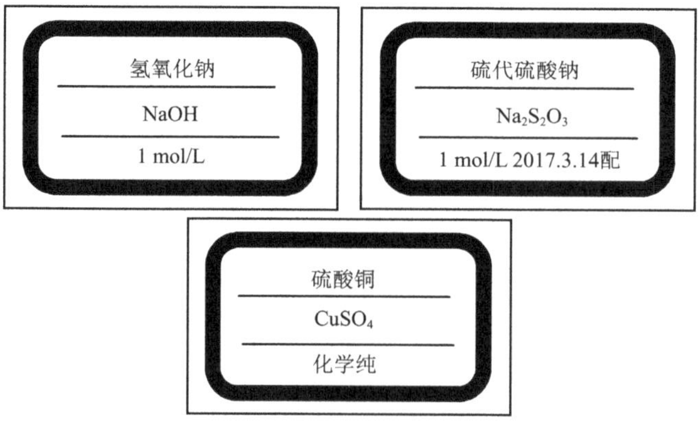

附图-1　标签的填写

为了区别不同类型的试剂，标签的颜色最好有所区别。一般情况下标签的颜色最好是红酸、蓝碱、白盐、黄有机，若标签万一被腐蚀，可以通过标签的颜色和试剂的物理性质推断为何物。为了使试剂瓶在放置时美观、整齐，标签粘贴的位置应注意统一粘贴在试剂瓶靠上边的1/3处，保证试剂瓶放在一起时标签的高度一致（附图-2）。

附图-2　标签粘贴的位置

四、危险化学药品的管理

化学危险品种类繁多，实验室人员必须明确各自的特点和化学性质，便于使用、储存等过程中进行安全控制。

1. 化学危险品的定义

凡能发生燃烧、爆炸、有毒、腐蚀和放射性等物质，以及受到摩擦、震动、撞击、接触火源、遇水或受潮、日光暴晒、温度过高或与其他物品接触等外界因素影响，能引起强烈燃烧、爆炸、中毒、灼烧、死亡等灾害事故的化学药品，都属于化学危险品。

我国《常用危险化学品的分类及标志》（GB 13690—92）中，按危险特性将常用危险化学品分为8类：①爆炸品；②压缩气体和液化气体；③易燃液体；④易燃固体、自燃物品和遇湿易燃物品；⑤氧化剂和有机过氧化物；⑥有毒品；⑦放射性物品；⑧腐蚀品。

2. 化学危险品的保存方法

化学实验室的各种危险品必须严格管理，并进行科学合理的存放，否则将会导致火灾、爆炸、中毒等事故发生。不同的危险品必须分类隔开，存放在阴暗、通风、干燥的地方。保存这些药品必须严格遵守公安部门关于危险品的采购、保存和使用的有关规定。具体方法见附表-2。

附表-2　化学危险品及其保存的方法

试剂类型	特性	常见试剂	保存方法
易燃液体	易挥发成气体	石油醚、氯乙烷、乙醚、乙醇、丙酮、二硫化碳、苯、甲苯、汽油、松节油等	阴凉通风处、远离火源，与其他可燃物、易起火花物体和氧化剂（如氯酸钾、高锰酸钾、过氧化钠等）隔离放置
易燃易爆固体	遇水反应剧烈	钾、钠、钙、碳化钙、硅化镁等	钾、钠放在盛煤油的瓶里，其他瓶装后密封、放在干燥器中
	本身具有爆炸性	硝化纤维、火药棉、苦味酸、TNT、雷汞等	保存在阴凉、干燥处
	与空气接触易自燃	白磷	瓶装，浸没在水里
	受热或冲击、摩擦、与氧化剂接触会燃烧、爆炸	红磷、硫、镁粉、锌粉、铝粉、萘、樟脑等	保存在阴凉处，与氧化剂隔离存放
剧毒危险品	进入人体消化道微量就能引起中毒以致死亡	氰化钾、氰化钠、氧化砷、氯化汞等	保存在阴凉干燥处，与酸类隔开，用2把锁锁在专门的铁柜里，专人（2人）负责保管，每次取用都应有严格的用量申请、审批、登记等手续，并且需2～3人在场监督

续表

试剂类型	特性	常见试剂	保存方法
强腐蚀性物质	对人体皮肤、黏膜、呼吸器官有强烈腐蚀性的固体和液体	浓硫酸、发烟硝酸、浓盐酸、氢氟酸、氢溴酸、乙酸酐、液溴等液体 氢氧化钾、氢氧化钠、硫化钠、无水氯化铝、三氯化磷、苯酚等固体	保存在阴凉通风处，与其他药品分隔开放置。用抗腐蚀材料做器架，其中发烟硝酸和液溴的瓶外垫沙放置
强氧化剂	结构上属过氧化物或强氧化性的含氧酸盐	过氧化钠、过氧化钾、过硫酸盐、硝酸铵、硝酸钠、硝酸铅、高锰酸钾、重铬酸钾、氯酸钾等	保存在阴凉通风处，与酸类、木屑、炭粉、金属粉、糖类等易燃物隔离存放

3. 常见危险化学品的标志

为了引起大家注意，危险化学品都有特殊的标志，见附表-3。

附表-3　常见危险化学品的标志

名称	标志	特征
爆炸品标志		底色：橙红色 图形：正在爆炸的炸弹（黑色） 文字：黑色
易燃气体标志		底色：正红色 图形：火焰（黑色或白色） 文字：黑色或白色
不燃气体标志		底色：绿色 图形：气瓶（黑色或白色） 文字：黑色或白色
有毒气体标志		底色：白色 图形：骷髅头和交叉骨形（黑色） 文字：黑色
易燃液体标志		底色：红色 图形：火焰（黑色或白色） 文字：黑色或白色

续表

名称	标志	特征
易燃固体标志		底色：红白相间的垂直宽条 图形：火焰（黑色） 文字：黑色
自燃物品标志		底色：上半部白色 图形：火焰（黑色或白色） 文字：黑色或白色
遇湿易燃物品标志		底色：蓝色，下半部红色 图形：火焰（黑色） 文字：黑色
氧化剂标志		底色：柠檬黄色 图形：从圆圈中冒出的火焰（黑色） 文字：黑色
有机过氧化物标志		底色：柠檬黄色 图形：火焰（黑色） 文字：黑色
有毒品标志		底色：白色 图形：骷髅头和交叉骨形（黑色） 文字：黑色
剧毒品标志		底色：白色 图形：骷髅头和交叉骨形（黑色） 文字：黑色

续表

名称	标志	特征
二级放射性物品标志		底色：上半部黄色，下半部黑色 图形：上半部三叶形（黑色），下半部两条垂直的红色宽条 文字：黑色
腐蚀品标志		底色：上半部白色，下半部黑色 图形：上半部两个试管中液体分别向金属和手上滴落（黑色），下半部黑色 文字：白色

附录3　化学实验室安全设备的配置和管理

一、消防设备

化学实验室中必须有以下消防设施。

（一）沙箱

将干燥的沙子储存于容器中备用，用于扑灭局部小火。灭火时，将沙子撒在着火处，用于隔绝空气，消除金属钠、钾及白磷等引发的火灾。平时要保持沙箱的干净和干燥，切勿将火柴梗、玻璃管、纸屑等杂物随手丢入其中。

（二）灭火毯

通常用大块石棉布作为灭火毯，用于扑灭局部小火。灭火时，用灭火毯盖住（包住）火焰，隔绝空气，从而熄灭火焰。近年来确证石棉有致癌性，故改用玻璃纤维布。灭火毯平时要固定放在容易取用的位置，不能随意挪作他用，使用后一定放回原处。

（三）灭火器

根据引发火灾的物质的性质，可分别使用泡沫灭火器（用于扑灭常规的火灾）、二氧化碳或四氯化碳灭火器（用于扑灭电器引发的火灾）、干粉灭火器（用于扑灭油类、电器设备、可燃气体及遇水燃烧的物质引发的火灾）。它们的作用和使用方法如下。

1. 泡沫灭火器

泡沫灭火器分为化学泡沫灭火器和空气泡沫灭火器。

化学泡沫灭火器原理及使用方法：泡沫灭火器的外壳是铁皮制成的，内装碳酸氢钠与发沫剂的混合溶液，另有一玻璃瓶内胆，装有硫酸铝水溶液。灭火时，将筒身颠倒过来，碳酸氢钠和硫酸铝两溶液混合后发生化学作用，产生二氧化碳气体泡沫，覆盖在易燃液体的表面，既降低液面的温度（吸热）使液体蒸发速度降低，又形成一个隔绝层隔断氧气与液面接触，火就被扑灭。

化学泡沫灭火器适应性：泡沫灭火器对于扑灭油类火灾效果最好，不能扑救水溶性可燃、易燃液体的火灾（如醇、酯、醚、酮等物质）及电器着火和金属钠、钾等火灾。

化学泡沫灭火器使用注意事项：在未到达失火处时不得使灭火器过分倾斜，更不可横拿或颠倒，以免两种药剂混合而提前喷出；扑灭容器内燃烧火焰时，应将泡沫射向容器的内壁，使泡沫沿着内壁流淌，逐步覆盖着火液面，切忌直接对准液面喷射，以免由于射流的冲击，反而将燃烧的液体冲散或冲出容器，扩大燃烧范围。

空气泡沫灭火器：灭火原理基本与化学泡沫灭火器相同。但空气泡沫灭火器还能扑救水溶性易燃、可燃液体的火灾如醇、醚、酮等溶剂燃烧的初起火灾。使用时，可手提或肩扛迅速奔到火场，在距燃烧物 6 m 左右，拔出保险销，一手握住开启压把，另一手紧握喷枪；用力捏紧开启压把，打开密封或刺穿储气瓶密封片，空气泡沫即可从喷枪口喷出。灭火方法与手提式化学泡沫灭火器相同。但空气泡沫灭火器使用时，应使灭火器始终保持直立状态、切勿颠倒或横卧使用，否则会中断喷射。同时应一直紧握开启压把，不能松手，否则也会中断喷射。

泡沫灭火器存放方式：泡沫灭火器应选择干燥、阴凉、通风并取用方便之处，不可靠近高温或可能受到暴晒的地方，以防止药品分解而失效；冬季要采取防冻措施，以防止冻结；并应经常擦除灰尘、疏通喷嘴，使之保持通畅；泡沫灭火器的使用年限一般为 5 年（以灭火器上的标识为准），超过时间应更换。

2. 二氧化碳灭火器

灭火原理：灭火器瓶体内储存液态二氧化碳。灭火时，当压下瓶阀的压把时，内部的二氧化碳灭火剂便由虹吸管经过瓶阀到喷筒喷出，使燃烧区氧的浓度迅速下降，当二氧化碳达到足够浓度时火焰会窒息而熄灭，同时由于液态二氧化碳会迅速气化，在很短的时间内吸收大量的热量，因此对燃烧物起到一定的冷却作用，也有助于灭火。

适应性：二氧化碳灭火器适用于扑救易燃液体及气体的初起火灾，也可扑救带电设备的火灾，不能扑灭金属着火。常应用于实验室、计算机房、变配电所，以及对精密电子仪器、贵重设备或物品维护要求较高的场所。

使用方法及注意事项：使用时，一手提灭火器，另一手握在喷二氧化碳的喇叭筒的把手上，打开开关，即有二氧化碳喷出。使用时应注意：喇叭筒上的温度会随着喷出的二氧化碳气压的骤降而骤降，因此手不能握在喇叭筒上，以避免严重冻伤。

3. 干粉灭火器

灭火原理：干粉灭火器内部装有磷酸铵盐等干粉灭火剂，这种干粉灭火剂具有易流动性、干燥性，由无机盐和粉碎干燥的添加剂组成，可有效扑救初起火灾。干粉灭火器是利用二氧化碳气体或氮气气体作动力，将瓶内的干粉喷出进行灭火的。

适应性：主要用于扑救石油、有机溶剂等易燃液体、可燃气体和电器设备的初期火灾，但不能扑救金属燃烧火灾。

使用方法：灭火时，可手提或肩扛灭火器快速奔赴火场，在距燃烧处 5 m 左右，放下灭火器，先将开启把上的保险销拔下，然后握住喷射软管前端喷嘴部，另一只手将开启压把压下，打开灭火器进行灭火。如在室外，应选择在上风方向喷射。

使用注意事项：使用磷酸铵盐干粉灭火器扑救固体可燃物火灾时，应对准燃烧最猛烈处喷射，并上下、左右扫射。如条件许可，使用者可提着灭火器沿着燃烧物的四周边走边喷，使干粉灭火剂均匀地喷在燃烧物的表面，直至将火焰全部扑灭。

储存注意事项：干粉灭火器放置应靠近防护区，出口应直接通向室外或疏散通道；宜保持干燥和良好通风；采取防湿、防冻措施；干粉灭火器的报废年限从灭火器出厂日期算起，一般为 8～10 年（以灭火器上的标识为准），达到此年限的，必须报废。

二、简单医疗用品

为了对实验室意外事故进行紧急处理，实验室应配备急救药箱，常备药品如下：

（1）治疗用品：纱布、棉签、医用棉花、绷带、镊子、剪刀、胶布。

（2）消毒剂：75%酒精、3%双氧水、0.1%碘酒。

（3）创伤药：创可贴、止血粉、消炎粉等。

（4）化学灼伤药：碳酸氢钠溶液（饱和）（处理酸灼伤）、硼酸溶液（饱和）（处理碱灼伤）、5%氨水（处理氢氟酸、液溴灼伤）、松节油（处理液溴灼伤）、2%硫酸铜（处理白磷灼伤）。

（5）烫伤药：烫伤膏。

附录 4　中学化学实验室常用酸、碱溶液的浓度

溶液名称	溶质质量分数/%	（物质的量）浓度/（mol/L）
浓硫酸	98	18
浓盐酸	36.5	12
浓硝酸	69.80	16
冰醋酸	99.50	17
乙酸	36.00	6
浓磷酸	85.00	15
浓氨水	25～28	13～15

附录 5　中学常见酸碱指示剂变色范围和配制方法

指示剂	室温时变色范围	配制方法	备注
甲基黄	红 2.9～4.0 黄	1.0 g 甲基黄加 100 mL 90%乙醇溶解	用量：1 滴/10 mL
甲基橙	红 3.1～4.4 黄	0.05 g 甲基橙加 100 mL 水	
甲基红	红 4.4～6.2 黄	0.1 g 甲基红加 60 mL 乙醇，再加 40 mL 水溶解	

续表

指示剂	室温时变色范围	配制方法	备注
石蕊	红 4.5～8.3 蓝	1.0 g 石蕊加 50 mL 水，静置一昼夜后过滤；在滤液中加 30 mL 95%乙醇，加水稀释至 100 mL	配制好后若不为紫色，可根据颜色用稀磷酸或稀碳酸氢钠调至紫色
中性红	红 6.8～8.0 黄橙	0.1 g 中性红加 100 mL 60%乙醇溶解	用量：1 滴/10 mL
酚酞	无色 8.0～9.6 红	0.1 g 酚酞加 100 mL 90%乙醇溶解	用量：1～2 滴/10 mL

附录 6　常用试纸的制备

试纸名称（颜色）	制备方法	用途
石蕊试纸（红蓝两种）	用热的乙醇处理市售的石蕊，除去夹杂的红色素，倾去浸液；将 1 份残渣与 6 份水浸煮并不断振荡，滤去不溶物。将滤液分成两份：一份加稀磷酸至变红；另一份加 NaOH 稀溶液至变蓝。然后将滤纸条分别浸入这两种溶液中；取出后在避光的、无酸碱蒸气的房间里晾干	红色试纸遇碱性溶液变蓝；蓝色试纸遇酸性溶液变红（分别储于带塞的瓶中，下同）
乙酸铅试纸（白色）	将滤纸条浸入 10% $Pb（Ac）_2$溶液中，取出后，在无硫化氢气体的房间内晾干	用于检出痕量的硫化氢，作用时变黑
碘化钾淀粉试纸（白色）	3 g 可溶性淀粉加 25 mL 水调成糊状，倾入 225 mL 沸水中，边倒边搅拌，再加入 1 g KI 和 1 g $Na_2CO_3·10H_2O$，加水至 500 mL。将滤纸条浸入溶液中，取出晾干	用于检出氧化剂，特别是卤素单质，作用时变蓝

附录 7　特种试剂的配制

试剂名称	配制方法	备注
银氨溶液	1.5 mL 2% $AgNO_3$ 溶液+（滴入）2%氨水，振荡，至生成的沉淀完全溶解为止	现用现配，储于棕色瓶中
斐林试剂	A 液：3.5 g $CuSO_4·5H_2O$+100 mL 水 B 液：17 g $KNaC_4H_4O_6·4H_2O$+15～20 mL 热水+20 mL 25% NaOH 溶液，加水至 100 mL	A 液、B 液分别储存；临用前取 A 液、B 液等量混合
席夫试剂（品红亚硫酸溶液）	取碱性品红 0.1 g，研细后分次加入 80 ℃的蒸馏水共 60 mL，边加边研磨，待其溶解后，滤于 100 mL 容量瓶中，冷却后加 10%亚硫酸钠 10 mL、分析纯盐酸 1 mL，再加蒸馏水至刻度，充分混匀，放置过夜，如溶液有颜色（微黄色），可加少量活性炭搅拌后过滤。储于棕色瓶中，暗处保存	配制完毕时，如呈粉红色，可加入 0.5 g 活性炭，搅拌后过滤；试剂储于严密的棕色瓶中
淀粉溶液	1 g 可溶性淀粉+10 mL 水调成糊状，边搅拌边加入 90 mL 热水中，煮沸 1 min，冷却	现用现配，保存时间短，约 2 周
溴水	在带有良好磨口塞的玻璃瓶内，将市售溴约 50 g（16 mL）注入 1 L 水中。在 2 h 内剧烈振荡；每次振荡之后微开塞子，使积聚的溴蒸气放出。在储存瓶底总有过量的溴。将溴水倒入试剂瓶时，剩余的溴应留于储存瓶中而不倒入试剂瓶（倾倒溴和溴水时应在通风橱中进行）	为了防止操作时溴蒸气的灼伤，应戴上乳胶或橡胶手套，也可以将凡士林涂于手上

续表

试剂名称	配制方法	备注
碘水	将 1.3 g 碘和 5 g 碘化钾溶解在尽可能少量的水中，待碘完全溶解后（充分搅动），再加水冲稀至 1 L。如此所配成的碘水的浓度为 0.01 mol/L	碘水中的碘很易挥发，保存时间短，根据需要量配制

附录 8　常见无机物的特征颜色

固体物质	黑色		铁粉（Fe），C，CuO，CuS，MnO_2，Fe_3O_4，FeO，FeS，Ag_2S，PbS
	蓝色		$Cu(OH)_2$，$CuSO_4 \cdot 5H_2O$，$Cu(NO_3)_2 \cdot 3H_2O$
	绿色		$Cu_2(OH)_2CO_3$，$CuCl_2 \cdot 2H_2O$，$FeSO_4 \cdot 7H_2O$，镍盐，亚铁盐，铬盐
	黄色		AgI，$FeCl_3 \cdot 6H_2O$，PbO，铬酸盐（$BaCrO_4$，K_2CrO_4）
	红色		Cu，Fe_2O_3，Cu_2O，红磷（P），HgO，Pb_3O_4
	粉红色		$MnSO_4 \cdot 7H_2O$ 等锰盐
	紫色		$KMnO_4$
溶液	无色离子	阳离子	Ag^+、K^+、Ca^{2+}、Pb^{2+}、Zn^{2+}、Na^+、NH_4^+、Ba^{2+}、Hg^{2+}、Mg^{2+}、Al^{3+}、Sn^{2+}、Sn^{4+}
		阴离子	SO_4^{2-}、PO_4^{3-}、F^-、SCN^-、$C_2O_4^{2-}$、SO_3^{2-}、Cl^-、NO_3^-、S^{2-}、Br^-、NO_2^-、ClO_3^-、CO_3^{2-}、SiO_3^{2-}、I^-、Ac^-、BrO_3^-
	有色离子	阳离子	Mn^{2+} 浅玫瑰色，稀溶液无色 $[Fe(H_2O)_6]^{2+}$浅紫色，常见的 Fe^{3+} 盐溶液为黄色或红棕色 Fe^{2+}浅绿色，稀溶液无色 Cr^{3+}绿色或紫色；Co^{3+}玫瑰色；Ni^{2+}绿色；Cu^{2+}浅蓝色
		阴离子	$Cr_2O_7^{2-}$橙色；CrO_4^{2-}黄色；MnO_4^-紫色；MnO_4^{2-}绿色；$[Fe(CN)_6]^{4-}$黄绿色；$[Fe(CN)_6]^{3-}$黄棕色
气体	红棕色		NO_2
	黄绿色		氟气（F_2，淡黄绿色），氯气（Cl_2，黄绿色），二氧化氯（ClO_2，黄色）
	无色		O_2，N_2，H_2，CO_2，CO，SO_2，H_2S，HF，HCl，HBr，HI

附录 9　常用干燥剂的性能及适用范围

干燥剂	性质及适用范围	备注
氯化钙	白色多孔固体，有较强的吸湿性。可以干燥 H_2、O_2、N_2、CO_2、CO、SO_2、HCl、CH_4、C_2H_4 等多种气体。也可以干燥烃、卤代物、醚、酮、硝基化合物等液态有机物。不能用来干燥 NH_3 以及含有—OH 和—NH_2 的有机物	廉价；工业品中含有 $Ca(OH)_2$ 或 CaO，故不能干燥酚类；加热到 260 ℃以上脱水再生
硫酸镁	白色粉末，中性，应用范围广，可代替 $CaCl_2$。并可用于干燥酯、醛、酮、腈、酰胺等，并用于 $CaCl_2$ 不能干燥的化合物	与水结合生成主要物质 $MgSO_4 \cdot 7H_2O$

续表

干燥剂	性质及适用范围	备注
硫酸钠	白色粉末，中性，适用范围同硫酸镁	生成的主要物质 $Na_2SO_4 \cdot 10H_2O$ 在 32.4 ℃以上失水
硫酸钙	白色粉末，中性，可以干燥 H_2、O_2、N_2、CO_2、CO、SO_2、HCl、CH_4、Cl_2 等多种气体，也可干燥烷烃、醚、醛、酮、羧酸等液态有机物。不适合干燥 HF、胺、乙醇等。硫酸钙经常与硫酸钠配合，作最后干燥之用	与水结合形成 $CaSO_4 \cdot 2H_2O$ 在 230～240 ℃下脱水再生
氢氧化钠（钾）	强碱性，用于干燥胺、杂环等碱性化合物（胺、氨、醚、烃）	吸湿性强
碳酸钾	白色粉末，弱碱性，用于干燥醇、酮、酯、胺、杂环等有机物	有吸湿性
碱石灰	白色固体，呈碱性。可以干燥中性及碱性气体，如胺等。不能干燥酸性气体及醇、醛、酮、酸、酯、酚等液态有机物。常用于避免水或 CO_2 进入反应系统中	碱石灰由 CaO 粉碎后加入 NaOH 溶液，充分混合后，置铁皿中于 200～250 ℃干燥而成。其大致成分是 83% $Ca(OH)_2$、5% NaOH、12% H_2O
五氧化二磷	白色粉末，酸性，与水有强烈的结合能力，不仅能结合游离水，还能夺取化合物中的水。可以干燥 H_2、O_2、N_2、CO_2、CO、SO_2、HCl、CH_4、C_2H_4 等多种气体，不可干燥氨、胺、卤化氢和硝酸等，也不可干燥醇、羧酸和酮等有机物	吸湿性很强，用于干燥气体时需与载体相混，不能再生
三氧化二铝	白色粉末，中性，是吸附性较强的多孔性吸附剂，适用于多数气体	吸附水的氧化铝，可以在 175 ℃下烘干再生
硫酸	氧化性酸，中性及酸性气体（用于干燥器和洗气瓶中），不能干燥氨、胺、H_2S、HBr、HI 等碱性或易被氧化的气体	与水结合成水合物，不能再生
高氯酸镁 $Mg(ClO_4)_2$	白色固体，具有极强氧化性，易潮解，有强烈的吸水作用。适用于干燥中性或酸性气体，不可干燥能被氧化的物质。严禁与有机物、碳、硫、磷等可燃物接触，以免引起爆炸	在 190 ℃以上可烘干再生，温度不可过高，$Mg(ClO_4)_2$ 在 251 ℃时分解
硅胶	是半透明、内表面积很大的多孔性固体，属良好的吸附剂，对水有强烈的吸附作用。可干燥 O_2、N_2、NH_3、胺等气体。常用于干燥器中。含有钴盐的硅胶称为变色硅胶，干燥时呈蓝色，吸水后呈粉红色	吸附水后的硅胶可于 120 ℃下烘干再生
分子筛	流动气体（温度可高于 100 ℃）、有机溶剂（用于干燥器中）	